德国古典审美历史主义

杨一博 著

中国社会科学出版社

图书在版编目(CIP)数据

德国古典审美历史主义／杨一博著. —北京：中国社会科学出版社，2017.7

ISBN 978 - 7 - 5203 - 0761 - 1

Ⅰ.①德…　Ⅱ.①杨…　Ⅲ.①美学史—德国—近代

Ⅳ.①B83 - 095.16

中国版本图书馆 CIP 数据核字(2017)第 173990 号

出 版 人	赵剑英	
责任编辑	郑　彤	
责任校对	沈丁晨	
责任印制	李寡寡	

出　　版	中国社会科学出版社	
社　　址	北京鼓楼西大街甲 158 号	
邮　　编	100720	
网　　址	http://www.csspw.cn	
发 行 部	010 - 84083685	
门 市 部	010 - 84029450	
经　　销	新华书店及其他书店	

印刷装订	北京君升印刷有限公司	
版　　次	2017 年 7 月第 1 版	
印　　次	2017 年 7 月第 1 次印刷	

开　　本	710×1000　1/16	
印　　张	16.75	
字　　数	245 千字	
定　　价	69.00 元	

凡购买中国社会科学出版社图书,如有质量问题请与本社营销中心联系调换

电话:010 - 84083683

序　言

　　时间过得真快，转眼间杨一博从北京师范大学博士毕业已经四年了。放在面前的这部书稿，是他以博士论文为基础修改并充实的成果，也是他在北京以及美国密尔沃基市学习和工作经历的见证。

　　读博士之前，杨一博是代迅教授的高足，这一背景决定了他的主要学术兴趣在西方美学方面。记得 2011 年讨论博士论文选题时，他决意仍做西方美学研究。对于这一选择，我是同意的。这是因为，从 20 世纪 80 年代以来，包括我在内的几代学人，对专业的认知，大抵脱不了西学的背景；做中国美学研究，则多以始自王国维的"以西解中"为圭臬。在当代文化的全球化时代，这种中与西的交互，更是重塑传统、为旧邦赋新命的最重要路径。基于此，我一直认为，越是做中国美学，越是要首先学好西方。尤其初入门径的青年学者更是如此。但我同时也坚定地认为，做西学研究，终究是一项为解决中国问题获得现代视野的工作，选择的西方问题，至少要和中国自身形成观念的映照。基于此，我当时建议杨一博关注西方美学的历史意识或历史态度问题，以便和中国具有鲜明"历史本体论"性质的美学传统形成呼应。按照这一思路，同时根据杨一博自己的学术兴趣和积淀，我们首先决定做德国古典美学研究，然后我建议他做"德国古典美学的希腊想象"问题，再然后就有了他这部《德国古典审美历史主义》。换言之，这部著作从当初的选题到后来初稿的形成，并非兴之所至的盲目决定，而是包含着重建中西美学历史论述的重大关切在

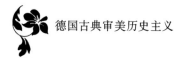

里面。

为了博士论文的顺利推进，2011年7月，杨一博参与国家留学基金委博士生联合培养项目，到美国马凯特大学，跟随柯蒂斯·卡特（Curtis L. Carter）教授学习一年。卡特先生是原世界美学协会主席，也是在中国广受尊敬的美学老人。他所在的马凯特大学哲学系，则是德国古典哲学的研究重镇。在这一学习过程中，杨一博对论文主题作了进一步调整，即将原初的"德国古典美学的希腊想象"问题，拓展并深化为"德国古典审美历史主义"研究。这一变化的意义在于，自文艺复兴以来，希腊传统代表了欧洲文明的普遍价值，它缺乏德国的专属性。而杨一博所讲的德国古典审美历史主义，则关注到德国古典哲学历史意识的发生、审美在这一意识成长过程中的主导性，尤其是美学在德意志民族意识觉醒过程中的作用。这样，原本作为美学史问题的希腊想象，就转换为对德国古典哲学审美和历史本性的直言判断；原本对欧洲近现代文明史普遍有效的希腊想象，则转化为德意志民族精神史的本土化建构。由此，审美历史主义这一命题，不仅因被有效纳入德国古典哲学体系而获得理论的一般性，而且成为德国美学和民族历史的专属问题。我之所以用"拓展并深化"概括这一选题对德国古典哲学历史特性研究的价值，原因就在于，它首先将具体的历史问题转化为哲学问题，然后又用这种关于历史的哲学定性，实现了对德意志民族史的审美发现和重建。

近代以来，西方哲学一直以建构具有普遍意义的知识和价值体系为目标。就此而言，研究其历史特性，尤其以审美维度介入其历史特性的研究，就等于将超越经验之上的普遍真理问题，重新还原为人的当下经验问题。这种切入方式无疑具有挑衅的味道。但是很显然，自康德以降，德国哲学对真理或真实问题的讨论，已被限定在了人的经验范围之内，经验的边界构成了人类知识无法逾越的边界。这意味着，虽然哲学家自认为他的工作在揭示真实，但事实上，他仍然不过是以真理或真实的名义在作诗。德国当代美学家沃尔夫冈·韦尔施将这种现象称为"认识论的审美化"。在他看来，康德由于认识到"事物的先验性完全是因为我们自己将它输入进了事物之中"，这就使作为直觉形式的时空经验，一方面代表了人的认知限度，另一方面也意味着它仍是一种主观化的框架，审美特性构成了它最具奠基性的特性。① 据此，对于康德，美的问题绝对不能仅限于在《判断力批判》中被讨论，而是对其哲学具有整体的弥漫性。换言之，审美理论构成了康德哲学认识论的基础。

　　"认识论的审美化"这一问题，从根本上动摇了德国古典哲学的真理性基础，这对于向来以求取真理或真实为第一使命的西方哲学而言，不只是一个巨大梦魇。但也正是这种人类认识活动中无法祛除的经验特性，为其向历史维度的生成提供了契机。换言之，康德不能否定人作为认识主体的先在性，就意味着人的经验依然构成了认识的基础。而经验总是过程性或历时性的，这意味着人的认识具有天然的历史性。以此为背景，从席勒、费希特、谢林到叔本华、尼采，德国哲学日益主观化。人的现实生命的过程性，最终使空间经验让位给时间体验、逻辑让位给历史。如前所言，如果说这种经验化的世界天然带有审美的性质，那么，德国哲学自康德以降向历史生成的愈演愈烈的趋势，就可以定义为"审美历史主义"。

　　杨一博以审美历史主义切入德国古典哲学研究，具有以下几点重要意义：一是他对德国哲学的重新阐释是颠覆性的。现代以来，人们一直认为德国哲学是一种精神的建筑学，具有无可摇移的坚固性。但是，感性、直觉、经验这些非理性因素的介入，无疑破坏了这种坚固，使其终究复归于风雨飘摇。20 世纪存在主义的虚无主题正是因此而起的。二是这一视点极大地拓展了美学的边界。近年来我常讲，世界所在便是美学所在，并借此拓展中国美学研究的历史视野，其根

---

　　①　沃尔夫冈·韦尔施：《重构美学》，陆扬、张岩冰译，上海译文出版社 2002 年版，第 34 页。

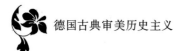

据就在于康德以降认识论的审美化。三是这一研究路径有效地解释了德国古典哲学既奠基于审美活动又外发为审美价值的性质。从康德将审美作为目的论范畴，到席勒以美拯救世界，从叔本华将世界作为意志的表象到尼采肯定审美虚构的意义，再到海德格尔的诗意栖居，标示了一条从认知的审美化向价值的审美化递进的过程。四是真理向经验、逻辑向历史的下降，极大地增强了德国哲学的实践品格，使其成为德意志民族史建构的直接理论动因。该著作将审美历史主义研究的最终结果落实于这一点，为人敞开了一个德国哲学研究中长期被忽视的重要维度。至于正面或负面的后果是什么，我这里暂时搁置不论。

2013 年，杨一博顺利获得博士学位，回故乡大学任教，这一选择让我很遗憾了一段时间。我感觉，以他的才性和专业进取精神，北京的平台可能对他更有帮助。但后来想想，美的要义就是要有情有爱，人为亲情做出牺牲，本身就是对专业宗旨的践履方式吧。同时，在当今信息高度发达的时代，所谓时空距离几乎压缩为零，知识的即时共享已无任何障碍。就此而言，远离中心地带的喧嚣，也许更有助于做点学术的干货出来。谨以此勉励。

是为序。

刘成纪于北师励耘公寓

2017 年 3 月 28 日

目　　录

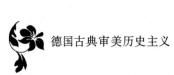

绪　　论

　　18 世纪末至 19 世纪初的德国哲学思想错综复杂，以英法为代表的启蒙主义哲学、唯心主义哲学、浪漫主义哲学在该阶段交织在一起，正是这种多元又复杂的思想构成，为美学的发展奠定了基础。

　　在当前的德国美学研究中，我们往往认为，德国思想对美学的最大贡献在于，它在该阶段使美学成为一门独立的学科，美学获得了其理论的自律发展。诚然，从鲍姆佳通将美学纳入理性哲学体系开始，到黑格尔为美学划定研究领域，美学具备了完整的理论框架和研究对象。

　　但是在德国古典哲学中，美学的学科性并不是其追求的目标，恰恰相反，美学在该阶段被当作是打破各个学科之间鸿沟的方法，它不是也不能是一种学科。

　　正如康德在《纯粹理性批判》中对鉴赏判断所作的批判那样，以鉴赏判断为研究对象的美学不可能成为一门独立的学科，"惟有德国人目前在用 Ästhetik 这个词来标志别人叫作鉴赏力批评的东西。这种情况在这里是基于优秀的分析家鲍姆佳通所抱有的一种不恰当的愿望，即把美的批评性评判纳入到理性原则之下来，并把这种评判的规则上升为科学。然而这种努力是白费力气"[①]。美学作为鉴赏判断力

---

① ［德］康德：《纯粹理性批判》，邓晓芒译，人民出版社 2004 年版，第 27 页。

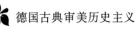

批判的原则，没有自己的"领地"①，它穿梭在自然与自由之间，并将它们联系在一起。

实际上，美学的非学科性基于德国启蒙主义思想对传统理性主义科学的批判。受 18 世纪绝对理性科学主义思想的影响，出现了更加细致的学科划分。

但是在德国哲学家们看来，这种学科之间的分裂，使人们无法从整体性出发看待人所生存的世界。例如，对德国启蒙思想具有重要影响的格奥尔格·福尔斯特在 1780 年的讲座《将自然看作一个整体》（*Ein Blick in das Ganye der Natur*）中批判道："学院与学科随着无数的分支科学的兴起，人类知识的每一个特殊领域都得到了观察，但是人们却忘记了他们曾经是一个整体。每个人都只尊重他们自己所选择的科学领域，却忘记了将这些科学分支连接在一起、以整体的角度来看待它们时的快乐。"② 由此可以看出，这种"快乐"的愉悦情感，即是德国古典美学中的将知性与理性、科学与道德连接在一起的审美愉悦。

通过以上分析我们看到，在德国古典哲学背景中，美学并非一门学科，它是对学科间的鸿沟进行弥合的"科学"。而正是德国美学的这种特性，使得美学成为一条连接错综复杂的德国古典思想的红线。美学同时也成为德国古典思想发展的内在动力，即在德国启蒙主义运动中，美学既可以作为一种批判绝对理性主义的认识论，对每一个个

---

① "领地"（邓晓芒译）或"领域"（李秋零译），是指一种学科确定的研究范围，它的特征是具有学科间的界限。而美学在康德看来，是不具有这种界限的，它与以自然为基础的纯粹理性以及以自由为基础的实践理性，都具有相同的"基地"或"地域"。美学得以穿行于不同学科之间的原因就在于它自己的非学科性。参见康德《判断力批判》，邓晓芒译，人民出版社 2002 年版，第 8 页；《康德著作全集》第五卷，李秋零主编，中国人民大学出版社 2007 年版，第 183 页。

② Forster. *Werke*（*Volume* 5），Berlin：Akademie - Verlag，1958，p. 203.

体进行启蒙；① 在德国浪漫主义思潮里，它又可以作为一种本体论建构人所生存的诗意世界，并进而构建德国的民族精神。正如文德尔班对德国该阶段思想所做的总结那样，他认为，美学是德国古典哲学思想真正的内核，"无论在实质上或在形式上，美学原则都占居统治地位，科学思维动机同艺术观的动机互相交织，终致创造出在抽象思维领域里的光辉诗篇"②。也正是由于德国古典美学所具有的重要意义，使得我们在研究德国该阶段政治、社会和文化时，必须将美学作为一

————————

① 德国美学与德国启蒙思想具有一种复杂的关系，主要体现在美学作为认识论在德国启蒙思想中与宗教的连接。例如，前期的莱辛通过美学方式，引发人们对上帝的爱的情感，并以此达到对真理的认识。后期的谢林哲学也将美学与宗教联系在一起。长期以来，西方学术界认为，德国古典美学与宗教的同盟，使得德国并未完成真正意义上的启蒙。以理查德·沃林为代表的哲学家，认为德国一方面诞生了大批卓越的哲学家，另一方面却又出现了纳粹这样的浩劫，其根源不是过度启蒙，而是因为启蒙远未完成，究其根源就在于，德国启蒙主义时期并未摒除宗教意识、神秘主义等思想，反而通过美学的方式将之稳固、加强（参见理查德·沃林2012年10月在北京师范大学的学术报告《阿多诺110年纪念：否定辩证法的典范》）。实际上，这种论断脱离了德国古典美学的语境，以当代宗教观念和伦理价值判断去介入对德国古典美学的考察，才出现了这种论断。回归德国古典美学与启蒙思想的价值，以康德为代表的德国启蒙思想，具有两层核心意义：一是对人的知性、理性划出活动的界限，使人明白自己认识与行动的范围；二是要将人的认识及行动的界限不断地扩展，而这种扩展活动的最终边界是"物自体"。这种对界限的不断超越与推动就是启蒙，宗教意识就是在认识界限的不断超越中才显现出来的。对于康德来说，只有拥有宗教意识的人，才是被启蒙的人。并且在康德看来，对人的认识及行动界限不断超越的方式就是美学，因为唯有美学不具有固定的活动场所，它可以任意地游走在自然与自由之间，并通过这种连接的活动过程，使人被启蒙。在中国学术界，人们往往只看到康德启蒙思想的第一层意义，而忽略了其最重要的第二层意思。在《纯粹理性批判》中，康德精确地以"Grenzen"与"Schränken"代表"界限"。在德语中，"Grenzen"所代表的界限（英译为limit）是指一种未被最终固定的限制，它所限制的范围可以被不断地扩大；而"Schränken"所代表的界限（英译为boundary）是指固定的、无法移动的界限。由此从"Grenzen"到"schränken"折射出康德哲学的主要意义，即是在物自体的最终界限之下，不断地推动人的认识与行动的范围界限，而其方式即美学，其整个过程就是启蒙。"我所理解的批判……是对一般形而上学的可能性或者不可能性的裁决，对它的起源、范围和界限加以规定，但这一切都是出自原则。"（《康德著作全集》第四卷，李秋零主编，中国人民大学出版社2005年版，第7页）最终，以美学意识作为人的启蒙标准贯穿整个德国古典思想，席勒、费希特、谢林都以美学意识的成熟度来评判人性在历史发展中的优劣，这就是德国古典审美历史主义理论的一种表现。

② ［德］文德尔班：《哲学史教程》，罗达仁译，商务印书馆1997年版，第727—728页。

个重要的考量因素。审美历史主义即是一种从美学出发，对德国 18 世纪末至 19 世纪初思想考察的理论产物。

历史意识的兴起，亦是德国 18 世纪末至 19 世纪初思想的一个重要特征，它的兴起以德国古典哲学为基础，因为德国古典哲学的一个重要特征，是"否认脱离历史、社会及建立在个体主义上的普遍性"[①]。这种历史意识表现为对历史思维本身的强烈批判，如 19 世纪的德国史学家科泽雷克在《作为现代性开端的十八世纪》一文中说道："对历史观念的发现是我们现时代的主要特征，从十八世纪开始，其与先前时代的不同之处就在于，我们对历史思维的反思和对历史中自我的不断批判。历史性的反思与批判的意识构成了我们现时代的主要精神。"[②] 这种批判的实质，就是对西方传统理性主义历史思维的否定。审美历史主义即是基于这样的思想背景之中，它是对德国该阶段以美学为核心，以历史意识为主要构成要素的思想的总结。

但是，长期以来，在德国美学的研究中，学者们往往忽略了美学对历史思维建构这一维度的研究，究其主要原因，是历史学界对与德国古典审美历史主义分享同一思想背景的，并且亦将美学作为其思想体系建构手段之一的历史主义理论的研究，使学者们认为，德国该时期美学与历史思维关系的问题是历史学的研究领域，并且随着历史主义思想体系的发展，其暴露出的价值相对主义的理论缺陷，也使学者们认为，美学对历史思维的建构是一种失败的尝试。

历史主义基于德国古典思想中强烈的历史意识特征，其理论具有重要的时代特征。历史主义起源于德国 19 世纪初。特洛尔奇被认为是最早对历史主义进行明确定义的学者，他认为，"历史主义就是将

[①] Paul Edwards ed., *The Encyclopedia of Philosophy* (*Volume* 3), New York: The Macmillan Company & The Free Press, 1967, pp. 300 – 303.

[②] Reinhart Koselleck, *The Practice of Conceptual History*, Translated by Todd Samuel Presner and others, Stanford: Stanford University Press, 2002, pp. 20 – 29.

对人、文化和价值的思考过程历史化"①。格奥尔格·伊格尔斯将 19 世纪初至 20 世纪初的德国历史主义,定义为古典历史主义(Classical Historicism)。他认为,古典历史主义构建于兰克对黑格尔历史观的批判的基础上。黑格尔认为,历史是理念的概念化过程;兰克则试图通过经验的、特殊的形式理解历史。伊格尔斯认为,作为德国唯心主义的一种认识论,古典历史主义假定世界是一个可以理解的整体,但是,这种整体性的理解,只有通过对个体的审视才能获得。并且由于对历史整体性和历史进步论的迷恋,伊格尔斯将德国古典历史主义称为乐观的历史思维(optimistic historicist thought)②。弗里德里希·梅尼克则认为,历史主义是德国古典思想发展的必然。他在论述历史主义时说道:"我们目睹了一个欧洲规模的思想过程,它在德国达到了成熟,而在歌德的作品中则登上了巅峰。"③

同时还应当看到,德国历史主义从德国古典美学中借取其理论成果,以此来论证历史主义理论的合法性地位。德国古典美学是古典思想的内核,尤其在德国浪漫主义思想中,美学的地位达到了前所未有的高度,具体体现为诗与艺术获得了本体论的价值意义,成为建构整个世界和人存在的方式。古典历史主义看到了美学所具有的功能,历史主义者们重启亚里士多德关于诗与历史关系问题的讨论,并认为,艺术与历史具有相同的地位与作用。例如洪堡认为,历史学家对历史的书写与诗人写诗一样,都是描述对真理和事物存在的发现过程。"历史与诗一样,抓住普遍的真理和事物存在的形式。"④ 兰克作为历史主义者,他与德国浪漫主义思想家一致,首先论证了诗歌所具有的

---

① Ernst Troelstsch, *Der Historismus und seine Probleme*, Tübingen: Mohr, 1922, p. 10.

② Georg G. Iggers, *Historicism: The History and Meaning of the Term*, Journal of the History of Ideas, 1995 (1), Vol. 56, pp. 129 – 140.

③ [德] 弗里德里希·梅尼克:《历史主义的兴起》,陆月宏译,译林出版社 2009 年版,第 535 页。

④ Wilhelm von Humboldt, *Wilhelm von Humboldts Gesammelte Schriften (Volume IV)*, Edited by Prussian Academy of Sciences, Berlin: Behr's Verlag, 1903, p. 41.

哲学意义，然后又论证诗歌与历史所具有的相同特征，进而论证历史思维与诗歌一样，也具有必然的本体论意义。正如兰克在本体论的意义上对诗歌和历史进行的定义那样，在兰克看来，"一种理想的历史将如同诗歌那样，在有限之中表达无限"①。

历史主义所具有的这两方面特征，使得学者们认为，历史主义是对德国古典美学与历史思维的总结。诚然，历史主义理论体现了大量的德国古典美学理论，但是在德国古典哲学中，还有一条思想发展的线索，它亦以美学与历史思维两者关系的发展为核心内容，即古典审美历史主义。古典审美历史主义与历史主义理论具有本质性的差别。

首先，历史主义基于历史学科本身，它的目的是使历史成为一门科学，具体体现为对历史客观性的建构。为了获得历史的客观性，历史主义者否定主体对历史建构的任意性，让历史事实向主体敞开。正如兰克所言："我所想要的，正如事实曾经发生的那样，消解掉主体的阐释，让事物自身为自己说话，让其自身显示出强大的力量。"②历史主义的这一目的，导致了其对主体认识论的排斥，而主体"合目的性"的认识方式，是德国古典美学重要的组成部分，由此，历史主义仅仅将美学作为一种外在的建构历史科学的方法，有条件地吸收美学的理论。在历史主义中，历史的学科性是目的，美学是手段，历史与美学并没有获得内在的联系。

其次，历史主义始终从历史科学性的建构出发，表现出强烈的认识论特征，即历史主义整个理论都基于认识论的框架之中，其目的是通过历史主义这样一种认识历史的方式，使历史学科具有合法性地位。"历史主义不是说要将历史变成一门科学（这项工作在文艺复兴时便完成了），而是要找寻让历史成为一门科学的内在原因是什么。

① Leopold von Ranke, *Aus Werk und Nachlass* (Volume IV), Edited by Walther Peter Fuchs, Munich: Oldenbourg, 1965, pp. 233 – 234.

② Leopold von Ranke, *Sämmtliche Werke* (Volume XV), Edited by Alfred Dove, Leipzig: Duncker & Humblot, 1867—1890, p. 103.

对这个问题的解决就是历史主义的认识论：即关于历史知识是否可能？历史与艺术的关系如何？是否存在客观的历史？"①

最后，随着历史主义理论的发展，其具有不可避免的理论缺陷——相对主义。在历史学领域中，当下的历史经验被称为历时的（diachronic），历史事件发生时所基于的历史语境被称为共时的（synchronic）。历史主义认为，我们的价值取向是由特定历史时期决定的，即是由共时所决定的。那么，如果基于历史主义的方式研究历史，其所获得的历史事件，都以共时的价值取向为标准，这就隔断了共时与历时之间的联系，即隔断了历史与当下存在的关联，最终，历史主义反而瓦解了历史学的价值。

相比较而言，德国古典审美历史主义以美学自身的发展为基础。美学并非以学科的建构为目的，审美历史主义也并非一门学科，相反，它贯穿于德国古典思想不同的学科之中，正是审美历史主义的这种特性，使得它也不局限于认识论的框架之中。德国古典审美历史主义的目的是建构一套新的、符合德国民族精神发展的历史模式，在这个模式中，德国民族得以脱离西方传统的文化历史观，在空间与时间中自由地找寻具有德国民族特性的文化精神遗产。正是这样的发展过程，使得古典审美历史主义具有强烈的实践性，它在社会、政治和文化的领域中，在个人生活与国家活动之间，通过审美的方式穿行其中，成为德国该时期民族精神建构的核心理论。与历史主义自身的理论缺陷相反，审美历史主义的效用恰恰否定了历史主义的相对价值观，它是以审美的方式建构统一的民族历史记忆和文化价值。

通过以上分析可以看到，德国古典审美历史主义绝不是历史主义的另一理论形态，它所有的理论价值基础就在于，其以德国古典美学为基础，建构德国民族精神的历史思维、历史模式（这种历史思维不

---

① Frederick C. Beiser, *The German Historicist Tradition*, New York: Oxford University Press, 2011, p. 8.

同于历史主义的历史思维，它不以建构历史的学科性为目的，具有强烈的实践功能），这是是美学发展的必然，是美学理论发展的自觉。只有厘清历史思维从德国古典美学中生发出来的线索，我们才能真正获得对审美历史主义的认识。

德国古典审美历史主义中美学对历史的建构具有其必然性，因为德国古典美学的发展与历史意识的兴起，都基于德国古典思想从对"真知"到"真实"的兴趣转变过程中。德国古典美学与历史意识首先兴起于对"真知"的批判中，真知代表西方绝对理性主义对绝对真理、绝对普遍性的认识。而德国启蒙主义思想对真知的批判，为美学的兴起奠定了基础，即德国启蒙主义思想家通过审美情感，重新建构该时期的宗教意识，以宗教意识批判绝对的真理和科学主义。在德国启蒙思想看来，"科学虽然证明了世界的秩序是不需要上帝的存在为基础的，但是科学却无法证明、解释人类世界中恶的存在"①。因此需要重新建构上帝的合法性地位，对上帝的审美情感（其具体体现为对上帝的爱），则成为这种建构活动的核心。通过审美情感对该阶段宗教思想中善恶等伦理问题进行的讨论，也为其后德国古典美学与实践哲学之间内在的关联奠定了理论基础。

莱辛的思想是该阶段思想的主要代表，他将审美情感纳入对上帝、真理的认识过程中，以艺术的方式象征上帝的显现。在对上帝显现的论证中，莱辛第一次将历史的因素纳入对真理的认识中，他认为，上帝的显现过程就是被揭示的真理，被揭示的真理就是历史，而上帝的显现，我们只有依靠审美的情感才能获得。在莱辛的论证逻辑中，我们可以看到，审美是认识上帝的路径，而上帝对人的显现就是历史，进而历史只能由审美才能获得。这种论断已经触及了审美历史主义的核心主张。

---

① Thomas P. Saine, *The Problem of Being Modern or The German Pursuit of Enlightenment form Leibniz to the French Revolution*, Detroit: Wayne State University Press, 1997, p. 18.

对"真知"的批判开启了对美学的研究，美学与历史意识间关系的定型，则以德国古典哲学对"真实"的追求为基础。需要说明的是，本书采用德语的"Realität"和英语的"Reality"来表示"真实"，虽然在传统的学术翻译中，这两个词语往往被译为"实体"，但基于德国古典思想的语境，实体代表的是西方传统的形而上学理论，它与德国古典哲学，尤其是批判哲学没有理论的重合，甚至实体概念是批判哲学批判的对象。将"Realität"译为"真实"的原因在于，在德国古典哲学思想中，"Realität"一词包含了现实（Wirklich-keit）、存在（Existenz）与存有（Dasein）三层意思。①

对"真实"的追寻是德国古典思想的源头。卡尔·阿梅里克斯认为，德国唯心主义与实在论或真实（Reality）的关系是德国古典哲学的核心，他认为，哲学史中关于德国唯心主义与现实实在关系的问题主要存在三种观点。第一种观点认为，德国唯心主义与现实实在毫无关联，现实实在对于唯心主义来说，只是基于思想中一系列理念的臆造。第二种观点认为，从柏拉图哲学传统与德国唯心主义间的关联出发，将唯心主义中的实在与柏拉图的理念相类比，认为唯心主义所讨论的实在只是一种非事实性的存在，是主观的、任意的和非经验性的存在。第三种观点则认为，德国唯心主义是在人类共通感（Common-sense）的基础上，对现实存在进行认识和论证，并由此创造出了更高的现实存在，而只有第三种观点才真正反映了德国唯心主义思想的核心内容。② 德国古典思想向"真实"的转向，是审美历史主义体系

---

①　此处关于"存在"与"存有"的不同翻译，借用了海德格尔对两者的比较，即"存在"（Existenz）代表能够通过自身体会到自己存在性的一种存在，"存有"则表示无法体验到自己存在的方式。这三层意义准确地反映了德国古典思想的重要转向，即哲学必须面对现实的实在，哲学对世界的认识方式不能再基于形式的逻辑推论中。例如黑格尔将形式逻辑纳入动态的辩证关系中，使形式逻辑与理念的运动相统一，进而通过理念在世界中的显现过程，与现实关联起来。

②　Karl Ameriks ed. , *The Cambridge Companion to German Idealism*, Cambridge：Cambridge University Press, 2000, pp. 8 – 9.

建构的理论背景，它体现为一个思想发展的动态过程。在该过程中，审美历史主义理论的发展又分为三个阶段。

在审美历史主义的第一个阶段中，美学因其所具有的对逻辑与经验、自由与必然和认识与实践的勾连性，成为德国古典思想对"真实"认识的重要手段。在该阶段中，历史意识或历史思维并没与美学建立有内在的关联，主要原因是该时期的历史观还是一种基于英法启蒙主义思想的历史思维，即一种普遍的、绝对的历史观。但是在该阶段中，德国古典思想确立了以美学对历史认识的合法性地位，即历史只有通过审美才能获得其意义，该阶段主要以康德的思想为代表。

在审美历史主义的第二个阶段，美学作为感知"真实"的手段，被赋予了更多的新属性，其中最重要的是将美学作为一种运动的过程（实际上美学的运动性来源于它在不同领域中穿梭的能力），而审美冲动理论是美学这一属性的代表。例如费希特、席勒，将审美冲动作为人存在的方式，即将美学与"真实"更加紧密地结合在一起。由于对美学运动特性的强调，人们更加关注同样以运动发展为核心的历史思维，并且历史思维对人的经验的关注也使其与"真实"具有关联。由此在该阶段中，德国古典思想将美学与历史等同起来，认为美的运动过程即是历史的过程，美学的即是历史的（黑格尔将这种思想发展到极致，在他看来，哲学就是哲学史，美是理念显现的过程，这个过程就是历史，即美学也就是美学史）。该阶段主要以费希特、黑格尔和前期的谢林思想为代表。

审美历史主义的第三个阶段是其理论体系成熟的阶段，经过前两个阶段美学理论的发展及其与历史思维的相互关联，并且随着德国前期浪漫主义思想的兴起，美学与历史不仅获得了内在的逻辑关联，而且更加关注建立在美学与历史基础上的文化与精神。在该阶段中，"真实"更倾向于体现为在人们生活中的经验，以及建立在日常体验中的属于德国民族自身的文化与精神，而美学与历史思维的内在关联，为这种"真实"的实现提供了可能性。以审美建构的历史意识不同于英法启蒙主义的历史观，它以美学为基础，以艺术为表现形式，蕴含了德国自身的民族精神。该阶段主要以谢林后期的哲学为代表。具体分析德国古典审美历史主义体系建构的逻辑进程，归纳如下。

康德改造了西方传统的实体概念，试图论证人对实体真实的感知能力。他将真实划分为直观的、概念的和"物自体"的真实实体，继而需要建立一种手段，将这些分裂的真实连接起来，这种手段即是美学，而美学之中的判断力思维的核心——目的论思维，构成了康德对历史的建构，历史的作用则是将美学的统一性过程展现在现实经验中。所以在康德体系中，历史的思维是被美学建构起来的，历史通过经验现实性的特征，论证美学在逻辑上的统一性，历史服务于美学。

费希特否定了康德分裂不同真实实体的思想，他将真实作为一个过程性的概念，美学或审美即是存在于这个过程之中并勾连着真实的。在费希特看来，存在于这个过程之中的审美活动就是审美冲动，这也是人真实存在的方式，而审美冲动的过程在经验中的显现即是历史。所以，费希特以审美意识的优劣作为判断历史发展的标准，认为美的历史、审美冲动的过程就是人类的历史，由此也可以看到，美在费希特思想中，从一种手段转为目的。

前期谢林将真实认作是一切存在的合理性，他扩大了真实性的含义，将自由、必然、普遍与现实客观都纳入真实的范畴之中，其目的也是要论证这些概念具有的真实意义。由此历史与美学的关系在前期谢林哲学中具有了内在的逻辑关系：当历史在解决真实之中的自由与必然之间的矛盾无能为力时，美学将历史之中的自由与必然的矛盾转化为无限与有限的矛盾，以艺术的形式将此矛盾统一起来并且消解掉。所以在前期谢林哲学中，美学是对历史的拯救。

黑格尔将真实同样作为一种过程，但是与费希特不同的是，他没有将真实作为其哲学之中的第一原则和目的来对待。所以，费希特以审美冲动作为真实的过程，绝对自我的真实性是费希特哲学的最终目的，也是其思想的逻辑起点。费希特深受康德的判断力批判的影响，即康德将美学作为理性与知性的桥梁，而他则将此"桥梁"发展成为一种过程。黑格尔直接将这种过程性定义为"历史"，由此历史在黑格尔体系之中具有了基础性的地位，而美学即是美学的历史。但是，由于黑格尔试图将形式逻辑与经验的历史结合起来，即一方面承认经验的历史过程，另一方面又试图论证概念在经验之中的逻辑运动，这导致了历史经验与历史逻辑存在着不可调和的矛盾。这种矛盾并非逻辑上的矛盾（因为黑格尔哲学的特征之一就是论证逻辑上矛盾存在的合理性），而是经验现实中的矛盾。这种矛盾体系在美学与历史关系中的具体显现即艺术终结的论断，这种论断实际上再一次导致美学与历史的分裂。

后期谢林哲学正是建立在反对黑格尔真实性基础之上的，他认为，真实不是概念和逻辑之中的真实，应该是人现实存在的真实。结合谢林所处时代，他认为，现实生活的存在应该包含生活之中的宗教与道德，这与黑格尔的论断一致。谢林认为，历史是真实或者说神的启示过程存在的基础，显示经验客体性的艺术，也与历史一样，是对真实存在的显现。由于谢林摒弃了逻辑与经验的矛盾，所以，历史与美学之间不存在逻辑与经验上的分裂，历史与美学都共同指向神，即真实与人的生活性存在。所以，美学与历史在人的真实存在中并行不悖，艺术是一种历史性的活动，历史的活动也是由艺术所代表的精神所构成的，这种构成过程就是文化。

经过从康德到后期谢林哲学的发展，美学与历史即具有了内在逻辑的关系。总体上看，德国古典哲学中的历史思维与美学的关系，在谢林的哲学体系中拥有了最完善的形式。从康德到谢林，美与历史都围绕真实这一概念展开，历史思维源于美学对真实的感知，而美学又需要历史意识才能保证其感知是真实的，正是在这种关联中，德国古典审美历史主义完成了其自身体系的建构。德国古典哲学发展进程中的其他思想运动，如狂飙突进、浪漫主义思想，都暗含审美历史主义的思想，它们同时也参与了德国古典审美历史主义体系的建构，其目的是基于审美历史主义建构德国民族自身的精神，即通过审美建构的历史思维，为民族文化找到精神的源头，并以审美历史主义勾勒出民族精神未来发展的图景。

从康德到后期谢林的哲学，动态地勾勒出了德国古典审美历史主义体系的建构过程，它展示了审美历史主义在美学的基础上对历史思维建构的必然性和合法性。如果静态地观察德国古典审美历史主义理论，将发现其理论的核心内容是想象力，它不仅表现为想象力理论是美学对历史建构的重要手段，更重要的是，审美历史主义基于想象力获得了其理论的实践价值，使审美历史主义从理论的形态转化为具有现实意义的思想工具。而这一切都得益于德国古典思想中想象力理论的两个重要特征，即想象力的创造性特征和历史性特征。

要考察想象力所具有的两个特征与审美历史主义的关联，首先，我们要论证想象力作为审美历史主义核心内容的必然性。德国古典思想中的想象力理论与美学发展相一致，它不仅仅限于文学理论的领域中，从德国启蒙主义运动到浪漫主义思潮，想象力从一种思维的认识方式逐步发展成为一种思想，其过程主要表现为在启蒙主义思想中，想象力理论是对英法启蒙思想的回应。一方面，想象力否定了启蒙主义所坚持的理性与内在感官不存在联系的原则，另一方面，想象力理论对个体经验感知的强调，改变了启蒙主义思潮中人与自然、世界的存在关系模式。"想象力理论将启蒙主义时期人与自然之间的裂痕重新弥合……牛顿的新科学理论和科学方法不能治愈人与自然的分裂，机械论的观点又使得人与自然更加分离，理性被看作是与内在感官没有联系的，理性成为对真理和自然进行认识的唯一工具。想象力理论就是试图改变这种状况，使人与自然重新结合起来……创造的想象力成为重新弥合人与自然之间分离的重要方法。"①

---

① James Engell, *The Creative Imagination：Enlightenment to Romanticism*, Cambridge, London：Harvard University Press, 1981, pp. 7 – 9.

随着德国思想的发展，想象力成为德国浪漫主义思想的核心。浪漫主义者认为，可以通过想象的方式联系世界整体，具体表现为该阶段对神话、寓言的想象性构造和阐释。他们认为，神话、寓言暗藏着远古时期人与世界和谐相处的方式，而只有通过想象的方式介入这些文本，我们才能获得这种隐秘的方法。最终浪漫主义思想通过想象力的理论及其对神话、寓言的阐释，将人定义为想象性地存在于世界之中，亦诗性地存在。① 可以看到，想象力作为一种思想，与审美历史主义共时地存在于德国古典思想之中，作为想象力对象的诗歌、艺术，亦是德国古典美学的具体体现形式。想象力实际上就是德国古典美学思想的另一表现形态，由此，以美学为基础的审美历史主义与想象力理论具有必然的联系。

其次，想象力作为德国古典审美历史主义的核心内容，更加主要的原因在于想象力所具有的创造性与历史性特征构成了审美历史主义理论的特性，即想象力的创造性特征使审美历史主义获得了理论的实践价值，而想象力的历史性特征为审美历史主义确定了其理论对德国民族精神建构的目标。德国古典思想中想象力理论的创造性特征，体现为德国古典思想对想象力的细致的、多层次的划分，即将想象力划分为幻想（Phantasie）与想象（Einbildungskraft）两个层面，通过这种划分，想象力脱离了文学理论的局限，获得了本体论的意义。"在德国思想中，所有有关想象理论的讨论，都离不开幻想与想象之间的关系问题。"②

---

① 德国浪漫主义思想通过想象力阐释人的存在理论，深受斯宾诺莎想象力理论的影响。斯宾诺莎认为，想象是一种先知的预测能力，"先知用想象揭示神的存在……先知们通过想象力在寓言和神话之中发现一切存在之物"（Benedictus de Spinoza, *The Chief Works of Benedict De Spinoza*, Translated by R. H. M. Elwes. London：George Bell and Sons, 1898, p. 25.）。想象作为认识的方式，在寓言与神话的文本中发现了存在的关系，而"先知"的概念，则发展成为德国浪漫主义时期的诗人。

② James Engell, *The Creative Imagination：Enlightenment to Romanticism*, Cambridge, London：Harvard University Press, 1981, p. 176.

想象力的创造性特征，正是在这不断的划分中获得的。在康德以前的德国启蒙主义思想中，以苏尔策、普朗特尔为代表的哲学家，开始将想象力划分为不同的层次。在该阶段中，一方面，想象力理论受到英法启蒙主义思想中将想象力与文学理论相结合的影响，另一方面，德国启蒙主义思想家又试图通过对想象力的多层划分，使之彰显出想象力所具有的多面意义，并确立想象力所具有的创造性功能。以马斯为代表的想象力理论，将人的意志活动与想象力的各个层次统一起来，并确定了想象力与人的意志的关联，为想象力作为人的主体创造性活动奠定了哲学基础。

康德的想象力理论触及了想象力创造性特征的本源性问题，即想象力的创造性能力在人的理性思维中何以可能的问题。康德将想象力划分为"生产性的想象""虚构"与"妄想"三个层面，由此划定了想象力在理性中的界限，最终保证了想象力的创造性效用。康德想象力理论认为，人作为审美的存在，必然具有想象的能力，想象牵引着人的知性与理性相互融合。在此过程中，人的想象力内在的矛盾要求人克服妄想的活动，正是通过虚构性想象的缔造和对妄想的克服，才保证了想象力的创造性。

席勒的想象力理论的意义在于，它通过"感性—客观"的美学模式，将想象力从认识论的领域置于实践领域中。虽然康德将想象力纳入实践理性的领域这一方式对席勒产生了巨大的影响，也为想象力介入整个人类社会、政治领域提供了契机，但是，只有席勒的哲学才真正地从理论上完善地建构了想象力与社会、政治相关联的思想。

基于席勒对想象力理论的改造，想象力对社会、政治和人的存在的创造性作用在浪漫主义思想中得到进一步完善，具体体现为，浪漫主义思想家们把以想象力为核心的诗歌，作为改变人与社会关系的最有效的手段。想象力成为一个完整的人所有能力的源泉，"我们所有内在与外在的能力是由想象力推导出来的"①，想象力成为社会变革的工具。最终，我们生存的世界和所期望的世界都是诗性的世界。"你要知道，想象力是我们自身中最高和最原初的元素，所有的事物都是对它的反映；你要知道，你的想象力为你创造出了世界。"② 可以看到，想象力的创造性特征所具有的能动性，使审美历史主义理论得以依靠想象力建构的历史模式具有实践作用。

最后，想象力的历史性特征是指人们通过想象力面对存在于时间之中的事物，依靠其创造性特征重新建构过去与未来，并将其融合在时间中的当下阶段，它以赫尔德的同情理论为具体代表。在分析德国古典审美历史主义想象力历史性特征时，不能将之与该阶段历史主义理论中的想象力理论相混淆，表面上看，这两种想象理论都与历史思维融合在一起，并且都以想象力作为历史认识的前提。但是两者的本质区别在于：历史主义的想象力理论是以历史学为目的，它将想象力作为一种手段或方法运用到历史研究中，并且历史主义的想象力理论是基于文学理论上的想象力（历史主义学者对想象力的讨论，几乎都以亚里士多德关于诗与历史之争作为切入点，从而导致历史主义学者将想象力局限在文学领域中进行探讨，而没有看到德国浪漫主义诗学理论已远远超越了文学的范畴），而非真正该阶段具有创造性的想象力理论，也正是由于这个原因，随着历史主义思潮和历史学科的发展，历史学家逐渐否定了想象力在历史认识中的基础性作用。

与此不同的是，审美历史主义想象力的历史性特征以美学为基础，想象力不再是一种手段，它通过对历史思维的建构，成为可以观照人在时间中存在的哲学思想。厘清想象力理论在历史主义与审美历史主义中的不同之后，再来考察其历史性特征的具体体现——以赫尔

---

① Friedrich Schleiermacher, *Philosophy of Life and Philosophy of Language in a Course of Lectures*, Translated by REV. A. J. W. Morrison, M. A, London: T. R. Harrison, 1847, pp. 35 – 36.

② Friedrich Schleiermacher, *On Religion*, Translated by Richard Crouter, Cambridge: Cambridge University Press, 1988, p. 138.

德为代表的德国古典同情理论。德国古典同情理论与英法启蒙主义同情理论具有本质区别。从词义上看，德国古典思想中的"同情"均采用德文"Einfühlungsvermögen"，而英法启蒙主义思想中的"同情"则采用英文"Sympathy"。英语中的"Sympathy"表示一种将内在的想象力投射到客体之中的活动，从而获得对他者的理解，这个词语更多地表示该活动基于感官的想象，例如浪漫式的幻想、非理性的激情和恣意的主观主义态度。而以赫尔德为代表的德国古典思想中的同情"Einfühlungsvermögen"一词与英语的意义相悖，它以经验主义与理性主义的综合为基础，否定完全基于感官和非理性的纯粹主观的想象过程，所以，德文中的同情"Einfühlungsvermögen"与英文里的同情"Sympathy"根本不是同一意义，并且，也无法在英文中找到与之对应的词语。①

德国古典思想中的同情理论的核心即想象力理论，与英法启蒙主义同情理论中的想象力最大的不同，就在于其想象力理论具有的历史性特征。德国同情理论创造了一种主客联系的模式，而这种模式以历史的存在为前提，即只有在历史之中才能建构主客关联的模式。正如伊萨·柏林认为，德国古典思想中的同情理论的特点就是想象力的历史性，他将该阶段同情理论定义为"通过历史的洞见与想象，使独立的个体情感的与人类经验相互联系在一起"②。

具体到赫尔德的同情理论，其基于温克尔曼和莱辛对情感在历史中认识所具有的本体论基础。首先，赫尔德将情感—感官的美学模式运用到对人类语言的研究中，认为人类语言的起源就是将自己的感官与情感结合在一起的过程，这个过程在赫尔德看来就是同情。其次，赫尔德又将语言作为艺术和文化的核心，进而将同情理论植入对艺术

---

① F. M. Barnard, *Herder on Nationality*, *Humanity*, *and History*, London, Ithaca: McGill – Queen's University Press, 2003, pp. 108 – 110.

② Isaiah Berlin, *Vico and Herder*, London: Chatto & Windus, pp. 186 – 188.

及民族性的论证之中。在赫尔德的思想体系中,他将文化、艺术及民族精神都基于其语言理论上,而文化、艺术又是在时间之中变化的。所以赫尔德认为,当我们面对历史中的、不同民族中的艺术和文化时,需要以我们自身的内在情感去翻译历史,同情的本义就是站在他人的立场上感觉、感知。最后,赫尔德以其同情理论为核心,使之成为不同民族、文化及艺术趣味间相互交流的手段,并且使其成为建构德国民族性的工具。

通过对想象力的历史性特征的分析可以看到,想象力作为德国古典美学的核心手段,其所具有的历史性特征使审美历史主义的产生成为一种必然,因为审美历史主义基于美学,而作为美学核心内容的想象力,又具有历史性的特征。从这个意义上看,想象力理论与审美历史主义理论具有同一性。更重要的是,通过想象力的历史性特征,赋予了审美历史主义理论的核心价值,即想象力把对现实和人的存在的创造性活动纳入历史的进程之中,其目的在于使想象所建构的世界,拥有时间中的传承性和真实的历史经验性,而这也是审美历史主义的效用所在,具体体现为审美历史主义对德国民族精神的建构。

德国古典审美历史主义对德国民族精神的建构起到了关键性的作用,表现为通过审美的方式,建构了一套不同于西方传统的文化历史观念,并在这种历史观念中寻找德国民族精神的源头并且制定德国民族文化发展的蓝图。德国古典思想通过审美历史主义建构民族精神具有必然性,审美历史主义不是一个静态的、既成的理论事实,被外在地运用到对民族精神的建构中,即民族精神的建构成为审美历史主义的目的,审美历史主义则成为手段。与之相反,审美历史主义是一种思想发展的动态过程,它以德国古典思想的核心——美学思想为基础,是美学对德国民族精神建构问题思考的一种集中体现。在这个过程中,德国民族精神是由审美历史主义发展进程中所表现出的实践性所建构的。因此,德国民族精神的建构不表现为审美历史主义的目的,它是审美历史主义发展的必然结果,换言之,德国民族精神的建构是审美历史主义的核心效用的体现，具体通过审美历史主义在空间与时间中对德国民族的定位而获得价值。

具体分析审美历史在时空中对德国民族精神定位之前，需要厘清审美历史主义与德国民族之间的关系，即弄清楚由审美历史主义所孕育出的那些民族意识是否建构了德国民族。而当代民族主义理论对德国民族的研究明显地否定了这种关联。广义上的当代民族主义理论通常对民族采取两种不同的定义，一种将民族定义为种族、种群的起源，认为对民族的研究应该基于文化（如语言、宗教、神话和历史）[1]；另一种则将民族的定义放入现代政治学理论框架中，通常认为，法国大革命是民族概念的起源。[2] 可以看到，这两种主流的当代民族主义理论所采用的研究手法及其狭隘的定义，不仅忽略了对德国19世纪民族起源的研究，也忽略了诸多与现代政治或与现代性具有差异的民族起源的研究。德国的民族性不是以政治结构为基础产生的，德国作为政治意义上的民族，是在1871年之后形成的，"德意志民族是作为一个文化事实而诞生的，一个世纪后它才构成政治性民族"[3]。如果按照当代民族主义理论的研究方法，则无法将审美历史主义对德国民族精神的建构与其民族的形成关联起来。

正是由于当代民族主义理论对德国民族精神研究的缺失，学者们基于对当代民族主义理论的改良，试图对德国民族精神的形成给予全面的把握，其中具有影响力的研究理论是集体记忆理论（Collective Memory）和故乡理论（Heimat），这两种理论被广泛运用到德国19世纪民族意识的研究中。集体记忆理论主要通过对德国该时期神话、民

---

① Anthony D. Smith, *The Ethnic Origins of Nations*, Oxford: Oxford University Press, 1986.

② 如约翰·布罗伊尔直接将民族主义理论定义为"现代政治结构最基本的形式"（John Breuilly, *Nationalism and the State*, Manchester: Manchester University Press, 1993, p. 1.），并且在政治学的基础上，引申出将民族主义理论作为现代性最重要的特征（Eric Hobsbawm, *Nations and Nationalism Since 1780*, Cambridge: Cambridge University Press, 1990, p. 14.）。

③ ［意］卡洛·安东尼:《历史主义》，黄艳红译，上海人民出版社2010年版，第50页。

间传奇中所蕴藏的共同记忆和集体精神的研究，梳理这种集体性的共同记忆对德国民族精神形成的影响。而故乡理论中的"故乡"一词，甚至成为德国该阶段民族意识的代名词，因为德国在19世纪初并没有统一的国家和政治意识，而"故乡"一词的转变与发展过程，则被学者们认为是德国民族意识的产生与定型过程。我们需要注意的是，尽管西方学者试图创造符合德国19世纪民族特征的理论，并试图通过多个层面对这一问题进行阐释，但是他们始终没有跳出当代民族理论的框架，即他们所采用的方法和理论根基，无一例外的都是历史学的研究方法。

实际上，在德国19世纪民族精神研究中，历史学研究方法的天然缺陷就在于它将德国民族的形成定位于1871年。"在1871年以前，'德国'并不存在……在这之前，并没有清晰的德国政治、社会和文化特性。德国历史，不是作为一个统一确定的整体出现的……只是许多不同历史时间片段的结合。"[1] 1871年之前的德国，要么是没有民族性可研究的（例如当代民族主义理论），要么就像其他改良后的民族主义理论那样，始终将1871年之后的德国民族视为其民族精神、文化的最终落脚点，而在此之前的德国文化精神，都是以此为目的发展的。

例如阿龙·科非诺在使用集体记忆理论时，认为1871年前德国没有民族性可言，也没有民族的历史可言，德国民族中的集体记忆起始于1871年。[2] 西莉亚·阿普盖特在把德国故乡理论作为民族理论的前期形态，认为在1871年普法尔茨并入德意志帝国后，其故乡、家园意识就变为了民族意识，故乡连接了对民族渴望的情感与地方性意

---

① James Sheehan, *German History*：1770 - 1886, Oxford：Oxford University Press, 1989, p. 1. 这本关于德国历史的著作，或是在此引用的这本著作中的这段话，成了所有研究德国民族意识、精神著作的信条，这种研究模式也深刻地体现了对德国民族研究的历史学基础。

② Alon Confino, *Germany as a Culture of Remembrance*, Chapel Hill：The University of North Carolina Press, 2006, pp. 33 - 40.

识的鸿沟，在 1871 年之后，其故乡意识也被民族意识取代。①

　　审美历史主义与这些理论的最大不同就在于，它不是研究德国民族形成和民族精神的方法论，而是基于德国民族进程中的一个过程。德国古典审美历史主义的对象是德国 1871 年之前（即当代民族主义理论所认为的还没有"德国民族"概念产生的阶段）的民族精神，它不以构造当代"民族"概念为目的，而是通过自身的发展，在历史之中对政治、文化尤其是民族精神进行定位。具体表现为在空间中通过审美历史主义对自然的建构，构造属于德国民族的地理位置；在时间中通过审美历史主义对中世纪和东方精神的想象，构造属于德国民族精神的历史。而这种定位的目的，是为其后德国民族建构精神的栖居地。②

　　德国古典审美历史主义对德国民族的空间定位以自然为审美对象，具体体现为这样一个过程：审美历史主义以审美的方式介入自然，在对自然的审美过程中生发出历史的意识，并通过自觉的历史思维，在自然中建构德国民族文化的空间基础。在此过程中，随着美学理论的发展及以美学为基础的历史思维的介入，德国民族最终通过审

---

　　①　Celia Applegate, *A Nation of Provincials: The German Idea of Heimat*, Berkeley, Los Angeles, Oxford: University of California Press, 1990, p. 13.

　　②　定位（Orientation）与栖居（Inhabitation）是一个连续的过程，栖居以定位为基础。德国古典审美历史主义对德国 19 世纪民族在时空中的定位，其内在的目的是要创造一个适于德国民族栖居的世界。但是，德国古典审美历史主义的主要效用并没有创造出德国民族的栖居之地，它基于德国 18 世纪末至 19 世纪初的历史时期，目的是为民族进行定位，为民族精神在时间之中（该过程包含了空间的定位）寻找自身的位置。而德国民族及其精神栖居地的建构，并未在该阶段得以完成，因为至少在地理位置上，德国 1871 年之后才拥有了确定的国度（这是民族种群栖居所必需的环境），也并非德国古典历史主义的效用。但是，随着德国民族在历史中的发展，许多思想家又将德国古典时期作为德国民族精神的栖居地。如果置身于德国古典时期中，我们发现在该阶段，德国正通过古典审美历史主义为自己进行定位，为民族精神的栖居地建构而做着丰富的准备，却从来没有想过自己的时代在历史之中将成为民族的精神栖居地。这个独特的现象，从另一方面反映出，德国古典审美历史主义所创造的历史思维，并非一般历史科学上的历史思维，它通过审美对历史、对民族精神的建构，从这个过程的一开始，就注定其成为这个民族的特点。最终，德国民族精神在被审美地创造过程中，被纳入历史之中，而其后人将这一时期作为民族精神栖居地的时候，再一次以审美历史主义的方式建构、继承着民族的精神。

美，为自身在自然中确定了赖以发展的空间，建构了具有德国民族特性的人—自然—文化相互作用发展的模式。

在该过程中，审美历史主义将自然作为对象具有其必然性，因为德国在1871年前没有统一的民族地域，这种情形使得其民族精神无法对应到特定的空间中。对于该时期的德国来说，无论是古希腊精神还是启蒙主义的思想，都无法精确地定位到"德国"这样一个地理位置上，所以需要以审美的方式，以自然为对象建构其民族精神的空间。德国古典审美历史主义对自然的介入形成了其特有的自然观，它具有三个主要特征：

第一，与英法启蒙思想自然观不同，德国的自然观虽然也强调人在自然之中的能动性，但是这种能动性不是唯科学主义的主观能动性，而是审美的主观能动性，这种对自然审美的主观能动性的典型体现就是康德的目的论思想。第二，德国该时期对自然的审美介入方式，强调通过审美在自然中对空间与时间的融合，自然不再完全基于地理空间位置上，它在审美历史主义的建构下被植入了时间的因素。第三，德国该时期的自然观中包含强烈的建构文化的诉求，即将文化作为自然的目的，并且这种诉求是建立在人对自然的审美基础上的，认为只有通过人对自然的审美才可建立起文化。

具体分析德国古典审美历史主义对自然的审美建构过程，它又可以划分为三个阶段：

第一个阶段为德国对自然审美介入的开端。在该阶段中，德国启蒙主义思想通过审美的方式，将其宗教情感置于自然之中，其审美手段的具体形式，是德国风景画与风景诗歌。在该阶段中，自然概念向风景概念的转变至关重要，风景代表了审美主体性的出现，它是人的审美对象。这种概念的转化也与德国古典美学理论的成熟密不可分。我们可以看到，虽然德国凭借其美学理论的发展，通过审美的方式介入自然，但是该阶段中美学与自然的关联并不深入，具体体现为在对自然的审美过程中想象力的缺失。这种缺失代表了对自然审美过程中人的主体性、能动性的缺失，其原因在于德国宗教思想对自然的神化，使得人们无法确定其审美的方式是否可以完整地阐释自然，不知道如何将人的建构性的想象力通过审美纳入对上帝的阐释过程中。在该阶段中，本书以哈勒的诗歌《阿尔卑斯》为例，分析审美历史主义对自然的建构。

第二个阶段为德国对自然审美的全面展开。其自然观理论承接了以哈勒为代表的，以审美的方式处理人与自然的路径，并且随着该阶段德国古典美学理论的日益成熟，人对自然的审美关系也日益和谐。该阶段的特征是在人与自然的审美过程中，审美历史主义的想象力理论被运用到自然中。一方面，想象力在自然审美过程中的强调，重置了人与自然的审美关系，人在自然面前不再像哈勒诗歌中那样是被动的，这种关系的重置使得人通过想象力建构自然成为可能。另一方面，美学理论的成熟，使得本体论意义上的想象力对自然的建构更加有效，主体对自然审美的想象力不再是仅仅基于个体体验的情感能力。想象力成为一种主体的审美结构，其在自然中的审美运用即是建构象征符号系统的过程，这种方式使得人对自然的审美具有了普遍性，该阶段以歌德、席勒对自然的审美为代表。

第三个阶段的德国自然观，是其审美历史主义在自然中为民族精神最终定位的阶段。基于前两个阶段的理论基础，德国古典精神开始思考如何在自然中审美地建构自身精神，该阶段的重要特征是对自然审美的历史思维的出现，这种历史思维为其民族精神在自然空间定位的同时，融入了时间的要素。需要注意的是，这里的自然历史思维是经过了对自然审美建构过程之后的产物，他不是纯粹的与人无关的或与人相分离的自然历史进程，而是被人所建构的自然历史，并且这种历史思维是人类文化的基础，由此，人、自然与文化在空间与时间中第一次得以融合在一起，而这个过程即是审美的过程，它是审美历史主义在自然中最完善的表达。

德国审美历史主义通过对民族的空间定位，论证了其民族文化能够在人与自然的审美关系中产生的可能性，它论证了德国民族不需要以统一的政治、经济体制为前提，就可以在人与自然的关系中建构其民族的精神。但是，仅仅依靠自然中的定位去寻找德国民族精神，使其陷入了一种困境，即如果按照具有普遍性的历史观察人与自然审美的关系，那么，以古希腊为代表的人与自然的和谐关系是具有人类普遍性的，它基于人与自然审美发展、即文化的过程之中。德国虽然通过对民族的空间定位，找到了其与人类文化发展的历史联系性，却没有找到具有自身民族精神特性的文化源头，①其实质就在于德国缺乏一种新的文化发展的历史观念。由此，德国在该阶段基于对自然空间审美建构的基础上，亦对时间进行审美建构，即摆脱以英法绝对理性主义为基础的历史意识，以审美的方式重新塑造属于德国自身的精神发展史。

具体分析这一过程可以看到，德国在该阶段主要通过对东方的审美想象，建构符合德国民族精神发展的历史时间模式，并在此审美的时间中，重新建构了以神话为代表的德国中世纪精神，最终完成了德国民族精神在时间中的定位过程。

德国在该阶段对东方精神的发掘，代表其对以英法为首的西方文化的排斥，而对这种文化排斥的实质，是否定以英法绝对理性主义为

---

① 荷尔德林在对德国民族精神与古希腊精神想联系的论证过程中，实际上看到了古希腊精神与处于现实价值判断中个体间的矛盾，在《我们审视古典所应取的视角》中，他认为，"古典似乎完全立于我们的原始冲动的对面。原始冲动旨在给无形者构形，使原始质朴的自然完美无缺"（［德］荷尔德林：《荷尔德林文集》，戴晖译，商务印书馆 2003 年版，第 174 页）。但是荷尔德林又无法逃出古希腊精神的束缚，原因在于他只是在自然的空间中对德国精神进行定位，没有以审美历史的思维为基础，从时间之中，或者说没有从空间与时间的融合中去寻找德国精神。所以，荷尔德林以"死亡"与"牺牲"面对这种古希腊精神与德国民族精神的矛盾，他认为死亡是最高的和谐，死亡与瓦解才能产生出新生（《荷尔德林文集》，戴晖译，商务印书馆 2003 年版，第 450—452 页），这种极端的方式最终导致荷尔德林的生理精神在古希腊世界之中崩溃。但是我们应该看到，荷尔德林在古希腊精神中的迷失，代表着他对德国民族精神所"在"的追寻，他的最终迷失只是一种在"何处"的迷失，而在"何处"的迷失，新生出了德国民族对"在"的思考，"在"即是精神的定位，是德国古典审美历史主义的核心效用。

基础的时间观，将东方从西方的普遍历史中脱离出来，建构"东方——德国"精神的历史模式。德国对此模式的建构依然采用审美的方式，即通过对东方文学、诗歌、语言的审美去建构东方的精神，进而将这些东方艺术精神与德国自身的艺术相联系。德国否定了从具有普遍性的历史思维介入东方的方式，依靠想象力建构了新的时间观，并且在"东方——德国"精神的历史模式建构过程中，表达了强烈的政治意识。德国民族依靠自身与东方文明的审美联系，批判欧洲对东方的殖民文化，并在此批判中彰显出德国所具有的与欧洲截然不同的政治、文化模式。

可以看到，德国对东方精神的建构，是通过审美的方式介入其诗歌、文学中，其目的是建构一套新的时间秩序。在这种新的秩序中，德国继续寻找、建构最具有自身民族特性的精神阶段——德国中世纪的文化精神，因为中世纪的神话、诗歌等艺术，直接蕴含了德国的民族性。例如阿尔尼姆、布伦塔诺、葛瑞斯、格林兄弟及威廉·施勒格尔等人对中世纪文学作品《帕西法尔》的研究，认为以帕西法尔为代表的德国中世纪英雄"充满了正直、力量和高尚的道德，与厚颜无耻的、恶心的英国空空其谈的人物，以及阴暗、愚蠢和不道德的法国浪漫主义者形成鲜明对比"①。威廉·施勒格尔则认为，"中世纪精神结合了德国北方民族强壮与诚实的特性，它形成于中世纪东方——基督教的关联之中……它与我们的历史相平行"②。需要注意的是，这里的"它与我们的历史相平行"，是指中世纪精神并不处于以英法为代表的西方历史中，中世纪精神、东方精神以及德国民族精神处于与之不同的、自身的历史进程中，即由审美历史主义所建构的时间秩序中。

总体上看，中世纪精神包含了德国民族的直接"在场"，它在

---

① Georg Gottfried Gervinus, *Geschichte der poetischen National – Literatur der Deutschen* (*Volume* 1), Leipzig: Engelmann, 1846, pp. 382 – 383.

② August Wilhelm Schlegel, *Kritische Ausgabe der Vorlesungen* (*Volume* 1), Edited by Ernst Behler and Frank Jolles. Paderborn: Schöningh, 1989, p. 434.

"东方—德国"精神的历史秩序中，成为德国民族精神特性的源泉。最后还应注意的是，德国古典审美历史主义通过对民族的时间定位，论证了中世纪精神作为其民族文化在历史中的合法性地位后，紧接着德国便试图将以基督教为代表的中世纪精神置于其所处时代中民众的生活里，这个过程被称为西方宗教世俗化运动，即认为在新教的冲击下，基督教试图介入人们的日常生活，加强人们与基督教的联系。但是，德国在此运动中具有其鲜明的特点，它是通过审美的方式将基督仪式置于人们的生活中，并且其目的也不仅仅是在宗教范围内维护基督教的权威，而是试图将基督教的仪式转化为德国民族的记忆，建立起民族的历史，而这亦是审美历史主义效用的体现。

综上所述，18世纪末至19世纪初的德国通过审美的方式建构了东方精神，通过对东方精神的建构，获得了一种新的文化发展的历史思维，凭借这种历史思维，德国古典思想又审美地建构了中世纪精神，并将其纳入已审美地建构的历史思维中，为德国民族精神的发展铺平了道路。在此道路上，德国民族又选择了审美作为其行进的方式，具体体现为德国通过审美的方式，将中世纪精神与其所处的时代相连接。可以看到，德国古典思想基于其美学理论，审美地在空间与时间中建构其民族精神，审美地使其精神延续在历史之中（这种历史也是被审美地建构的），但它绝不是德国民族审美的乌托邦，因为它以具有创造性与历史性特征的想象力为核心，这就是德国古典审美历史主义的效用，在此过程中，审美必然地成为德国古典思想中最为核心的部分。

通过对德国古典审美历史主义理论发展的梳理，我们看到，它连贯地将德国古典思想中的启蒙主义、唯心主义、浪漫主义等思想连接起来，并将这些思想凝结成德国民族精神的核心，而审美历史主义的理论动力来源于德国该时期的美学，它充分论证了美学对一个民族的社会、政治建构的实践作用，以及美学作为一种时代精神存在的可能性。对德国古典审美历史主义的研究，使得我们对德国古典美学的研究具有了一种新视野。例如，学术界长期以来将德国浪漫主义思想限定在文学领域中，认为德国浪漫主义是"文学的自律以及文学绝对化的进程"①，进而否定浪漫主义通过主体审美对客体世界的作用，"主体与客体的辩证关系不再是德国浪漫主义思想的核心，因为这种辩证的关系只基于以寓言神话为核心的象征主义诗学体系之中的"②。

可以看到，这种学术观念与审美乌托邦理论一脉相承，直接瓦解了美学的现实意义，其实质是基于一种局限的德国浪漫主义思想，没有看到德国浪漫主义理论背后更宏大的思想背景。但是，如果从审美历史主义的角度出发，就会发现德国浪漫主义与唯心主义、启蒙主义思想都具有思想的连贯性，它是德国古典思想建构民族精神的一个环节，与美学在其他思想中的作用相一致，德国浪漫主义美学理论的实质，是建构一种属于德国民族自身文化发展的历史观念，而浪漫主义中的诗歌、神话和艺术理论，都只是建构这种历史思维的手段。

另外，对德国古典审美历史主义的研究亦开启了诸多新的研究方向。例如，审美历史主义决定了德国对东方精神建构的模式，即对东方，特别是对东方的古代精神进行审美想象，并且这种想象的对象与其所处的时代越遥远，这个对象对审美历史主义来说就越具有价值，因为审美历史主义对东方的想象，其目的是否定欧洲基于殖民活动对东方建构的认识和价值判断，审美历史主义试图通过对东方的语言、诗歌和哲学的研究，来建构其与德国自身民族的联系，并最终构建"东方—德国"精神的历史模式。

基于德国审美历史主义对东方建构的特征，德国该阶段对中国的审美想象对其具有重要的意义，但是在当前的学术研究中，学者们都无一例外地忽视了这一方面，即使在专门研究德国 19 世纪东方学的

---

① Jena - Luc Nancy, *The literary Absolute*, Translated by Phillip Barnard and Cheryl Lester, Albany: Suny Press, 1988, pp. 3 - 13.

② Paul de Man, *Blindness and Insight*, Minneapolis: University of Minnesota Press, 1983, p. 208.

著作中，也将德国对中国的研究排除在外。学者们认为，德国该时期对东方的研究主要是印度尼西亚、波斯、埃及、中东伊斯兰世界。[①]学术界对德国该阶段与中国的审美关联研究的忽视，主要原因在于学者们只看到了德国启蒙主义时期对中国的排斥。例如赫尔德认为，中国是"僵死的木乃伊"，并批判其与世隔绝的自私，中国像一个不具有发展能力的小孩。[②]

诚然，德国该阶段对中国进行了批判，但是其实质是反抗英法启蒙主义思想中，尤其是法国启蒙主义思想中对中国热情的态度。德国在该阶段对中国的批判，主要将中国与洛可可风格相联系，从艺术精神的角度，而非政治体制的角度对中国进行批判。但是，随着德国审美历史主义对东方精神的不断建构，以及英法对中国的殖民活动的深入，德国对中国展开了新的审美想象。以施勒格尔为例，他对中国的审美想象代表了该时期德国对中国的审美印象。施勒格尔认为，中国拥有广阔的地域和高度发展的文明，"中国拥有世界最多的人口，庞大的城市，宜人的气候……贯穿南北的运河，用比英国和苏格兰所有建筑所用的砖加起来还要多的砖头建筑的长城，并且长城十分的厚，如果以普通的厚度来建立一堵墙，长城所用的材料可以把地球围起来一圈"[③]。施勒格尔还将中国的哲学精神与古希腊精神相提并论，认为中国精神即是一种理性的精神，"中国的文化系统被对神的崇拜主导着，就像在其他民族里那样，由对神的多样的虚构所组成，但是中国文化主要从儒家中汲取精神力量，毫无疑问的，就是这样一种理性的神构成了中国的政治与道德存在，即将神圣的理性作为最高的存在"[④]。

---

① Suzanne L. Marchand, *German Orientalism in the Age of Empire*, Washington, D. C. and Cambridge: Cambridge University Press, 2009, pp. 22 – 28.

② Willy Richard Berger, *China – Bild und China – Mode im Europa der Auklfärung*, Cologne, 1990, p. 120.

③ Frederick Von Schlegel, *Philosophy of History*, Translated by James Burton Robertson, London: George Bell & Sons, 1883, pp. 122 – 123.

④ Ibid., pp. 164 – 165.

中国文化这种理性的传统是由其无神论的思想造就的，这种无神论则是由老子的哲学建构的。"中国哲学的理性主义系统由其老子道家思想构成，它们的名字甚至比孔子的儒家思想家出现得更早，老子，理性的弟子，以及跟随他其后的哲学家们发展这种思想，并最终形成完整的无神论体系。但是，这样的无神论思想不是由其道家思想的建立者建构的，而是由其弟子们建构的。"①

我们需要注意的是，在对中国的相关论述中，施勒格尔尤为重视中国的古代精神。② 例如他认为，以八卦为核心的中国古典思想，实际上是对自然科学的表征。"毫无疑问，中国拥有一个科学的表征系统……八卦包含了古代的精神所在，能够表现出科学的自然系统。"③而以英法为代表的科学主义精神，往往是不能理解这种系统的科学性的，"一些作者，特别是英国的，他们从现实生活经验中评价这套远古的神秘系统……这是在当代语境中的一种阐释和滥用，他们不懂得那些象征符号和线条原初的意义。"④

可以看到，施勒格尔的言下之意在于，只有通过审美的方式才能理解中国远古思想的内涵，即只有德国民族才能真正获得与东方精神的关联。最终，施勒格尔认为，中国的这种理性精神应该像古希腊文化一样得到人们的重视。"我们不应该仅仅从人口的数量、领土的面积或地理环境以及它们外在的力量来关注中国——应该从其道德价值

① Frederick Von Schlegel, *Philosophy of History*, Translated by James Burton Robertson, London: George Bell & Sons, 1883, p. 131.

② 德国在该阶段尤为重视对中国古代精神的研究。学者乔治·莱纳（Georg Lehner）将欧洲1700年至1850年编写的百科全书整合在一起，具体分析这些百科全书中对中国的研究。虽然莱纳并没有按照该时期各个不同国家的百科全书来分类比较其对中国的描述，但是通过查阅将发现，德国百科全书收纳的关于中国的词条，主要集中在中国的古代语言、文学和历史三个方面，而英国、法国百科全书中的词条，则主要集中在中国的经济、政治和军事三个方面。参见 Georg Lehner, *China in European Encyclopaedias*, 1700—1850, Leiden, Boston: Brill, 2011。

③ Frederick Von Schlegel, *Philosophy of History*, Translated by James Burton Robertson, London: George Bell & Sons, 1883, pp. 127 – 128.

④ Ibid. , p. 128.

与其文化特征和文明来关注中国……它并没有受到像古希腊或古埃及那样的重视……这是许多历史学家都忽视的情况，因为他们过于强调将所有民族都放入到同一个历史的进程之中——以那种所谓的没有歧视的平等性来观察他们，仅仅从人性的物理性质或从种族划分来看待他们。"① 可以看到，施勒格尔的这一论断亦表明了其对中国精神建构的本质目的，即以对中国的审美想象为手段，建构一种不同于西方传统的文化历史观念。

如上所述，欧洲在该阶段对中国的殖民，将中国定义为政治腐朽的、未被文明开化的国度，但是在德国看来，这种论断反而是基于一种非文明的历史思维建构的。以施勒格尔为代表的德国思想对中国的审美想象，不是某一个个体、偶然的现象，它影响了德国社会对中国的印象，即通过对中国的审美想象，中国被塑造成为具有远古精神力量的强大的国度，这种强大的中国印象可以从另一个侧面反映出来，即在 1895 年德皇威廉二世向准备进军中国的德国士兵讲道，中国具有数千年的强大的精神力量支撑，其创造了史无前例的民族辉煌，他要求那些进军中国的德国部队要"必须清楚认识到，就像在一千年前汉民族为他们建立了荣誉与名声那样，我们必须通过我的行动让他们记住'德国'，以至于在一千年以后中国也不能小视我们德国。"②

通过以上分析可以看到，德国在该阶段对中国的审美想象具有其鲜明的特征和广泛的社会影响力，但是，这种现象却被普遍地忽略。学术界要么认为，该阶段德国对中国的研究与英法一致，将中国置于殖民的视角去建构中国的形象；要么则认为，正因为德国没有对中国进行殖民，其对中国的审美想象不具有任何现实价值。实际上这样的学术观点，是他们没有具备审美历史主义的理论思维，没有看到德国

---

① Frederick Von Schlegel, *Philosophy of History*, Translated by James Burton Robertson, London: George Bell & Sons, 1883, p. 118.

② *Kein Ruhmesblatt für Willys Hunnen*, Frankfurter Allgemeine Zeitung, 2 February 2002, Nr. 28, p. 11.

在该阶段对中国审美想象的意义所在。综上所述，以德国浪漫主义美学研究的新思路及德国对中国的审美想象为例，我们看到了审美历史主义对当前美学研究具有强烈的理论启发性。

　　本书一共分为四个章节，对德国古典审美历史主义进行梳理与论证。第一章主要对德国古典审美主义与历史主义、历史主义批评进行词义的辨析，论证审美历史主义与其他具有相同问题域的理论的不同。第二章主要论证德国古典审美历史主义以美学理论为基础的体系的形成过程，即在德国古典思想从"真知"到"真实"转向过程中，厘清美学对历史思维建构的线索及其理论基础。第三章主要分析德国古典审美历史的核心内容——想象力理论，梳理德国古典思想中想象力理论的创造性和历史性特征的形成过程，并论证这种想象力作为德国审美历史主义核心内容的必然性。第四章分析德国古典审美历史主义在其理论的形成与展开中所具有的理论效用，其具体体现为德国审美历史主义在空间与时间中对德国民族精神的建构，即古典审美历史主义通过审美的方式，建构了符合德国民族精神发展的历史模式，并在此历史模式中寻找其民族精神的源头，并审美地将这种历史模式与现实相连接，制定了德国民族文化发展的蓝图。

　　本书所引用的文献分别来源于中文、英文与德文资料，在引用过程中，已经有中文译本的英文或德文书籍，以中文译本为标准进行引用；没有中文译本的书籍，则以英文译本为主、互参德文版本进行引用；没有英文译文的，则直接从德文原版进行翻译引用。但是，本书对某些中文译本不准确的地方做了调整，并均已进行了标注。

第一章 德国古典审美历史主义的定义

　　从词义上看，德国古典审美历史主义首先指明了本书的研究背景是德国古典美学，但是"古典"一词及其所代表的哲学阶段，在中国与西方学术界具有较大的差异，辨析该词语在中、西方语境中的不同，才能划定我们研究的大范围。其次，"审美历史主义"一词代表了本书研究的核心内容，在中国的哲学、美学领域中，没有学者使用过该词语，而在西方的哲学、美学领域中，其词语"Aesthetical Historicism"在极少数的地方，被用来代表文学理论中的历史主义批评理论。

　　因此，对"审美历史主义"一词的辨析将为我们的研究划定出其特定的对象，并通过对其辨析，论证德国古典审美历史主义理论的合法性。其具体方法为，对德国古典审美历史主义中的"古典"辨析，定位其研究的主要对象，并通过对"历史主义""历史主义批评"两种理论与"审美历史主义"之间的比较，明晰德国古典审美历史主义自身的理论特征。

第一节 "古典"的定义

　　在西方哲学史上，"古典"一词通常指古希腊哲学这一时期，除此之外，很少再将其他哲学时期称为古典哲学。① "德国古典哲学"
一词最早是恩格斯于 1886 年在《路德维希·费尔巴哈和德国古典哲
学的终结》一书中提出的。但是，恩格斯并未在书中给出德国古典
哲学明确的定义，他以马克思历史唯物主义哲学为标准，批判了以
黑格尔为代表的德国唯心主义哲学思想，并将其称为德国古典
哲学。②

按照恩格斯的这种划分，在中国哲学界，通常将从康德至黑格
尔的德国唯心主义哲学称为德国古典哲学。"德国古典哲学是指 18
世纪中期到 19 世纪 40 年代前后的德国学院哲学，其活动中心在东
普鲁士的哥尼斯堡（Königsberg，今俄罗斯的加里宁格勒）、耶拿、
海德堡和柏林等地，康德、费希特、谢林和黑格尔是其主要
代表。"③

由此可以看出，"德国古典哲学"这一用语还强调了继德国唯心
主义之后哲学思想的发展性特征。较之中国学术界对"德国古典哲
学"一词的普遍接受，西方哲学史则通常使用"德国唯心主义"表
示该时期哲学思想："从 18 世纪晚期至 19 世纪中期，德国哲学以德
国唯心主义为主导，这一场思想运动始于康德哲学，即以康德提出
的人类知识与道德是如何来源于自发、自治的精神这一问题为核心。
但是，随着该运动的发展，德国唯心主义哲学家们创造的思想体系
又与康德的唯心主义相背离，其原因在于，康德之后的唯心主义哲

---

① 当前通行的西方哲学史、哲学百科全书均将西方古典哲学定位于古希腊哲学时期，
例如特瑞斯·艾文编辑的《古典哲学》中说："对于'希腊哲学'或'古代哲学'，我将之
定义为古典哲学，它们是指公元前大约 550 年至公元后 550 年间，以古希腊语为书写语言的
哲学时期。"（Terence Irwin ed.，*Classical Philosophy*，New York：Oxford University Press，1999，
p. 1.）在《古典哲学百科全书》中，亦将古典哲学时期定义为"从公元前 6 世纪爱奥里亚
学派的兴起到公元 6 世纪雅典学派的衰落"这一阶段，参见 Donald J. Zeyl ed.，*Encyclopedia
of Classical Philosophy*，Westport：Greenwood Press，1997，Vii。

② 《马克思恩格斯选集》第四卷，人民出版社 1995 年版，第 214—220 页。

③ 叶秀山、王树人主编：《西方哲学史》第 6 卷，凤凰出版社 2005 年版，第 1 页。

学家们对绝对的统一体和理性的历史发展的强调。"① 值得注意的
是，剑桥大学版的《德国唯心主义》将 1770 年至 1840 年的德国唯
心主义称之为"德国古典哲学"，并且将以康德为代表及他以前的
哲学思想，称为批判的或超验的唯心主义，而将康德之后以费希特、
谢林和黑格尔为代表的唯心主义称之为绝对的唯心主义。② 通过以上
分析可以看出，"德国古典哲学"与"德国唯心主义"在学术研究
中具有高度的重合性。

　　厘清"古典"一词在德国哲学中含义的重要意义在于，它为本
书研究内容划定了时间范围，并可依此范围为本书研究寻找、挖掘
合理的理论支撑。

　　德国古典审美历史主义始于对德国古典哲学中强烈的历史意识
的关注，并且挖掘出其历史意识的基础即是德国古典美学，其论题
"德国古典审美历史主义"符合德国古典哲学的思想特征。《哲学
百科全书》将康德之后的德国唯心主义的特点归纳为"德国唯心
主义具有三大特征：一是寻求建立新的形而上学；二是通过浪漫主
义思想扩展了传统哲学的领域；三是反对西方思想。其中，第一特
征——寻求建立新的形而上学特征又包含七个主要特征：1. 否认
不可认识的物自体。2. 否认知识与信仰间的绝对分离。3. 否认知
性与理性、知性直观与感官、想象与知性之间的分裂，试图找到新
的理论将其统一起来。4. 否认建立在个体心理学基础上的'经
验'，试图通过以费希特为代表的超验体系，或者通过客观精神的
历史结构建构个体经验。5. 否认以传统逻辑、数学和牛顿力学为
基础的科学模式。6. 否认脱离历史、社会及建立在个体主义上的

---

① Franks, Paul (1998), German idealism, In E. Craig ed., *Routledge Encyclopedia of Philosophy*, London: Routledge. Retrieved September 24, 2012, from http: //www. rep. routledge. com/article/DC095.

② Karl Ameriks ed., *The Cambridge Companion to German Idealism*, Cambridge: Cambridge University Press, 2000, p. 1.

普遍性。7. 否认抽象的形式艺术理论。拒绝与其他价值相分离的美学价值理论。第二个特征——通过浪漫主义思想扩展了传统哲学的领域，主要是指基于浪漫主义思想对自我个体性的培养，对模糊、瞬间感觉的理论建构，以及对古希腊时期的想象，以及以情感的方式将哲学与美学扩展到社会、政治等领域中。第三个特征——反对西方思想，则主要是指反对以法国为代表的启蒙运动思想。"①

可以看出，德国古典哲学强调历史思维，不仅是对西方传统哲学的改造（例如对个体经验在历史中生成的探讨，以历史意识弥补抽象的普遍性和个体性等），也体现了18世纪末至19世纪初德国民族试图通过对历史思维的建构，获得与西方传统精神（如古希腊精神）的联系，并且在此联系中，建构德国民族自身的精神文化，"从莱辛诞生到黑格尔和施莱尔马赫的去世，有一种精神的关联，它产生于一种创造性的冲动，这种冲动决定了它的特性。这种特性产生自以一系列历史条件为基础的，要塑造一种新的生活理想的民族渴望。"②

在这种历史意识的建构过程中，德国哲学家及其民族选择了美学这一条路径，或者说，德国通过美学建构了这一历史思维，即在历史意识建构的进程中，美学最开始以认识论的姿态出现，随着其理论的逐渐成熟，和对艺术、社会、政治、民族等问题的不断介入，孕育了一种符合其民族精神发展的历史意识，而这就是审美历史主义。

审美历史主义对德国民族具有重要的意义，而这也是审美历史主义的根基——美学在德国古典哲学中显得如此重要的原因。正如

---

① Paul Edwards. ed., *The Encyclopedia of Philosophy* (*Volume* 3), New York: The Macmillan Company & The Free Press, 1967, pp. 300 – 303.

② Dilthey, *Das Erlebnis und die Dichtung*, Göttingen: Vandenhoeck & Ruprecht, 1921, p. 109.

文德尔班在论述以康德、谢林和黑格尔为代表的德国古典哲学特征时认为那样，"无论在实质上或在形式上，美学原则都占居统治地位，科学思维动机同艺术观的动机互相交织，终致创造出在抽象思维领域里的光辉诗篇"①。另外我们还应注意到，正是因为审美历史主义，使得德国古典哲学具有强烈的实践特征。"人们往往被德国古典哲学晦涩难懂的表达方式所迷惑，看不到德国古典哲学回到事情本身的实践哲学本质。"② 而这一特征的理论源泉，亦与美学有着深刻的联系。③

综上所述，德国古典审美历史主义以"古典"作为其研究对象的时间范围，是基于对德国古典哲学思想中美学、历史意识、社会与文化价值三者间联系的考察，其符合德国古典哲学对审美、历史意识的重视及其实践性的主要特征。其次，论题不用"德国唯心主义审美历史主义"替代"德国古典审美历史主义"的原因，在于"德国古典哲学"的提法较之"德国唯心主义哲学"具有更强烈的、基于思想内部发展的批判性特征。"'德国古典哲学'表示这样一种哲学，它在已经逝去的 18 世纪取代了理性的学院。这就是康德的先验哲学及其变革，包括它所经历到的由同时代人所进行的批判。在同时代人也包括随后几代人的意识中，直至 1848 年 3 月革命前夕的哲学史书写中，这一讨论复合体构成一种思想方面的统一性。"④ 从词义上看，

---

① ［德］文德尔班:《哲学史教程》，罗达仁译，商务印书馆 1997 年版，第 727—728 页。

② 张汝伦:《德国哲学十论》，复旦大学出版社 2004 年版，第 14 页。

③ 长期以来，西方学界对德国古典哲学的实践性特征重视较少，而对审美乌托邦、审美对个体、民族的救赎等问题的研究较多，中国学界则更加注重德国古典哲学与马克思主义哲学实践特征间的联系，忽略甚至否认了该时期美学思想具有的实践性内容。由此看出，无论西方抑或中国学界，对德国古典美学的实践性问题研究较少。而通过审美历史主义这一线索，即通过对美学如何进入德国该时期历史意识并影响其社会、民族的研究，则可以在理论上厘清美学的实践性特征。

④ 参见耶西克 2001 年 9 月在中国社会科学院哲学所做的学术报告《德国古典哲学:历史与源泉》。

"古典"一词本身就是基于时间发展过程的历史性表达。随着思想史的发展与更替，"古典"一词所群聚的"经典"含义，也会得到自我的批判与更新，并暗示了德国古典审美历史主义在思想发展进程中，其理论价值也将逐步被发现与阐释。

第二节　"历史主义"与"审美历史主义"的定义

历史意识的兴起是德国古典哲学的重要特征，通过哲学建构历史思维，也成为该时期每个哲学家思想体系中必不可少的部分，历史主义就是对这一思想运动的理论总结。厘清历史主义与审美历史主义的关系尤为重要，因为两者都阐释了德国古典哲学中历史意识的特征。从字面上看，审美历史主义与历史主义似乎在内容上有着巨大的重合性，所以，唯有确定德国历史主义的内涵，才可进一步明晰审美历史主义的实质。

从广义上看，历史主义发展至今已成为一种哲学思维，甚至超越历史、哲学的范围而成为生活的、文化的组成部分。"历史主义不再限于传统哲学那些独立的、抽象的概念和提问的方式，它将人类的知识视为特定的文化系统的产物，历史主义正是通过这样的知识观重新审视人类在世界、文化中的地位。"① 正是鉴于当前历史主义作为独立的哲学思维方式，甚至是一门独立的学科这种情况，相较于其在19世纪初至20世纪中期仅仅被当作是对一种思想运动的概括，"历史主义"这一词语所代表的意义也变得更加复杂。例如，德怀特·李和罗伯特·贝克梳理了历史主义在当前的五种含义：（1）一种立足历史进行解释和评价的方式；（2）一种立足当下生活审视历史的方式；（3）一种观念论的哲学；（4）历史相关主义和相对主义；

---

① Robert D' Amico, *Historicism and Knowledge*, New York: Routledge, 1989, pp. 146 – 148.

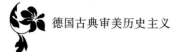

（5）历史预言。①

广义的历史主义由于其过于宽泛的定义，并未得到学术意义上的承认，并且其与审美历史主义亦无理论的重合，所以，在此我们需要注重考察的是狭义的历史主义。

综合权威的哲学词条解释，其中《劳特利奇哲学百科全书》给历史主义一个具有较高综合性的定义："历史主义被贝奈戴托·克罗齐定义为'唯有历史给予生活与现实一种确证性。'历史主义主要是对 19 世纪德国的历史思维的总结，将历史思维作为认识论和知识论，其有别于自然的历史观。德国历史主义反对由康德所代表的启蒙运动思想，拒绝承认历史中的统一性和绝对性。历史主义主要基于赫尔德与黑格尔的历史思想。赫尔德反对历史的线性发展和整体论的历史观，认为历史是由不连续的独立的民族与文化塑造的；黑格尔则认为，历史是由独立的、自觉的个体运动所构成的。正是基于赫尔德与黑格尔的历史思想，历史主义试图建立一种独立的、自觉的历史观念。随着历史主义思想的发展，其亦遭到诸多的批判。例如尼采、特洛尔奇、本雅明、波普尔等，他们反对历史主义所导致的相对主义、主观主义与整体论思想，这些对历史主义的批判，深刻地影响了海德格尔、胡塞尔与伽达默尔。"② 而《斯坦福哲学百科词条》与其他历史主义的解释不同的是，它强调了历史主义是基于理性主义传统，认为历史主义作为一种认识论，试图建立符合理性发展的历史科学。③

综合对历史主义接受与批判性的定义，尽管对历史主义有诸多不同的阐释，但对其的共识是认为历史主义作为一种思潮，兴起于

---

① Dwight E. Lee, Robert N. Beck, *The Meaning of 'Historicism'*, American Historical Review, 1953（3），Vol. 59, pp. 568 – 577.

② Christopher Thornhill（1998），Historicism, In E. Craig ed., *Routledge Encyclopedia of Philosophy*. London：Routledge. Retrieved October 14, 2012, from http：//www. rep. routledge. com/article/S028.

③ http：//plato. stanford. edu/entries/rationality-historicist.

19世纪初的德国，并且最先对此思潮进行自觉地总结和批判，并将历史主义作为德国思想的重要组成部分的，也是德国学者。① 为了将德国兴起于19世纪初的历史主义与广义的历史主义，以及发展至今的新历史主义等思潮区别开来，德国学者格奥尔格·伊格尔斯将19世纪初至20世纪初的德国历史主义定义为古典历史主义（Classical Historicism），认为，古典历史主义建立于兰克对黑格尔历史观的批判的基础上（黑格尔认为，历史是理念的概念化过程，兰克则试图通过经验的、特殊的形式理解历史）。作为德国唯心主义的认识论，古典历史主义假定世界是一个可以理解的整体，但是，这种整体性的理解只有通过对个体的审视才能获得，也正是因其对历史整体性和历史进步论的迷恋，伊格尔斯将德国古典历史主义称为乐观的历史思维（optimistic historicist thought）。

伊格尔斯认为，古典历史主义只能涵盖以德国思想为代表的历史思想，为了使历史主义该词语具有更大的意义涵盖性，伊格尔斯以"历史主义的危机"（crisis of historicism）定义历史主义，他认为，历史主义是人在思考自身及其外在世界时，对自己面临的困惑所采取的历史思维方式，由此，历史主义具有了形而上学的意义。② 卡洛·安东尼也在广义上认为，历史主义思潮产生于历史主义危机本身，"不过我们应该注意到，这个术语只是为了描述'历史主义的危机'才开始传播，仿佛只有当它意味着文明价值观的重大震荡

---

① 德国学者特洛尔奇被认为是最早对历史主义进行明确定义的学者。他认为："历史主义就是将对人、文化和价值的思考过程历史化。"（Ernst Troeltsch, *Der Historismus und seine Probleme*, Tübingen：Mohr, 1922, p. 10.）德国学者梅尼克认为，历史主义是德国思想的代表，他在论述历史主义时说道："我们目睹了一个欧洲规模的思想过程，它在德国达到了成熟，而在歌德的作品中则登上了巅峰。"（弗里德里希·梅尼克：《历史主义的兴起》，陆月宏译，译林出版社2009年版，第535页）对"历史主义兴起于德国"的学术共识，进一步论证了德国古典哲学中对历史思维尤为重视的特性。

② Georg G. Iggers, Historicism：The History and Meaning of the Term, *Journal of the History of Ideas*, 1995（1）, Vol. 56, pp. 129 – 152.

时，人们才最终意识到它的性质和影响，并觉察到我们全部的文化都受'历史主义'的浸透，而这种历史主义可能摧毁对我们的文明来说至关重要的思想和信仰遗产——从形而上学到神学再到自然法。"①

虽然有学者认为，"古典历史主义"并未能体现德国 19 世纪初历史意识所蕴含的思想特征，例如卡洛·安东尼以"民族的神话"和"浪漫历史主义"共同定义德国这一时期的历史思潮，并按历史主义在不同国家和时期的特征，将历史主义划分为"自由历史主义""人文历史主义""辩证历史主义""唯物历史主义"和"绝对历史主义"，但是，伊格尔斯以古典历史主义定义德国唯心主义哲学中的历史思维得到了学术界的普遍认同。确定了古典历史主义兴起于 19 世纪德国这一定义，接下来需要弄清的是古典历史主义的主要特征，以便与审美历史主义相区别。总体上看，古典历史主义具有两大重要特征。

第一，古典历史主义基于德国启蒙主义思想，它形成于德国反对英法启蒙思想的过程中。德国启蒙主义思想在哲学上反对欧洲传统的理性主义，反对绝对普遍性的效用，其启蒙思想家坚持莱布尼茨的哲学传统，更加关注统一与特殊以及个体与整体的关系。莱布尼茨的后继者们更加反对他认识世界时采取的机械数学方法论，以及他对知识的绝对普遍性的强调。在政治上，德国启蒙主义思想试图建立独立统一，但又有别于法国的政体，启蒙主义思想家们希望通过民族观念反对以法国为首的理性政体。在宗教上，德国启蒙主义深受新教思想的影响，对宗教信仰与传统理性主义间矛盾的调和，是其思想的主要特征之一。

可以认为，以上这些特征都集中体现在古典历史主义这一思

---

① ［意］卡洛·安东尼：《历史主义》，黄艳红译，上海人民出版社 2010 年版，第 1 页。

潮中。① 首先，在哲学基础上，古典历史主义坚持个体性与整体性相统一的原则，即历史主义一方面坚持在特定的历史时空中认识个体在历史中存在的价值；另一方面坚持认为，人类在历史之中是以整体的类的存在为基础的，"历史主义兴起于17世纪历史学领域中特殊性与统一性间的矛盾。"② 究其历史主义哲学基础，历史主义亦深受14世纪唯名论哲学传统的影响。唯名论认为，所有的客观存在都是个体性的存在，而那些统一性概念，都是人类精神的创造活动。历史主义发展了唯名论思想，认为历史中的统一规律只是一种思维上的目的论关系，只有个体才是真实可靠的。而且，历史主义将唯名论与整体论思想结合起来。一方面，历史整体中的统一性可以表现为一段历史中的个体，即要求整体性在历史之中显现出个体性；另一方面，唯名论所宣扬的真实的个体性，也在历史中被引向了历史整体的统一性里。在政治思维中，历史主义并未直接表达过实际的政治主张和具体的政治理论，它采取的策略是，首先将政治问题转化为文化的一部分。③

　　其次，历史主义认为，文化不再是英法启蒙思想所宣扬的绝对普

---

　　① 有学者认为，历史主义使德国启蒙运动有别于英法启蒙思想："历史主义使德国启蒙运动有别于英法启蒙运动思想……历史主义可以说是德国启蒙运动的最重要成果……历史主义即是德国的启蒙运动。"（Peter Hanns Reill, *The German Enlightenment and the Rise of Historicism*, Los Angeles: University of California Press, 1975, pp. 31 – 36）实际上，该提法过分夸大历史主义所占有的思想地位，历史主义的产生基于德国启蒙主义思想背景中，在这一思想运动中的哲学、文学、政治学领域亦产生了诸如唯心主义、浪漫主义等思想运动，以历史主义全盘概括德国启蒙运动思想不妥。

　　② Peter Hanns Reill, *The German Enlightenment and the Rise of Historicism*, Los Angeles: University of California Press, 1975, p. 29.

　　③ 18世纪至19世纪德国的民族主义运动是以文化为主导进而影响社会政治运动的，这一过程与历史主义的德国民族化运动密不可分。"德意志民族是作为一个文化事实而诞生的，一个世纪后它才构成政治性民族……事实上，现代德意志民族意识是在文学领域内、在一场对法国'思想'的绝望反抗和挑战中形成的，也是在反对伏尔泰的世界主义文化中形成的，这位哲人认为对民族传统的依恋是群氓的偏见；最后，这一民族意识诞生于对自己独特'本性'的确认和捍卫中。因此，它是在对照和反应中产生的，而不是社会政治的内部发展的结果。"参见卡洛·安东尼《历史主义》，黄艳红译，上海人民出版社2010年版，第50页。

遍统一的文化，各个民族应该合法地拥有独立的、特殊的内容，由此历史主义通过文化—政治的联动，以其民族主义深刻地影响了德国19世纪的政治思想。"历史主义认为每个政体应该由各自的内在原则决定，政治不仅仅是一种经验性的生活，它具有了内在的精神性……与法国启蒙思想不同的是，德国历史主义将国家与政体视为历史进程的产物。"①

最后，在宗教上，一方面，历史主义挑战了传统宗教历史观念，即挑战了基于圣经阐释基础上的普遍历史观念以及基督教的永恒真理观；另一方面，德国历史主义又深受宗教信仰影响，认为历史进程并非能够简单地依靠人的普遍理性得到认识与阐释。"由于德国强烈的宗教情感，人们不相信历史是被自由、机械的建构的，也不相信历史可以通过人的单纯感知而获得。"② 总体上说，德国历史主义试图调和宗教信仰与理性之间的矛盾，在此意义上，德国历史主义又具有神秘主义的特征。③

第二，古典历史主义要求以历史的思维方式认识世界，并抵抗传统的理性、科学的认识论方法。古典历史主义学者试图将历史主义作为新的认识论，使得古典历史主义具有显著的认识论特征。从广义的

---

① Georg G. Iggers, *The German Conception of History*, Connecticut: Wesleyan University Press, 1968, pp. 7 – 8.

② Peter Hanns Reill, *The German Enlightenment and the Rise of Historicism*, Los Angeles: University of California Press, 1975, p. 190.

③ 托马斯·霍瓦德在其著作《宗教与历史主义的起源》中，以神学家德·韦特（W. M. L. de Wette）和雅各布·布克哈特（Jacob Burckhardt）为例，探讨了德国神学家与历史主义思想间的思想冲突和调和。霍瓦德认为，一方面，德国18世纪末的神学世俗化运动受到了历史思想的影响，历史主义作为新的认识论，对神学提出了诸多挑战，例如如何历史地阐释圣经、神学如何民族化等问题，但是同时，神学家又试图基于历史主义建构的德国民族化的宗教思想，保持宗教在神学世俗化运动中所具有的权威。另一方面，德国历史主义思想家们亦深受宗教思想影响，历史主义在缔造德国文化的过程中，积极吸收了宗教中的道德原则，并且在建构历史主义认识论的过程中，大量吸收了神学中的认识论思想。参见 Thomas Albert Howard, *Religion and the Rise of Historicism*, Cambridge: Cambridge University Press, 2000。

认识论（即人如何理解自身与外在世界的双向关系）与历史主义联系上看，古典历史主义反对西方传统普遍、绝对的理性认识论方法，认为，在认识的过程中，应该引入最为真实的、重要的因素——历史的因素，因为历史是人创造的对象，也只有历史才能向人类敞开。"历史主义通过人类在历史中的自我反思的认知过程，思考现实的可理解性和对人类认识能力的可能性两大问题。"①

在具体的古典历史主义方法论中，古典历史主义反对西方长期以来以亚里士多德为代表的三段论认识方式，② 认为人类所能获得的认识是与人的实际活动紧密联系的，历史就是人类实际活动的一切。③ 从该层面上看，历史主义从一门历史科学转变为关于人类认识世界的方法论。"历史主义并不是关于人如何认识历史的'认识方法论'，它是一门教导人应该在历史之中思考人类知识的认识论。"④ 而且"古典历史主义者在某种意义上说，更加注重历史主义作为认识论的普遍有效性"⑤。

从狭义的认识论与历史主义之间的联系看，⑥ 古典历史主义反对

---

① Carl Page, *Philosophical Historicism and the Betrayal of First Philosophy*, Pennsylvania：The Pennsylvania State University Press, 1995, pp. 2 - 4.

② 西方传统认识论认为，人类所获得的认知是可以通过逻辑上严密推理而获得自明的论证，它基于人类必然具有普遍理性这样的"悬设"。

③ 古典历史主义认识论对人类自身活动与知识间的联系的探讨，一方面受到了英国经验主义和早期实证主义思想的影响，如培根在《新工具》中说道："人类知识是通过人类行为与自身能力两者的结合而产生的。"（Bacon, *The New Organon*, New York：Macmillan, 1960, p. 39）另一方面，古典历史主义在论证历史如何是人类自身活动的全部这一论断时，又借助了人对历史时间所具有的绝对、共同、普遍的感知能力，即先验感性能力，表现出强烈的唯理主义倾向，从这一层面上看，古典历史主义亦基于德国古典哲学对经验主义与唯理主义调和的思想背景中。

④ Carl Page, *Philosophical Historicism and the Betrayal of First Philosophy*, Pennsylvania：The Pennsylvania State University Press, 1995, p. 27.

⑤ Ibid. , p. 30.

⑥ 狭义的"认识论"指关于获得知识的理论，主要包括"什么是知识"与"我们能知道什么"两个方面的问题，西方传统认识论主要包括科学的认识方法及与之相对立的认识方法。参见 John Greco and Ernest Sosa. ed. , *The Blackwell Guide to Epistemology*, Oxford：Blackwell Publishers, 1999, pp. 1 - 31.

科学认知中的绝对普遍主义的方法及其对价值的排斥。古典历史主义对传统科学认识论的反对，主要基于对历史学科科学性的讨论上，将如何论证历史是一门科学作为整个历史主义的最终目的。而达到该目的的核心手段，就是以历史主义认识论反对传统科学认识论，"历史主义不是说要将历史变成一门科学（这项工作在文艺复兴时便完成了），而是要找寻让历史成为一门科学的内在原因是什么。对这个问题的解决就是历史主义的认识论：即关于历史知识是否可能？历史与艺术的关系如何？是否存在客观的历史？"①

在历史主义具体的认识方法论中，古典历史主义将抽象的个体引入历史的语境中，通过个体在历史中发展的过程寻找到真实的、与人类自身生活紧密联系的知识。因为在历史主义学者看来，只有这种知识才是真正可以被人类认识到的。"发展性（development）和个体性（individuality）是古典历史主义的两大基石。历史主义学者们反对启蒙理性主义和自然法，将历史主义作为认识的工具，重新构建了个体在文化发展中的意义。"②

同时还应注意到，古典历史主义对历史中个体性的认识，继承、发展了笛卡尔主义的"我思"思想，即历史主义认识论的目的在于通过历史发现思考我们人类自身。但是，历史主义的自我反思不再像笛卡尔那样基于逻辑理性上，而是引入了历史因素，动态地进行自我反思。"历史主义的原则就是将人的行为放入到具体的历史过程之中去考察，而这个过程基于的是自我反思的原则。"③最后，古典历史主义试图通过其建构的认识论方法，将历史主义纳入"科学"的认识论范围，这个过程甚至改变了对西方传统科学

---

① Frederick C. Beiser, *The German Historicist Tradition*, New York: Oxford University Press, 2011, p. 8.

② Carl Page, *Philosophical Historicism and the Betrayal of First Philosophy*, Pennsylvania: The Pennsylvania State University Press, 1995, pp. 25 – 26.

③ Frederick C. Beiser, *The German Historicist Tradition*, New York: Oxford University Press, 2011, p. 32.

的定义，即古典历史主义通过历史与个体间的联动，突出了文化与价值在认识论中的作用，认为科学的、真实的认识必须包含价值与文化的因素。①

在厘清历史主义、德国古典历史主义兴起的思想背景和主要特征后，接下来需要明晰其与基于同一思想背景中的审美历史主义的主要区别。②

总体上说，审美历史主义始于德国 18 世纪末美学思想的自觉。一方面，审美历史主义是德国美学作为人类思想在历史中的表现；另一方面，审美历史主义是指基于美学思想上的历史思维，即这种历史思维是以美学的自觉为前提，以美学理论为内核，它试图通过美学建构一种历史思维，从而构造出德国民族自身的文化精神。由此可以看到，其具有强烈的实践特征。审美历史主义相较于古典历史主义，其主要区别如下。

第一，古典历史主义基于历史学科，其目的在于使历史学成为一门"新科学"，而审美历史主义根植于德国古典美学思想，美学被赋予历史性的思维并非基于历史学理论的发展，而是美学理论自觉的必然。古典历史主义的起源和发展，以德国历史学科的发展为基础，历史学在 15 世纪晚期被引入德国大学教育，讲授历史的目的是为道德和神学服务的，即一方面通过对历史事件中人的正确行为的学习，培

---

① 德国学者海因希·李凯尔特认为，历史认识论中所包含的价值性与文化性特征，使其成为一门"文化的科学"（cultural sciences），并有别于"自然的科学"（natural sciences）。而历史成为文化的科学这一进程，正好发生在德国古典历史主义的进程之中，即它首先以康德对知性和理性的划界，对自然科学与神学的划界为前提，以黑格尔将人类思想基于历史的考察为哲学基础，开启了古典历史主义作为文化科学的认识论道路。参见 Heinrich Rickert, *Science and History*: *A Critique of Positivist Epistemology*, Translated by George Reisman. Princeton: D. Van Nostrand Company LTD, 1962, pp. 80 – 103。

② 审美历史主义的哲学基础、核心内容及其效用，将在本书后部分详细阐释，本节基于对审美历史主义的词义阐释必与历史主义的概念进行比较。所以，在本节对审美历史主义与历史主义的比较中，主要以历史主义为对象，针对历史主义与美学的联系及其展现出的理论缺陷，对审美历史主义做出定义，即该节对审美历史主义的定义基于与历史主义的比较，并不代表其全部含义，其目的在于明晰两个词语所代表意义的区别。

养道德感，另一方面通过对神学史的学习了解上帝的神圣。① 历史学在德国 18 世纪时期获得了重大发展，该时期，法学的繁荣带动了历史学的发展。因为要学习神圣罗马帝国的法律，就必须学习神圣罗马帝国的历史，随着神圣罗马帝国内部独立联邦国家的兴起，往来于国家之间的律师成为稀缺职业，而律师职业培养的兴起，又带动了历史学研究的高潮。但是，此时德国大学里的历史学并未成为一门独立的学科，它始终隶属于法学学科。到了 18 世纪后期，随着康德、费希特、谢林哲学对历史思维的建构，历史才被作为哲学的一部分，成为理解人性和建构德国民族共同记忆的工具。②

从历史学科与历史主义的联系可以得出，历史主义的目的之一，是使历史思维成为哲学（认识论）的一部分，并以此确立历史学科的独立的科学地位。审美历史主义基于德国美学的自觉进程，即美学作为一门学科在鲍姆佳通建立之初，就是传统理性主义哲学的一部分。随着德国美学向历史思维的介入，其逐步将美学学科的范围扩大到艺术、社会与政治层面。所以，从各自出发点与宗旨看，古典历史主义与审美历史主义存在巨大的差异。

第二，古典历史主义具有强烈的认识论特征，它试图将历史纳入人类认识过程中，并且通过人类对世界的历史性认识，重新认识人自身。审美历史主义基于德国古典哲学，在最初阶段亦具有认识论特征。但是随着审美历史主义的发展，它表现出了古典历史主义所没有的实践性特征，即审美历史主义通过美学对历史思维的自觉介入与建构，将美学的认识方法赋予了独特的现实作用，而这个过程则是古典历史主义所不具有的。

由于古典历史主义与审美历史主义都以认识论的姿态共同出现

① Emil Scherer. , *Geschichte und Kirchengeschichete an den deutschen Universitäten*, Freiburg: Herder, 1927, pp. 9 – 28.
② Engel, Josef, *Die deutschen Universitäten und die Geschichtswissenschaft*, Bonn: P. Hanstein, 1959, pp. 21 – 22.

在同一思想阶段，所以，在此有必要将两者都以认识论为核心内容的阶段做进一步的区分。首先，正是因为古典历史主义与审美历史主义都试图建立区别于传统理性主义的认识论，这使得许多历史学家都对历史与美学、艺术间的关系展开了深入探讨，并且使这一问题成为任何历史哲学思想中都不可逃避的话题。① 西方对历史与艺术间关系的讨论，从亚里士多德的《诗学》到维科的《新科学》，再到海登·怀特的《元史学》，不同时代的思想家们站在各自立场上，拥护或批判美学与历史间的关联性。如前所述，除了亚里士多德以哲学家身份提出了历史与艺术间的关联，并以"诗比历史更加真实"对历史进行了批判以外，② 对美学、艺术与历史间关系讨论更多的是历史学家。他们的出发点都是站在历史学角度来思考这一问题，主要有三种态度：

第一种态度，承认在历史以语言为载体对时空进行描述的过程中，美学、艺术与历史具有共同性，即历史通过语言与人类直觉的联系，激发人的想象力，使之再造出历史叙述对象的场景，由此使人们"经验"到历史，在这一层面上，历史与美学、艺术甚至是同一的。历史哲学家海登·怀特将历史与美学间的联系提高到了哲学层面，他将历史书写中的美学理论作为历史学的根基，认为历史书写由不同的语言叙述类型所决定，而对历史的建构和感知，则又是由历史的叙述类型决定的。

第二种态度，历史作为一门科学，其与美学、艺术学处在截然相反的领域。例如，历史哲学家李凯尔特在致力于将历史学改造成为科

---

① 在美学领域中，时至当代美学理论，对美学与历史的关系问题探讨，不会构成美学理论的重要部分，甚至是一个无须考虑的部分，这种忽视正是源于未看到德国古典哲学中审美历史主义的思想线索。

② 亚里士多德并非以美学家或艺术家的立场对历史进行的批判，其艺术的地位和作用是其整个哲学思想的一部分。其后许多艺术家、美学家在援引亚里士多德"诗比历史更真实"的理论时，常常把亚里士多德作为单纯的艺术理论家，忽略了该理论在亚里士多德哲学体系中的地位，夸大了艺术与历史间联系中艺术的主导作用。

学时，对艺术与历史的关系做了细致的区分。他认为，艺术与历史根本属于不同的两个领域，历史是一门科学，而艺术则不可能成为科学的一部分，并由此否定艺术在历史中的积极效用。"艺术与历史的不同在于，历史所激发的直觉不能超越逻辑推理的范围，而艺术中的美学特征使得其不可能成为一门历史学和科学……尽管历史书写中常常以艺术的方式激发人们的想象力，但是历史的场景需要具有一种历史的真实性，而这是艺术没有的。"①

正是艺术与历史这种复杂的联系，现代历史学家们更倾向于采取第三种态度，即在不同层面上区别对待历史与艺术的关系，综合批判地接受艺术与历史间的关联。正如罗素所认为的那样，"关于历史是科学还是艺术，一直存在着据我看来是毫无意义的许多争论。我想，它既是科学又是艺术，这应该是十分清楚的。"② 可以认为，这种观点实际上从历史学的角度，反映了现代认识论中科学与非科学认识方法的合流倾向。

以上三种关于历史与美学、艺术关系的态度，是基于历史学理论的发展而做出的总结。在此需要明晰古典历史主义与审美历史主义作为一种认识论所存在的异同：首先需要辨析的是，古典历史主义和审美历史主义在其作为一种认识论时，其核心问题是历史与美学的关系问题，而不是历史与艺术的问题。③ 其次，美学与历史主义作为认识论具有相同的目的，即它们都关注事物的个体性和特殊性，反对科学主义的认识方式。"美学与历史学拥有共同的目标，即它们都更加关

---

① Heinrich Rickert, *Science and History: A Critique of Positivist Epistemology*, Translated by George Reisman. Princeton: D. Van Nostrand Company LTD, 1962, pp. 74 – 77.
② 张文杰编译：《现代西方历史哲学译文集》，上海译文出版社 1984 年版，第 131 页。
③ 历史学家和美学家在讨论历史与美学之间的关系问题时，常将美学与艺术两个词语对等起来。实际上，美学与艺术的关联始于黑格尔在《美学》中对美学的定义，即他将美学作为关于艺术的哲学。但是从审美历史主义的发展上看，黑格尔时期的审美历史主义已经具有完备的理论体系，审美历史主义不再仅仅是一种认识论，它已对德国的政治、文化和民族精神的发展具有建构性的作用。

注事物的个体性与特殊性，而不是科学的自然法在事物中的运用……美学与历史开辟了一条不同于以科学方法认识事物的认知道路。"①虽然审美历史主义与历史主义都关注事物特殊性与个体性，美学与历史在寻找个体与整体、特殊与普遍间的联系时，却采取了根本不同的路径。在寻求个体性与整体性、特殊性与普遍性的统一过程中，18世纪的美学不再寻找建立于外在的统一标准，在某种程度上美学在该阶段成为一个心理学意义上的词语，它更加关注人是如何感知经验美以及如何建立内心与外在的统一性过程。

由上所述，审美历史主义在处理统一性问题上，以美学理论为基础，即美学试图在完善内在个体、特殊精神的基础上，将其外化为与整体、普遍的统一性，而该外化的途径则是通过艺术。这个过程以康德的判断力批判为源点。但是，康德以"共同感"阐释内在感知的统一性，带有明显的心理学倾向。其后的席勒、谢林在不同程度上对艺术、个体与民族精神的阐释启发了黑格尔，黑格尔通过"理念的感性显现"阐释并总结了整个过程，并将艺术的问题合法地纳入了美学之中。也正是美学理论的自觉，使得必须将历史这一话题纳入该进程之中，审美历史主义的个体与统一、特殊与普遍的结合，是对历史思维的积极介入。

古典历史主义对统一性的寻求，则基于对历史学科学性的阐释，它希求的统一性，亦是传统科学意义上的统一性，并且古典历史主义在综合其个体性与统一性、特殊性与普遍性时，采取的策略是改变科学意义上的统一性概念，即传统科学所信仰的永恒的、普遍的统一性。古典历史主义认为，统一性、普遍性概念不具有绝对永恒的性质，但也正是此理论，最终导致古典历史主义走向了相对主义。相对价值主义是古典历史主义作为一种理论形态上的最大缺陷，从该层面上看，较之审美历史主义，古典历史主义并未很好地解决统

---

① Paul Hamilton, *Historicism*, London: Routledge, 1996, pp. 14 – 18.

一性这一问题。①

第三，古典历史主义作为历史学理论在德国自觉的过程，当其理论焦点最终回到历史学本身时，其具有不可避免的理论缺陷，即相对主义。而审美历史主义以美学的方式重新建构历史思维，并以此重塑德国18世纪末19世纪初的民族历史记忆。从该过程看，审美历史主义并不会导致相对的价值判断，相反，它寻求建立的是共同的价值认同感，同时这种共同的价值认同感有别于独断论，因为它

---

① 有学者认为，18世纪历史主义对个体与整体、特殊性与普遍性统一问题的探讨，受到了美学理论的影响。例如，美学通过"完善性"（perfectibility）概念将个体与整体、特殊性与普遍性和谐统一起来的思想，影响了历史主义在该问题上的理论建构（Peter Hanns Reill, *The German Enlightenment and the Rise of Historicism*, Los Angeles: University of California Press, 1975, p. 62）。实际上，此种论断亦是错误的，德国美学中的完善性概念深受17世纪莱布尼茨的影响，它试图将内在个体与外在世界和谐地统一起来，直至1750年鲍姆佳通在德国建立美学学科时，完善性成为美学理论中关于情感、感性认识的重要概念。如摩西·门德尔松在1755年《论情感》中说道："所有健康的、趣味的、美的、实际发生的、愉悦的情感都来源于完善的理念。"（Moses Mendelssohn, *Über Die Empfindunge*, Hamburg: F. Meiner, 1755, pp. 192 – 193）但是，审美历史主义所基于的美学理论以康德为源头，其美学基础亦不同于18世纪中期以前的美学理论，其中主要的特征就是，审美历史主义中的美学理论反对传统美学中的完善性概念。以康德美学思想为例，康德通过审美主观形式"合目的性"，反对美的完善性概念，他认为，完善性是客观的合目的性，"客观的合目的性要么是外在的，这就是有用性，要么是内在的，这就是对象的完善性"（康德：《判断力批判》，邓晓芒译，人民出版社2002年版，第63页）。康德还细致地划分出质与量的完善性。这些完善性都依靠统一的概念组合起来，审美却以形式的"合目的"为原则，不涉及具体的客观目的，也不以确定概念为认识对象。所以，在康德看来，审美判断必然与完善性没有关联。值得注意的是，为了彻底隔断完善性与审美判断的关联，即为了阻断这样一种假设，这种假设是如果有某种只涉及形式的完善性，那么这种完善性将与审美结合起来，因为审美判断只涉及形式。对此，康德论述到根本不存在一种形式上的完善性。"但设想一个形式的客观的合目的性而没有目的，即设想一个完善性的单纯形式（而没有任何质料以及对与之协调一致的东西的概念，哪怕这个东西只是一般合规律性的理念），这是一个真正的矛盾。"（康德：《判断力批判》，邓晓芒译，人民出版社2002年版，第64页）可以说，康德将审美判断与完善性相分离，不仅是他美学思想最重要的部分，并且对完善性概念的冲击也是对西方传统理性主义的批判。"在传统理性主义视野下，正是完善性将美、道德、真融合在一起，完善性是传统理性主义的标志……康德通过对莱布尼茨引入终极客观目的论的批判，以主观合目的性原则将善与美分离，是康德对理性主义最大的攻击。"（Frederick C. Beiser, *Diotima's Children: German Aesthetic Rationalism from Leibniz to Lessing*, New York: Oxford University Press, 2009, pp. 16 – 20）最终可以看到，即使古典历史主义与美学具有内在的关联，其美学基础也并非审美历史主义的美学基础。

是以美学的方式介入历史思维，从个体感知经验出发而建立起普遍的价值认同。

古典历史主义认为，价值取向是特定的历史时期决定的，进而由此否定统一的人类价值观。所以，如果人们基于历史主义的方式研究历史，其所获得的历史事件都以当时的价值取向为标准，这就隔断历史与当下存在的联系，如果我们无法还原到当时的历史语境，也就无法体验到历史带给我们的经验，由此历史主义反而瓦解了历史学的价值。在历史学领域中，当下的历史经验被称为历时的（diachronic），历史事件发生时所基于的历史语境，被称为共时的（synchronic），正是历时与共时之间的矛盾，最终导致了历史相对主义："历史主义是相对主义的一个分支，它基于历时的而非共时的标准判断事件的发生与行动。"①

相对主义是古典历史主义甚至是广义上的历史主义都无法避免的理论缺陷。德国学者贝塞尔认为，正是以相对主义为核心的各种理论内部的矛盾，导致了历史主义作为一种思潮的整体瓦解。"历史主义的消失在于，当它在特定历史时期中出现，并完成它的任务之后，便自然地、合理地消失。这种过程本身就是符合历史主义原则的。"②在贝塞尔看来，历史主义作为一次思想运动，其本身就代表一种相对的价值取向，而当此相对价值发展到极端时，则需要历史主义理论的自我结构，来保持其相对价值取向的特征，所以，历史主义的消失反而是其理论发展的必然。审美历史主义则与古典历史主义截然不同，它作为一种具有强烈实践性特征的思潮，深刻影响了德国 18 世纪至19 世纪的政治、社会等各个层面，并且，由其理论引申而出的诸多问题，为当前美学理论的发展提供了诸多视角和动力。

---

① Maria Baghramian, *Relativism*, London：Routledge, 2004, p. 7.

② Frederick C. Beiser, *The German Historicist Tradition*, New York：Oxford University Press, 2011, p. 26.

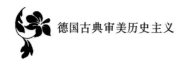

第三节 "历史主义批评"与"审美 历史主义"的定义

历史主义批评（aesthetic historicism）与审美历史主义（Aesthetic Historicism）由于在英文词型上具有一致性，所以在此应加以明晰。①

英文 aesthetic historicism 在学术研究中，并非一个常见的词语，而对其有明确定义，分别出现在历史主义理论和文学理论中。由堡垒出版社（Fortress Press）出版的《历史主义》，将 aesthetic historicism 定义为 "aesthetic historicism 是以海登·怀特为代表反对自然的和形而上学的历史主义发展方向，其理论着重关注历史学家的自身存在与历史的关联，而不是关注单纯的历史中的过去"②。文学理论家埃里希·奥尔巴赫在《欧洲文学戏剧观》（其中的"维科与历史主义批评"一章）中，将 aesthetic historicism 定义为"历史主义批评是以历史发展的眼光评价艺术和审美的标准，它受到 18 世纪历史主义的深刻影响，在艺术与文学中表现为对古希腊和古罗马艺术精神及其所代表的文化的反抗……历史主义批评兴起于 18 世纪中叶，主要基于1770 年的德国狂飙突进运动中，它是对法国古典主义的反抗，其理

---

① 由于"审美历史主义"是新的词语组合，故采用英文 aesthetic（审美的）historicism（历史主义）两者结合，表示美学理论自觉过程中对历史思维的介入及德国通过审美历史主义对现实的建构。又因审美历史主义与历史主义具有共同的理论背景，且都代表了德国古典哲学的重要特征，故审美历史主义采用与历史主义相同的英文单词 historicism。在前文"历史主义与审美历史主义"中，已经明晰两者区别并表明，审美历史主义不是谈论历史主义中的美学基础的。而审美历史主义（Aesthetic Historicism）的英文与历史主义批评（aesthetic historicism）重合，为区分两者，在此以大写第一字母方式表示审美历史主义。本书将在后部分对审美历史主义展开全面的分析，故该小节中的对历史主义批评与审美历史主义的区分，亦是以历史主义批判为对象，进行比较研究，以此明晰审美历史主义与历史主义批评两个词语所代表含义的不同。

② Sheila Greeve, Davaney, *Historicism*, Minneapolis: Fortress Press, 2006, p. 189.

论通过浪漫主义思潮得以在欧洲传播"①。

　　通过历史学理论和文学理论对历史主义批评的定义可以看出，历史学界虽然并未明确指出其与文学理论的关联，但其认为，历史主义批评是以海登·怀特为代表的新的历史主义的一种发展方向，海登·怀特正是以诗学的方式对历史进行文本化（textuality of history）的构造，其历史理论对文学评判产生了巨大影响。所以，历史学界对 aesthetic historicism 的定义，应该结合文学理论界对该词语的解析进行理解。实际上历史学界几乎不将 aesthetic historicism 一词纳入其研究范围中，原因亦在于该词语更多地表示历史学研究中的文学倾向，认为 aesthetic historicism 只能算作历史研究的一个分支，这种倾向反而为文学理论研究提供了新的理论增长点，所以，该词语被界定为历史主义批评更为妥当。②

　　通过以上分析可以看出，历史主义批评更多地表示为文学理论中的一种批评方法，它受历史主义中文学与历史关系理论的深刻影响，从历史的角度考察文学活动（这种方式最集中地体现在现实主义文论中），并通过对历史与文本间关系的研究，思考文学自身的意义。"传统历史主义文论认为诗的最终意义基于历史之中，历史主义文论反对传统的形式主义文论，尤其反对其将诗的意义置于超越历史语境的普遍人性、上帝和永恒真理中的做法……新历史主义文论认为文学是特定的历史社会的必然产物，它将文学与历史间的关系表述为文本的历史化（historicity of texts）和历史的文本化（textuality of history）两种模式，所以历史主义批评不仅仅是文学对历史的反映，其亦是对

---

　　① Erich Auerbach, *Scenes from the Drama of European Literature*, Minneapolis：University of Minnesota Press, 1984, pp. 183 – 185.

　　② 历史主义批评（aesthetic historicism）表现了历史主义与文学理论间错综复杂的关系，历史学与文学理论发展至今，主流历史学领域研究不再重视历史书写与文学间的关联问题，认为其并非历史学研究的主流问题。文学理论研究反而十分重视文论与历史间的关联。当前大部分文学理论将整个历史主义作为一种文学批评手法，分析文学与历史间的相互影响。

历史和文化的创造。"① 可以认为，此定义较为全面地阐释了历史主义批评的内容，并且其将历史主义批评划分为传统历史主义文论和新历史主义文论，为历史主义批评思潮建构了一种理论的历史背景。

历史主义批评在理论起源上深受德国历史主义思潮中对文学与历史关系讨论的影响，而古典审美历史主义亦与历史主义有理论重合，故历史主义批评与审美历史主义在某些问题上（如文本与历史关系）有交集。但是，审美历史主义与历史主义批评有着本质差别，具体表现为两个方面。

第一，历史主义批评与审美历史主义的理论来源与基础不同。历史主义批评以历史主义与文学的关联性为理论出发点，思考文学语言对历史真实的反映与建构作用，其特别重视维科《新科学》中关于诗性语言与历史真实的讨论。维科在《新科学》中，以语言作为考察人类历史的方式，试图从不同的人类语言中找到普遍的规律，通过对人类古老语言的还原去理解当下词语的真实意义，并在此还原的过程中重新认识人类的历史。维科论证了语言自身就蕴含了人类自身存在的意义，此种意义又必然显示在关于人类存在的历史之中，最终维科通过语言与历史的互动关联建构了诗性思维。②

历史主义批评在维科诗性思维的启发下，以语言与文本的关系为核心，考察语言在文学文本中展开的历史过程（此过程被称为"叙述"）以及叙述的主、客体（即作者、读者）关系。由此，历史主义批评由语言与历史的关系为理论出发点，生发出以语言、历史、文学

---

① Roland Greene, *The Princeton Encyclopedia of Poetry and Poetics*, Princeton：Princeton University Press, 2012, pp. 937 – 938.

② 实际上，维科的诗性思维只有在对历史的考察中才成立，没有历史的维度，其诗性思维则不具有意义。许多学者将其诗性思维抽离出来，认为维科发现了一种新的认识世界的方式，脱离了诗性思维的真实意义并夸大了其作用。历史主义批评尤为重视维科的诗性语言思想，在这一点上它与历史主义不同。历史主义在兴起阶段，几乎没有关注到维科的诗性思维理论。历史主义是在其发展的中后期阶段，以克罗齐为代表的历史学家开始关注维科的思想，从该层面上看，历史主义批评在理论起源上是晚于历史主义，亦晚于审美历史主义的。

文本关联为核心的新文学理论，并且在文学理论的发展史中，历史主义批评理论还构成了文论中"叙事学转向"的主要部分。"叙事的转向是指人们对日常生活的叙述并不会像历史与小说的叙述那样消亡，它会一直存在并建构我们的生活，叙述本身将成为世界和人类存在的特征。"①

可以看出，历史主义批评发展至今，从语言对历史真实的认识转换到以语言叙述对历史、人类存在的建构理论上。② 而相较于审美历史主义的理论基础，审美历史主义不是以历史主义为理论源头，它是以德国古典美学为理论源头，其不仅仅关注语言与历史的问题，并且从审美历史主义本质上看，它甚至不关注单纯意义上的语言和历史问题。审美历史主义基于德国古典哲学思想之中，其对历史思维的介入是美学向现实和社会投射的必然，审美历史主义理论的发展，始终以美学理论自身逻辑的展开为基础。

第二，历史主义批评与审美历史主义两者具有不同的理论效用。罗兰·格林认为，"历史主义批评将文学理论植入历史学研究中，将历史变为文学的一部分和文学评论的背景，当然历史主义批评的研究路径也破坏了历史学的科学基础"③。从该层面上看，历史主义批评虽然起源于历史主义中的语言与历史的问题，其理论目的却与历史主义大相径庭，所以不能将历史主义批评简单地作为历史主义的产物。

---

① Charles Taylor, *Sources of the Self：The Making of the Modern Identity*, Cambridge：Cambridge University Press, 1989, p. 95.

② 对文学作品的叙述与现实存在的建构之间的关联问题，是当前文学理论中的核心问题，对这一问题的研究也构成当前文论发展的重要分支，但是，其理论往往忽略了历史主义评判在其中的作用。加拿大麦吉尔大学学者大卫·戴维斯在 2012 年美国美学年会发言（Fictional Utterance, Fictional Narratives, and Fictional Works）中认为，"文学作品叙述中所包含的非现实性叙述的合理性在于，它们包含了当下人们存在所希望和想要相信的实在性特征，而这些特征则基于一种历史性的叙述和对历史的重新建构，由此文学作品中的非现实叙述了获得现实的阐释"。大卫·戴维斯认为，文学叙述需要纳入历史因素才可使其获得现实性的认可，此种观点即是历史主义批评的核心理论。

③ Roland Greene, *The Princeton Encyclopedia of Poetry and Poetics*, Princeton：Princeton University Press, 2012, p. 11.

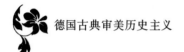

从历史主义批评的理论效用发展史看，其将文学理论植入历史学理论框架中，通过文学与历史学理论的相互关联，试图建构一套对文学与历史学都具有普遍效力的理论，这一理论建构是由历史学家海登·怀特完成的。

将文学理论植入历史研究，这是历史主义批评理论获得文论批评效用的前提和最为关键的一步，因为在此之前，以单纯的、杂乱而又没有统一类型的小说、戏剧、诗歌作品为核心的文学，与作为试图科学地考察人类自身存在过程的历史学之间，存在巨大的鸿沟，历史与文学最大的不同即在于，历史拥有外在于个体意识之外的实在性。两者间的关联仅仅是靠文学的"想象"手法介入历史背景考察文学作品，这种方式并没有将文学与历史从本质上连接起来。海登·怀特通过将文学与历史的内在结合，论证了文学本身作为历史存在物，即人的存在的合法性，文学作品不再仅仅是给人愉悦或情感刺激的物品，它被纳入历史的宏大场景中，文学与历史之间的相互依存，成为了历史主义批评的核心。

通过对海登·怀特将文学理论介入历史学过程的梳理，我们可以看到文学与历史相结合的内在结构。

怀特以文学手法中的比喻理论（隐喻、转喻、提喻和反讽）分析人类的历史语境，并认为，使用这种方式的原因，在于"历史编纂包含了一种不可回避的诗学——修辞学的成分"①。通过分析，怀特将历史分为了浪漫式的、悲剧式的、喜剧式的和讽刺式的四种类型。需要注意的是，怀特并非认为世界本身就是浪漫、悲剧和喜剧及讽刺的，他认为，只有面对历史的考察和阐释时才具有这四种类型，因为历史作为构成物受到阐释技巧的影响，而这些阐释技巧与历史共同反映了人类的存在。

① ［美］海登·怀特：《元史学：十九世纪欧洲的历史想象》，陈新译，译林出版社2009 年版，第 2 页。

由此怀特认为，"选择某种有关历史的看法而非选择另一种，最终的根据是美学的或道德的，而非认识论的"①。而正是人类历史的建构与文学阐释的内在关联，即文学与历史所具有的内在想象性，成为历史主义批评的核心理论基础。② 在海登·怀特的理论中，文学与历史在某种意义上分享了相同的概念。历史主义批评在其发展中运用这一系列理论，对文学作品进行分析阐释，为作品与历史的关联找到共通的基础。总体上看，历史主义批评的理论效用在于，它试图将文学文本历史化，使文学作品揭示人历史性存在的意义，所以，历史主义批评是对文学理论的完善。

　　相较于历史主义批评的理论效用，审美历史主义旨在通过美学发展过程中对历史思维的介入来完善美学理论的自身。可以看到，审美历史主义是德国古典美学发展的自觉，也是德国古典美学发展的必然，因为只有通过美学对历史思维的重建，才能使德国古典美学的实践性表现出来，它是德国古典美学发展不可或缺的重要组成部分。所以，历史主义批评与审美历史主义的理论效用完全不同，前者是文学理论的分支，后者是美学理论发展的必然，并且两者对历史思维的介入也截然不同，历史主义批评基于文学作品出发，从文学中获得历史的意识，将作品表达的人文精神置于历史之中，最终启示人的历史性存在，这种方式始终局限于个体的文学作品之中，其阐释具有强烈的个体性，缺乏普遍性的理论效用，所以它只是文学理论的一个分支。而审美历史主义所基于的美学理论，是德国古典思想中的核心组成部分，所以审美历史主义代表了一个时期思想的主要特征，并且它不是

------

　　① ［美］海登·怀特：《元史学：十九世纪欧洲的历史想象》，陈新译，译林出版社2009年版，第4页。

　　② 海登·怀特对于历史的看法深受康德哲学的影响，他不承认处于人类活动和阐释之外的历史实在，对其持有不可知论。怀特将历史作为"次级知识"，认为其处于审美、道德与科学认识之间，并调解其中的对立。其根源在于人类对其不同时代存在性危机的一次次调解，这种调解本身就是历史。可以认为，怀特对历史的定义，是康德的"判断力"在历史语境的呈现。

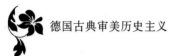

从某种艺术形式出发去获得历史意识，而是以艺术的形式建构一种全新的历史意识，以此来对抗西方传统的历史观念，并在其全新的历史思维中，以审美的方式建构德国民族精神。可以看到，审美历史主义的理论效用在于它不仅仅是一种理论，它更是德国民族精神文化发展的平台。

第二章　德国古典审美历史主义的哲学基础：从"真知"到"真实"

　　审美历史主义不是将美学与历史学作为两门单独的学科来观察美学如何在历史学中运用的理论，审美历史主义是美学自身体系发展的产物，是美学对历史思维在场的必然要求。所以，为了厘清德国审美历史主义发展的线索，必须回溯到德国古典美学的起源——德国古典哲学之中。通过分析可以看到，德国古典哲学的从"真知"（truth）到"真实"（reality）概念的转变，激发了德国美学的兴起，并且正是在这一转变中，德国古典美学自觉地纳入了对历史思维的建构，可以认为，对"真实"的哲学寻求是德国审美历史主义的理论基础。

　　本章将首先分析德国古典哲学对"真知"概念的批判及其作为美学兴起的原因，其次将讨论"真实"概念与美学的关联，论证对"真实"的追求不仅仅是德国古典美学的核心问题，它亦是当代美学发展的理论生发点，接着将研究"真实"概念在德国古典哲学思想中的具体体现以及它与德国美学的关联，最后将厘清德国古典美学对历史思维建构的过程，论证历史思维是基于德国古典美学中对"真实"概念的探讨而产生的。总体上看，本章试图论证历史思维是德国古典美学发展的必然，美学是德国古典思想对"真实"概念研究转向的产物，最终通过这一系列的推论，不仅论证了历史思维是美学发展的必然这一论题，同时也在此论证中，建构了德国古典审美历史主义的哲学基础。

第一节　对"真知"的批判及美学的兴起

从语义上看，真知与真实相互重合，人们往往认为，真实即是真知。在此需要说明的是，结合本书论述对象和其在思想史中的发展进程，真知代表了18世纪初启蒙主义思想中绝对的、机械的理性思维方式。[1] 作为德国古典哲学思想来源的德国启蒙主义思想，正是通过对以真知为目的的思维方式的改造，使德国古典哲学家们获得了思想动力，并由此塑造了德国古典哲学强烈的认识论特征。德国启蒙主义思想在面对以真知为目的的英法启蒙思想时，以其强烈的宗教意识抵制绝对的科学主义，并且在此过程中孕育了美学思想。

德国启蒙主义思想对真知的批判及其美学的起源，具体表现为德国启蒙思想通过宗教信仰反思绝对的科学主义思维模式。塞勒在论述该阶段启蒙思想时认为，"科学虽然证明了世界的秩序是不需要上帝的存在为基础的，但是却无法证明解释人类世界中恶的存在"[2]。可以说，这一关键性的问题正是德国启蒙思想家的理论出发点，即科学永远无法解释人的道德现实世界，也解释不了人类日常生活的目的所在，可以看到，这一观念直接影响了康德对实践理性与纯粹理性进行的划分。[3]

---

① 在英文中，笔者将 truth 翻译成真知，而 truth 亦有真理之意。但是此处真知不等于真理，真理在哲学中具有最高的统筹效力，所有的哲学家都无一例外将其思想作为是对真理的追求，甚至认为哲学即代表了真理，所以，需要将"真知"与"真理"区分开来。

② Thomas P. Saine, *The Problem of Being Modern or The German Pursuit of Enlightenment form Leibniz to the French Revolution*, Detroit: Wayne State University Press, 1997, p. 18.

③ 德国启蒙思想家普遍对科学主义持有批判的态度，其理论对当前科学与文化间的关系具有重要的启示。如对德国启蒙思想具有重要影响的格奥尔格·福尔斯特在1780年的讲座《将自然看作一个整体》（Ein Blick in das Ganye der Natur）中批判道："学院与学科随着无数的分支科学的兴起，人类知识的每一个特殊领域都得到了观察，但是人们却忘记了他们曾经是一个整体。每个人都只尊重他们自己所选择的科学领域，却忘记了将这些科学分支连接在一起，以整体的角度看待它们时的快乐。"参见 Forster, *Werke*（Volum. 5），Berlin: Akademie-Verlag, 1958, p. 203。

正是在德国启蒙思想家通过宗教信仰与科学主义的抗衡中，人们找到"自然"这一对象，希望从科学的对象——自然中同样找到信仰的真理，并通过对大自然中无限性的证明，唤起人们对上帝的神圣性的体验，这种体验则引导人们认识人类自我道德的自然性和内在灵魂。这个转换过程的意义在于它瓦解了科学主义的绝对性，即自然不是科学唯一的对象，自然同样是人们信仰和生活的所在。基于这样的理念，在德国启蒙主义思想家拿着 18 世纪科学主义的标志性成果——望远镜和显微镜面向自然寻找上帝在自然中的影子的过程中，一种新的自然美学观念在德国的思想中出现，即自然比艺术更加美丽，因为自然中的神圣性可以引起人们精神层面上的崇高，而正是这样的审美趣味的改变，塑造了德国民族独特的审美精神。

在启蒙主义运动兴起之前的德国，人们认为，山只是对旅行者旅途的阻拦，而现在它具有了精神的象征，人们更愿意虔诚地在山中穿行来获得独特的审美体验，而他们对城市中花园的审美趣味也从精巧设计的法国式风格转为更加"自然"的英国式风格。① 德国启蒙思想中的自然美学与中世纪自然神论完全不同。"中世纪基督教认为上帝创造的一切都是合理的，包括恶也是合理的，其原因在于人的原罪，所以人需要赎罪。但是原罪的设置从个体的人和整体的人类来看，都是一种历史性展开的过程，但是赎罪却被放置到了超越历史的天堂。启蒙思想家不接受这种解释，启蒙思想的'自然神论'认为上帝是全知全能的，它创造了外在事物的完善性，但是恶的本源来源于上帝的形而上学的恶（metaphysical evil），即存在于上帝思维中的，不能被现实所理解和被表现出来的部分，正是这种缺陷造成了现实之中的恶。"② 可以看出，无论是上帝形而上学的恶，还是对自然美的崇尚，

---

① 对 18 世纪人们对自然审美兴趣的描述，参见 Marjorie Hope Nicolson, *Mountain Gloom and Mountain Glory*, Washington：University of Washington Press，2011。

② Thomas P. Saine, *The Problem of Being Modern or The German Pursuit of Enlightenment form Leibniz to the French Revolution*, Detroit：Wayne State University Press，1997，p. 90.

都表现出德国启蒙思想中对传统认识论批判的态度，并且在对真知的批判过程中，发展了其独特的自然美学思想。

将对真知的批判与信仰、理性成体系地结合在一起的是莱辛。对莱辛在其认识论和宗教理论对人的理性认识、人的情感以及真理与历史的关系进行简要探讨，有助于我们更清晰地看到德国唯心主义哲学与德国启蒙主义思想的连接。更为重要的是，我们将通过莱辛的理论，看到美学是如何在此思想转换中与情感、历史、现实等问题结合在一起，并进入德国古典哲学之中的，通过对莱辛思想的梳理，可以看到他对这一问题的思考分为四个阶段。

首先，莱辛批判绝对真理的存在（即此处的"真知"），强调对真理追求的行动过程（即强调认识论的本体意义）。莱辛认为，"一个人现在所拥有的真理并不决定他的价值，他的价值在于他对真理虔诚的追求，所以一个人的能力也并非由其拥有的真理，而是由他追求真理的行动所决定的。在对真理的追寻中，人才可能获得持续的完善。拥有使人变得冷静、懒惰和骄傲……如果上帝的右手握着真理，左手握着追寻真理的动力，我更加愿意谦卑地选择上帝的左手并且说道：'主啊，将它给我！单纯的真理只有你才能拥有！'"① 他在评价莱布尼茨时亦说道："他与古代的哲学家一样，不多不少地将他所获真理展示出来。他将自己的系统放在一边，进而引导每个人走向他所获得真理的道路。"② 需要注意的是，莱辛在此并不认为莱布尼茨的真理是绝对的，他只是说莱布尼茨"不多不少将他所获得的真理展示出来"。

其次，莱辛基于对绝对真理的批判，继而批判在绝对真理中的绝对理性的效用。他在批判马丁·路德和乌尔里希·慈温利时说道：

---

① G. E. Lessing, *Werke und Briefe* (*volmue* 8), Edited by Jürgen Stenzel, Frankfurt: Deutscher Klassiker Verlag, 1989, pp. 32 – 33.

② ［德］莱辛：《论人类的教育：莱辛政治哲学文选》，刘小枫编，朱雁冰译，华夏出版社 2008 年版，第 28 页。

"为什么通过你的改革，对于所有的事物来说，德性与神圣性获得很少？当我们的生活在错误之中时，我们该相信什么样的善是正确的？迷信被抛弃在一边，但是理性，你对抗迷信的武器，却超出了你使用的范围，以至于它将先前系统之中的真理也抹杀掉。"① 在莱辛该段记述中，可以看到，他要求限制理性在信仰中的范围与康德的理论如出一辙。

再次，基于对绝对真理的否定和对人类理性的限制，莱辛以其对人的情感的论述来获得对理性之外世界的认识，这种情感即是"爱"。莱辛还认为，我们对真理的追寻（这里的真理不是莱辛所批判的绝对真理，而是一种综合了科学、理性和宗教的统一的真理观）也是依靠爱的情感。莱辛在批判博朗加里斯（Berengarius）时说道："因为博朗加里斯如此的柔弱，但这就意味他错了吗？因为我为他感到可惜，但这就意味我也要蔑视他吗？他对自己追寻的真理如此没有证明力，但是他却如此的爱着真理，真理也同时原谅了他，因为他对真理的爱。"② 从这里可以看出，莱辛认为，对真理的爱甚至取代了真理的本身，分享真理即是分享对爱的感受。莱辛通过宗教意义上的情感联系理性与信仰，与其后康德以美学的方式连接知性与理性的相似性，在于莱辛试图在理性与信仰间的联系中，添加一种新的认识元素关联双方。

康德则按照莱辛的方式，将此认识论的元素发展成为一种新的认识论——美学。康德与莱辛的不同之处又在于，莱辛总体上还是基于启蒙主义的科学主义精神，没有将理性（这里的理性很大程度上即是康德的知性）与信仰分裂开来对待；康德则将科学认知方式的知性与处理信仰的理性完全分离开来，而以美学的方式连

---

① G. E. Lessing, *Werke und Briefe* (volmue 1), Edited by Jürgen Stenzel, Frankfurt: Deutscher Klassiker Verlag, 1989, p. 941.

② G. E. Lessing, *Werke und Briefe* (volmue 7), Edited by Jürgen Stenzel. Frankfurt: Deutscher Klassiker Verlag, 1989, p. 80.

接两者。①

最后，莱辛通过对绝对真理的批判——对理性在信仰面前的限制——以情感融合信仰与真理的这一过程，为人们对上帝的认识建构了一种新的认识方式，其最终目的就是要论证上帝的真实存在，即上帝与现实实在的关联性问题。实际上，莱辛通过对传统以"真知"为目标的认识论批判和通过添加美学因素的改造，这种新的认识论方式必然导向对新的认识对象，对于莱辛来说，这个对象即是上帝的真实性。我们还应注意到的是，真实性被作为认识对象，在某种程度上是被认识方式决定，并且，该论断符合德国唯心主义的发展轨迹，尤其是以康德为代表的认识方式决定认识对象的理论判断。

在莱辛改造认识论，将认识对象转向上帝真实性存在的过程中，历史的因素又成为其重要的一环，莱辛对历史的论述，是基于对上帝实在与人们真实生活相关联的基础上。因为在神学理论中，历史是上帝将自身外化，并作用于人的现实世界的进程，所以，对上帝的实在与上帝之外事物的真实间关系的论证，是其历史观念的基础。

莱辛在其神学作品《关于上帝之外事物的真实性的谈论》中，认为事物的实在真实性全部来自上帝，并且，上帝自身即是真实实在。在此短篇中，莱辛批判否认上帝与实在间关联的三种观点。第一种观点认为，"上帝的实在性无法作用于外在于他的真实事物"。莱辛反

---

① 在此有个重要的问题需要思考，即德国古典美学中的情感因素的问题。美国学者保罗·盖耶尔（Paul Guyer）认为，康德综合了德国美学的两条路径，一条是以鲍姆佳通为代表的将美作为认识能力的理论路径；另一条是以苏泽尔、杰拉德为代表的，将精神能力间相互活动的愉悦性作为美的核心的理论路径。最终，康德以想象力与知性的自由活动作为美学的核心（自由游戏理论受到了席勒的影响）。但是，康德忽略并拒绝了当时以门德尔松、莱辛、杜博思（Du Bos）和卡梅斯（Lord Kames）等人将情感作为审美核心的路径。最终盖耶尔认为，康德对此路径的忽视，导致整个德国古典美学中对情感因素的忽视（参见保罗·盖耶尔于2010年在法国及2012年在美国美学大会上的讲演稿）。笔者认为，盖耶尔的论断实际上是有偏颇的，因为康德其后的哲学家们虽然继承其思想，将美学作为一种认知方式，但是随着美学向现实、真实问题的转向，在感知现实过程中，情感被作为了美学的重要元素，并且随着反启蒙运动的兴起，特别是艺术与宗教的关联，以谢林、黑格尔的美学为例，他们都对艺术中的宗教情感有过论证。

驳道："所有的实在性从属于一个类别，这个类别注定只有一种实在性。"第二种观点认为，"如果事物的实在性即是对所有事物的可定义性，那么上帝之外的实在性，就是一种不同于上帝实在自身的那些可定义的事物理念，这就是事物自身的定义"。莱辛反驳道："对那些外在于上帝之外的实体，他们的定义本身就是不需要和荒唐的。"第三种观点认为，"上帝的实在与他之外的真实世界毫无联系，它们自身独立真实地存在，因为外在于上帝的真实具有条件性，如果它们与上帝的实在性同一，那么上帝的实在也具有条件性，这违反了上帝的无限性"。莱辛反驳道："这种条件限制性只是来源于我们在认识上帝时，自身认识的局限的条件性而已。"①

可以看到，该篇短文的重要意义在于莱辛基于他所建立的新的认识论，论证上帝的实在，体现了科学认知与信仰间的联系。并且莱辛以"爱"的情感独断性，保证了对上帝实在的绝对论证。

莱辛还在对上帝与外在真实相统一的论证中，将人们生活的现实性提高到了认识的本体论层面上。为了将现实与上帝的实在知识相连接，莱辛改造了历史的概念，而通过历史与当下的真实生活的联系，达到对实在性，或者说达到对哲学体系中的最高概念、理念的连接。这是莱辛之后的整个唯心主义的特征，也是审美历史主义的主要内容构成。

具体分析莱辛对历史的研究进程，他对历史的论述，主要基于对沃尔夫真理与历史理论的批判。以"真知"为绝对目的沃尔夫认为，真理可以分为历史的、哲学的和数学的三种类型知识："历史的知识来源于个人或他人的经验，哲学的知识是对事物的理性思考，数学的知识是关于事物的数量和比例……哲学的知识不同于历史的知识，因为历史知识不涉及事物存在的理由及其事实，而哲学知识则展示了事

---

① Lessing, *Lessing's Theological Writings*, Translated and edited by Henry Chadwick. London: Adam & Charles Black, 1956, pp. 102–103.

物为什么以其自身的类型而存在的原因……历史的知识亦不能作为信仰的基础。"① 沃尔夫对历史知识的否定，导致了对《圣经》的否定，因为《圣经》是一种历史的知识，而在沃尔夫看来，它不能作为信仰的基础。

莱辛正是从这个问题入手，在重塑《圣经》威信过程中，改造了历史的概念。莱辛认为《圣经》不是基于沃尔夫所论述的历史概念上的知识，"《圣经》对于莱辛来说是一种被揭示的真理（revealed truth），这种真理必须依靠人们对事实的相信才能够获到，而对事实与上帝存在的相信，是依靠人们在历史中的体验过程而获得的"②。莱辛在对上帝真理性的论断中，否定了没有与现实联系的历史概念，将历史与人的当下体验结合在一起，并且认为，被揭示的真理（实质上也就是真实）只能在历史之中才可被理解。③ 并且在莱辛体系中，历史对上帝实在的论证即是启示的过程，而启示的过程需要人的情感作用其中，这种启示的情感因素最终构成了对绝对"真知"的批判。我们通过莱辛的理论可以清晰地看到德国古典美学兴起的路径，即德国启蒙思想对绝对"真知"追求的批判，并且通过美学元素改造后

① Christian Wolff, *Preliminary Discourse on Philosophy in General*, Translated by Richard J. Blackwell, New York and Indianapolis：The Bobbs-Merrill company, INC, 1963, pp. 4 – 7.

② Thomas P. Saine, *The Problem of Being Modern or The German Pursuit of Enlightenment form Leibniz to the French Revolution*, Detroit：Wayne State University Press, 1997, p. 67.

③ 沃尔夫在其哲学思想中，也承认了莱辛所论述的"被揭示的真理"的正确性。他认为，这种被揭示的真理是与哲学并行不悖的一种真理系统。但是沃尔夫认为，以圣经为认识真理的途径是虚假的，因为圣经是对被"揭示的真理"的一种虚假阐释："如果独断地认为被揭示的真理与哲学的真理相矛盾，这就也是对哲学知识的不敬，但是，对于被揭示的真理的神学阐释（作者注：神学阐释即指圣经）是与哲学知识相矛盾的。"（Christian Wolff, *Preliminary Discourse on Philosophy in General*, Translated by Richard J. Blackwell, New York & Indianapolis：The Bobbs-Merrill company, INC, 1963, pp. 103 – 104）可以看出，无论莱辛还是沃尔夫，作为德国启蒙主义思想家们，都对绝对真理即真知持有怀疑的态度，并且也都是从宗教神学与信仰之中寻找与之对抗的理论来源。而更重要的是，无论莱辛还是沃尔夫，他们对"被揭示的真理"的接受，表明其对历史思维的重视，因为"被揭示的真理"是真理显现的过程，是真理的历史，并且"被揭示"代表了这种真理必须处于揭示者与被揭示者的关系之中，即人的真实、现实性即是其中的一极。简言之，"被揭示的真理"既表示了对历史思维召唤，又表示出对人的真实实在性的渴望。

的新的认识论，又将人们引向了新的认识对象——"真实"。

第二节　"真实"的概念及与美学的联系

本书中所用"真实"（reality）在英文里通常被表示为实在论，但是，"实在论的核心——实体概念是所有形而上学思想体系中最高原则的指称"①。并且在当代哲学思想中，实体概念成了科技哲学中的核心用语，所以，本书在此不采用"实体"这一概念。同样，由于"真实"的语义广延宽泛，其在本书中指称的是德国古典哲学中对客观经验性、现实存在性和普遍性追求的转向。从广义上看，在哲学史中有许多哲学体系都以其思想的普遍性、现实性和存在性为目的，如朴素的唯物主义思想。但是以唯心主义为核心的德国古典哲学，它基于唯理论与经验主义之间，并以康德的先验哲学体系为源头，其对两种哲学体系的调和，使得德国唯心主义与现实存在性、普遍性之间具有强烈的张力，正是这种张力才孕育出美学思想。并且，在德语中的"真实"或"实体"（Realität）一词包含了现实（Wirklichkeit）、存在（Existenz）与存有（Dasein）三层意思（关于存在与存有的不同翻译，可借用海德格尔对两者的比较，即存在"Existenz"代表能够通过自身体会到自己存在性的一种存在）。所以，本书在此以"真实"概念概括德国古典哲学的这一转向更加符合德语的语义。

在哲学史中，以本书"真实"意义为核心的哲学体系被称为实在论或现实主义（realism）。"在哲学史中，实在论（realism）最早出现在中世纪哲学中，它与唯名论相对，实在论（唯实论）坚持宇宙是一个真实的、客观性的存在。但是在现代哲学中，实在论被用来表示在我们的感官经验外有一个独立的物质性的存在，实在论与

---

① Loptson Peter, *Reality: Fundamental Topics in Metaphysics*, Ottawa: University of Ottawa Press, 2010, p. 3.

唯心主义相对立，唯心主义坚持整个宇宙的存在基于人的心灵和精神。"① 从该定义可以看出，实在论在不同哲学阶段具有不同的定义。不仅如此，19 世纪的现实主义运动以及艺术中的现实主义，都采用了相同的语意概念。"现实主义运动是西方 19 世纪的思潮，它要求关注人们的日常现实生活，现实主义在艺术上是对传统西方以英雄人物为描绘主题的挑战；在政治上，它通过对日常民众生活的强调，与民主政治理念相结合。艺术上的现实主义运动有别于绘画中的现实主义技巧，现实主义技巧是指绘画中的视觉真实性，或者是通过画法，将想象的形象表现为真实，如超现实主义。现实主义技巧受到了 1839年发明的照相技术的挑战，而此项技术的发明，同样是对现实主义运动的挑战。随后，基于科学认知方法、具有更少的政治性内容的自然主义兴起，并取代了现实主义运动。"②

由以上定义可以看出，实在论或现实主义所处理的共同问题都是人的精神与外在世界的联系，从此意义上看，它也是德国古典哲学的基本问题。但是，这些定义都无一例外地将实在论或现实主义与唯心主义对立起来，从此意义上看，又不符合德国唯心主义的基本特征（本书将在下个小节通过对德国唯心主义哲学家的具体分析，论证德国唯心主义与实在论并无冲突）。所以，本书亦不采用实在论或现实主义的概念来描述、定义德国古典哲学的转向。

实在论或现实主义的核心问题对现当代西方美学原理影响深远，即美到底是基于人们精神中的认识能力，还是独立于人之外的事物的性质。例如，当代西方美学中以罗杰·斯克鲁顿（Roger Scruton）为代表的美学家，否认有独立人之外的美学概念，甚至没有美的概念。他在对音乐美学的论述中认为，那些我们在音乐欣赏中所共同感受到

---

① Donald M. Borchert ed. , *Encyclopedia of Philosophy* (*Volume* 8), Detroit: Macmillan Reference USA. 2006, p. 261.

② Maryanne Cline Horowitz ed. , *New Dictionary of the History of Ideas* (*Volume* 5), Detroit: Charles Scribner's sons, 2005, p. 2014.

的感觉都不是审美的判断，如音高、音律以及音的情感，都只是一种对人的形而上学的传达与转换。可以看到，斯克鲁顿以形而上学的传达（metaphorical transference）解释了人们在艺术欣赏中的共同的情感性，与康德的"共通感"十分相似。但是，对于美的共通性这一问题，斯克鲁顿认为，恰恰由于不存在美的概念，所以也就没有美的共通性这一命题了。①

对于美学中的非实在论的诘难，并不因为斯克鲁斯对审美共通性的排除而减少，因为在艺术欣赏中的审美判断总会指向价值的判断，而价值判断则需要共同的判断标准。

正是为了保证审美判断的真实性和共同标准的建构，以弗兰克·西伯利为代表的美学家在其文章《论审美的普遍标准与理性》中认为，审美趣味是我们对于客体的感性体验。②古德曼也从分析哲学的角度认为，只有承认审美判断基于独立于人之外的事物（fact）存在，才能保证艺术作品中的象征意义。虽然古德曼否认艺术欣赏中的普遍性，但是他认为，唯有在承认事物独立性的基础上，才能区分出事物对人的审美显现和事物的独立存在。③与古德曼持相同观点的还有菲利普·佩特皮特，他认为，艺术作品中传达给人的统一的情感性，来源于作品中那些可传达性元素的排列组合秩序，而不是来源于人的独立的审美判断。④

综上所述，美学中的实在论者与非实在论者，都各自以其哲学背景论证其主张的合法性。近年来也有学者认为，美学中的实在论与非实在论之间并不构成本质的冲突。埃迪·泽马彻认为，我们不能将美

① Scruton, R., *The Aesthetics of Music*, Oxford: Oxford University Press, 1997.

② J. Fisher ed., *Essays on Aesthetics: Perspectives on the Work of Monroe Beardsley*, Phildelphia: Temple University Press, 1983, pp. 10 – 20.

③ Goldman, A., *Aesthetic Value*, Boulder & Colo: Westview Press, 1995, pp. 26 – 27.

④ Philip Pettit, *The Possibility of Aesthetic Realism in Aesthetics and Philosophy of Art: the Analytic Tradition*, Edited by Peter Lamarque, Stein Haugom Olsen, Malden & Mass: Blackwell Publication, 2003, pp. 158 – 162.

学性质从科学与物理学的性质中剥离开来，因为我们的科学亦基于我
们的经验，一件事物是美的即是真实实在的，而一件基于"真实带"
（truth-tropic）中的事物即是美的。① 虽然泽马彻同样基于分析哲学的
方法，推论出实在论与非实在论在美学中融合的可能性，但是，如果
按照他的理论推断，将发现，当回归我们自身经验现实中时，他的论
断"一件实在的事物即是美的"显然又违背了人们的现实经验。与
泽马彻具有同样理论倾向的韦尔斯在《重构美学》中，将人的认识
对象和实在都解释为被审美所决定的，亦都遭到了许多诘难。通过我
们对当代西方美学中的实在论与非实在论讨论的梳理，从中我们看到
了实在论与非实在论之间的矛盾，是当前美学理论的基本问题之一。②
实际上，实在论与非实在论的矛盾在德国古典哲学中就已经出现，也
正是基于对这种矛盾的调节，才产生了美学。但是，我们必须区分开
的是，在德国古典哲学中，实在论与非实在论的矛盾是基于"真实"
这一概念之下的，并且正是整个德国古典哲学在对"真实"这一具
有丰富内涵概念的追求中，美学才得以与历史相结合，冲破哲学的体
系，获得了自身理论的独立性。③

第三节　德国古典哲学中的"真实"概念

德国古典哲学以德国唯心主义哲学为核心，学者卡尔·阿梅里克

---

① E. Zemach, '*Real Beauty*', Midwest Studies in Philosophy, 1991（16），pp. 249 - 265.
② 中国美学对此问题的讨论主要集中在 20 世纪四五十年代的美学论争中，如蔡仪、朱光潜等学者对美是一种客体属性还是主体属性的探讨。但是随着时间的推移，美学是主客体相统一的理论成了对此问题的最终回答。时至今日，中国学者对此美学中的基本问题亦少有论述，这与西方当代美学原理形成了强烈反差。
③ 这正是德国古典美学给予当前美学理论的重要启示。如前所述，当代美学家基本上还是基于其不同的哲学体系对待解决美学的基本问题，这种做法实质最终还是将美学的问题转化为不同哲学体系间的问题，进而使美学在其封闭的理论中无法获得自身的独立性。而德国古典美学基于其独特的哲学时代（即哲学向真实的转向），在哲学体系中孕育而出，甚至将美学置于整个思想体系的顶端（如前期的谢林），并且美学理论在这一阶段深入整个社会、政治层面中，也为其理论的发展奠定了深厚的实践基础。

斯认为，唯心主义与实在论（reality）的关系是德国古典哲学的核心，他认为，哲学史中关于德国唯心主义与现实实在关系的问题主要存在三种观点。第一种观点认为，德国唯心主义与现实实在毫无关联，现实实在对于唯心主义来说，只是基于思想中一系列理念的臆造；第二种观点认为，从柏拉图哲学传统与德国唯心主义之间的关联出发，将唯心主义中的实在与柏拉图的理念相类比，认为唯心主义所讨论的实在，只是一种非事实性的存在，是主观的、任意的和非经验性的存在；第三种观点则认为，德国唯心主义是在人类共通感（Common-sense）的基础上，对现实存在进行认识和论证，并由此创造出了更高的现实存在。① 阿梅里克斯认为，只有第三种观点才真正反映了德国唯心主义与现实实在的关系。

可以看到，阿梅里克斯肯定了现实实在性问题是德国古典哲学中的基础性问题，并且他认为，德国唯心主义的现实实在是以人们对其认识的可传达性和普遍性为核心的再创造过程。虽然阿梅里克斯的判断准确并具有重要的意义，但他还是基于西方传统实在论的发展过程来进行评价，没有从整体上看到德国唯心主义对现实实在的追求是基于多个层次展开的，如果还是以西方传统实在论的概念对此问题进行探讨，则只是限于对实体概念的发展过程的研究，只有以一个更高的范畴，即从"真实"的范畴去考察德国唯心主义与现实实在问题的讨论，才可能看到与此问题相关联的其他哲学问题的展开。② 本书即

① Karl Ameriks ed. , *The Cambridge Companion to German Idealism*, Cambridge：Cambridge University Press, 2000, pp. 8 – 9.

② 德国唯心主义哲学对实在的论证不仅仅是一种哲学体系中的一环，它更表达了德国古典哲学对现实性、经验性与普遍性的追求，而这种哲学的态度和情感即是"真实"。这种哲学情感实际上亦来源于18世纪末哲学自身所面临的巨大的现实刺激。在这一时期自然科学的发展扩大了知识的范围，而这些范围都是以往的哲学体系没有遇到并无法解释的（这也正是为什么从康德到黑格尔，都将知识学以及对知识进行的认识的方法论作为自身理论中最重要的部分），并且这一时期的德国社会、政治与经济都发生着剧烈的变化，音乐家成了天文学家，诗人成了政府要员，以往只有大学才能进行的科学研究与哲学训练，都进入民众的现实生活中，这一切都促使了德国古典哲学对"真实"的研究转向。

是要探讨德国唯心主义是如何以美学的方式来感知"真实",并且在此过程中,又是如何与历史的问题相关联的过程。

德国古典哲学对真实性的追求以康德为源头,康德否认了西方传统的实在论观点,他一方面以哥白尼式的革命否认独立于人的意识之外的存在;但是为了避免陷入主观唯心主义哲学,他又不得不预设一个物自体的存在,并由此开启了德国唯心主义二元论的思维模式。其后的费希特为了解决康德的二元论,陷入了更深的二元论。他首先设置了包含主观与客观相统一的自我,反对二元论所带来的怀疑主义危险(即二元论发展的极致形态,认为人的认识永远不能认识自身之外的世界,由此认识将始终是相对的),但是费希特又不得不承认经验现实中我们的知识是客观事物所给予的,而费希特的实践哲学及以此为代表的道德唯心主义,更加深化了康德的二元论,即只有坚持二元论,才可以确定我们自身之外的现实存在,并保证"知识学"的客观性。坚持二元论又会导致人的实践作用的无效性,即人始终无法与人之外的世界(即物自体)进行交流,并最终瓦解了实践的根基。

其后,以谢林和黑格尔为代表的绝对唯心主义体系,他们在斯宾诺莎主义和莱布尼茨单子论的基础上,以理念论调和二元论(绝对唯心主义认为,理念是一种目的、是自然的自身理性,是一种自然的结构,在其中精神与物质、主观与客观都是处于同一地位),它以其主客统一的自然精神理念反对二元论体系,又承认精神的客观性,甚至物质性(但是这里的物质性不是机械唯物主义的物质概念,在绝对唯心主义体系中,它是充满精神的物质)。综上可以看到,整个德国唯心主义的理论源头最终基于对事物实在性和真实性的追求中,美学即根植于该过程之中,并最终在唯心主义体系里与历史相连接。接下来将详细分析康德—费希特—谢林—黑格尔哲学体系中的"真实"概念,而只有在厘清这一线索之后,我们才可准确地分析美学在此过程中所处的地位及其意义。

康德在德国古典哲学对真实的转向的过程中具有重要的意义，他在改造西方传统实体观的基础上，将形而上学的实体纳入人的经验与现实中，通过对实在概念的主体性改造，使人可以对本体进行感知，进而获得现实的意义。康德将实体分为显象的与本体的实体，显象的实体实质上是指我们感官的对象："一切实在东西的基底，即属于事物的实存的东西，就是实体；在实体那里，一切属于存在的东西都唯有作为规定才能被思维。因此，显象的一切时间关系都唯有在与持久的东西的关系中才能被规定，这持久的东西就是显象中的实体。也就是说，是显象的实在的东西，它作为一切变易的基底，永远是同一种东西……在一切显象中，持久的东西都是对象本身，也就是说，是实体，而一切变易或者能够变易的东西，都仅仅属于这一实体或者各实体实存的方式，从而属于它们的规定。"① 而本体上的实体实质上是指知性的对象 "实体不是显象就是本体的，所有事物确定地展现在我们感官面前的：就叫做显象的实体；而所有确定地展现在我们知性面前的就是本体上的实体，显象的实体或现象中的实体基于我们的感官之中。"②

　　康德对实体的两种划分的重要意义在于，一方面，"实体指示了事物能够被思考或感官到的一种可能性"③，即实体成了人的认识活动的重要对象，在此认识阶段，实体赋予我们现实的意义。另一方面，康德将实体作了两种划分：基于知性与感官的对立，即概念与直观的对立，从而来源于概念的实体与来源于经验直观的实体之间存在不可弥合的鸿沟（参见《纯粹理性批判》）。实际上，这里康德将人的认识活动的现实性也就分为了两种，即通过感性直观的现实性与通

　　① 《康德著作全集》第三卷，李秋零主编，中国人民大学出版社 2004 年版，第156—157 页。

　　② Immanuel Kant, *Lectures on metaphysics*, Translated and edited by Karl Ameriks and Steve Naragon, Cambridge：Cambridge University Press, 1997, p. 324.

　　③ Marco Giovanelli, *Reality and Negation：Kant's Principle of Anticipations of Perception*, London & New York：Springer, 2011, pp. 25 – 26.

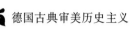

过知性概念把握的现实性存在矛盾，而康德对这种矛盾的最终调和，是通过判断力的批判及美学的方式来解决的。

康德对真实性问题探讨的另一个预设即物自体的概念，"物自体"的概念亦来源于康德对实体性（现实性）的思考，在康德看来，物自体不是现实经验的对象："我是说我在空间里的经验性进展中能够遇到比我看到的星球还要远百倍的星球，还是说即便从来没有一个人看到过它们或者将看到它们，但在宇宙空间中也许会看到它们，这都是一回事；因为即使它们是作为物自身，与一般可能经验毫无关系地被给予的，它们也毕竟对我来说什么也不是，从而不是对象，除非它们包含在经验性回溯的序列中。"这就从康德的体系中排除了物自体可成为知识的可能性，因为康德认为，"一切知识来源于经验"，而在显象所呈现的实体对象或者说现实性来看，物自体也是不可能在场的："显象并不表示物自身……空间和时间就不是物自身的规定，而是显象的规定；物自身可能是什么，我不知道，也不需要知道，因为毕竟除了在显象中之外，一个事物永远不能以别的方式呈现给我。"① 从以知性为手段的本体意义上的实体或现实性来看，物自体亦同样是不可能的："诸般实在性（作为纯然的肯定）在逻辑上绝不相互抵触，这条原理是概念关系的一个完全真实的命题，但无论是就自然而言，还是在任何地方就某一个物自身（对这个物自身我们没有任何概念）而言，都没有丝毫意义。"② 而康德对物自体的设立，又在于为人的知性认识活动划出界线，以此来保证实践领域的合法性。"康德把自由意志、灵魂不朽、上帝也认作自在之物，因而自在之物又属于人的非认识的、实践的主体。"③

---

① 《康德著作全集》第三卷，李秋零主编，中国人民大学出版社 2004 年版，第 218 页。

② 同上书，第 216 页。

③ 杨祖陶：《德国古典哲学逻辑进程》，武汉大学出版社 1993 年版，第 65 页。

综上所述，康德在其体系中设定了三种真实（此处是从现实性的层面来理解真实）：直观中的真实、概念中的真实与物自体的真实，而这三种真实在康德体系中又相互对立，康德对这三种对立的调和即美学。但是，也正是这三种真实的对立，成为其后费希特哲学的动力。

康德哲学将真实性的问题从形而上学中拯救出来，转换到人的经验领域，使人可以感知到真实。费希特的哲学则是试图克服这种真实的主观性，强调真实的客体性与主体性统一。费希特与谢林不同，他强调的主客统一性是基于主体的客体性，客体性对于主体来说是一种完善。费希特对自我的这种主客统一的设定，其原因在于他通过这种设定，试图对康德实践哲学领域中"物自体"概念的克服，因为实践哲学的对象在康德看来，其不能被知性所认识到，这就瓦解了实践性、道德性的现实意义。费希特对真实性问题的探讨，具体分为以下四个部分。

第一，费希特批判康德哲学中的不可知论，认为真实的实在是可以被认识的。他在 1795 年 8 月写给雅可比的信中写道："所有人都知道我和你是一个现实论者，一个比康德还要严格的超验唯心论者。"①费希特继续写出他下此论断的原因在于，他的绝对自我不是个体主义："我的绝对自我显然不是指个体……个体从绝对自我演绎出来，有限存在将自身想象成为物理性的存在并受到因果律的约束，并且他能够与另外的部分相互作用。有限存在的自我设定即是每个个体的形成，当我们将自身以个体对待的时候，我们发现我们处于一个实践的基点（practical standpoint）（我将'绝对自我'称为理论演绎的基点）……现实主义就是实践的基点的原则。当实践基点从理论基点演绎出来的时候，哲学上的和谐一致和由知识学所推导出来的共通感，

---

①　Fichte, *Early Philosophical Writings*, Translated and edited by Daniel Breazeale, Ithaca and London: Cornell University Press, 1988, p. 409.

将会在此发生。现实主义就是个体性的展开和个体向绝对自我回溯的一种可能性。"①

从费希特的论断我们看到,他将康德的实践对象即物自体纳入了现实性中,并且这种实践的现实性是可被认识的(这也正是费希特哲学被称为道德唯心主义的原因)。更为重要的是,费希特认为,现实是"个体性的展开和个体向绝对自我回溯的一种可能性",这就将现实性与每个个体自身的当下存在联系在一起。

第二,费希特认为,现实实在是一个过程性的活动,通过绝对自我展开的活动,再恢复到绝对自我的过程就是现实。"自我据以设定自身、同时设定万物和把现存的万物设定于自身的整个行动,是以其原初的统一性和整体性真实的出现的(对这种统一性与整体性的破坏,仅仅是由哲学家将统一的、整体的性质分裂开来引起的,因为他必须把它们分裂开,让它们一部分一部分地出现,以便能够跟踪它们)"②。可以看出,费希特将现实作为自我的活动过程,正因为如此,自我才包含了现实的概念:"自我的活动不是就它受阻碍和不受阻碍而言,而是甚至就它处于行动中,与它自己对立而言,被看作是指向观念的东西或现实东西的。"③

第三,费希特基于对现实真实性的论证,进而过渡到对作为客体的物的论证,即"真实"概念的另一内在性质——客观性的论

---

① Fichte, *Early Philosophical Writings*, Translated and edited by Daniel Breazeale, Ithaca and London: Cornell University Press, 1988, p. 411.

② Fichte, Early Philosophical Writings, Translated and edited by Daniel Breazeale, Ithaca and London: Cornell University Press, 1988, p. 330. (国内学者梁志学主编的《费希特著作选集》对此段的翻译,没有凸显出费希特对自我活动过程的现实性的强调,他翻译为:"自我据以设定自身、同时设定万物和把现存的万物设定于自身的整个行动,是以其原初的统一性和整体性——这种统一性与整体性仅仅是由哲学家分裂开的,因为他必须把它们分裂开,让它们一部分一部分地出现,以便能够跟踪它们——真实地出现的。"此翻译在汉语语义上不太通顺,并且误将费希特的自我活动中"统一性"作为了真实性的内容。参见《费希特著作选集》第二卷,商务印书馆1994年版,第244页。

③ 梁志学主编:《费希特著作选集》第二卷,商务印书馆1994年版,第133页。

证。费希特对此问题的展开，是基于对康德的物自体存在的可能性而展开的，即何为物，物又如何为物的问题。总体上看，费希特哲学对物自体是否存在的态度十分模糊，因为他并没有论证过物自体存在或是不存在，在他早期的文章《评埃奈西德穆》中，费希特认为，康德的物自体是人从认识向实践存在的过渡所必需的设定，但是他认为，自己的知识学不需要这种过渡，因为绝对的自我就包含了认识与实践、主体与客体间的关联。"批判哲学的工作恰恰在于表明，我们不需要这类过渡，在我们精神中出现的一切东西都完全可以根据精神本身得到解释和理解。"① 但是，费希特并没有否认物自体的存在，只是否认了人的存在性不需要通过向物自体的过渡来获得。他在《略论知识学》中，甚至论证了这样一种物自体的存在："因此，如果撇开一个确定的点与对象的综合统一，因而也就是撇开自我的那种只有通过这个点才与非我相统一的全部效用性，那么，各个物就它们本身来看，就他们不依赖于自我来看，便是在空间上同时存在的（即可与同一个点综合统一的）；然而它们在时间上只能被知觉为在一个连续的序列中先后相继的，这个序列的每一个环节都有赖于另一个环节，而这另一个环节却不有赖于前一个环节。"② 这里的"点"是指自我设定非我后，自我与非我统一的点："自我设定它自身为完全自由的，设定它自身为能与它希求的点统一起来的，因此全部无限的非我都是它结合的东西……这就叫现在的点。"③

可以看到，费希特承认有一种物的存在，它是与自我的设定活动过程相脱离的物，这即是无法被自我认识到的物自体。并且在所引的段落中，我们看到费希特甚至给予了物自体空间上与时间上的描述。

---

① 梁志学主编：《费希特著作选集》第二卷，商务印书馆 1994 年版，第 433 页。
② 同上书，第 198 页。
③ 同上。

正是由于费希特对物自体的模糊性，使得他为了保证事物的客观性和真实性，又在自己体系中设置了"真正的物"（actual thing）的概念，即在自我之中，受自我活动影响，并且与其他物保持联系并且可以被直观到的物。"自我按照真正的物塑造形象，所以，这种物必定包含在自我之中，必定可以接受自我的活动，或者说，在相互对立的物与物的形象之间必定能确定一个联系的根据……直观是可以与物相联系的。"①

第四，基于自身体系的矛盾，费希特晚期的哲学思想依然表现出对现实性、客观性的追求，但是其解决方法是试图以神学的方式统一早期哲学中自我与客观性的矛盾。首先，费希特在1804年的知识学的第五次讲座中，将现实主义与现实性区分开来，因为在费希特看来，他的哲学所追求的现实性不是现实主义，现实主义类似于康德的物自体理论，否认了人对现实之物的可认识性。"唯心主义与现实主义都基于其内在的原则思考事物，如果只是基于各自的原则，它们也可保持其理论发展的一致性，但是这两种原则都是基于经验层面上的……唯心主义否认现实主义的可能性，正如现实主义否认事物的可被感知性和可导性，只有设定一种新的原则，才可解决两者间的矛盾。"②

其次，费希特认为，现实就是被内在生命所包含的性质，"因为内在生命是自我包围自己的（self-enclosed），并且所有现实也是包含于其中的"③。需要注意的是，费希特所用的"内在"（immanent）是一个神学用语，指存在于上帝所创造的宇宙之内的意思，

正是基于神学思想，费希特通过对现实主义所代表的客观性的批判，最终认为现实实在不是客观存在，而是基于生命之中的。

---

① 梁志学主编：《费希特著作选集》第二卷，商务印书馆1994年版，第162—163页。

② J. G. Fichte, *The Science of Knowing*: *J. G. Fichte's* 1804 *Lectures on the Wissenschaftslehre*, Translated by Walter E. Wright, Albany: State University of New York Press, 2005, p. 92.

③ Ibid. , p. 90.

"现实实在，真正的实在，不能将它与事物的客观存在相混淆，后一种客观存在是基于自身生活维持的（subsistence-for-self）和依赖于自身（dependence-on-self）的，它是被封闭在自身之内并终将死亡的。前一种现实只存在于生命（living）之中，生命也只存在于其中，这种生命的现实性否定了绝对的概念，并且最终与他自身保持一致。"①

可以看到，费希特论述中的"客观存在""生命"等词语虽然已经改变了其原始词义，但是，他在此所论证的客观实在还是与其前期思想保持了一致，即真正的现实实在是基于自我的活动过程之中，即"生命"的运动之中的现实，这种现实性否定绝对的概念，打破自身的束缚去实现自我的现实存在。

综上所述，费希特哲学从康德的物自体给真实性带来的困境出发，以绝对自我试图综合客体与主体，虽然其理论具有明显的矛盾性，但是他将现实纳入自我的运动过程之中，具有重要的意义，即现实、客观与真实不是独立于人的活动而存在的事物，他们是自我生命的活动过程。正是费希特对真实的此种阐释，激发了德国人民的民族情绪，即现实与客观是来源于自我意志的奋斗过程。

继费希特之后的谢林认为，费希特绝对自我所创造的客观现实性是建立在主体自我之上的，这种对客观现实性的建构，在方法上具有任意性，并且谢林与费希特一样，试图将认识与实践领域统一起来，但是他否定费希特所采用的统一认识与实践的方式，而是要建立一个不是由主体决定的客观现实性，这就是谢林哲学的第一阶段——自然哲学。自然哲学凸显了谢林哲学对确定的客观现实性的建构，也正是其思想，造成了谢林与费希特哲学的分道扬镳。

谢林的自然哲学受到斯宾诺莎哲学的影响，它表现出"在上帝

---

① J. G. Fichte, *The Science of Knowing: J. G. Fichte's 1804 Lectures on the Wissenschaftslehre*, Translated by Walter E. Wright, Albany: State University of New York Press, 2005, p. 81.

之中观察一切事物"的斯宾诺莎式信仰与德国超验唯心主义相结合的过程，试图建构一种统一的体系，使得所有的事物与经验都处于同一原则之中，并被认识到、实践到。①

谢林的自然哲学基于其同一性原则之下，同一性是主体与客体的统一，但不是主体、客体的同时并列存在。"这种更高的东西本身既不能是主体，也不能是客体，更不能同时是这两者，而只能是绝对的同一性。"② 并且这绝对同一性中的主客关系只有量的区别，而没有质的区别。

谢林认为，只有这样才能保证主客之间的联系，并且这种主体与客体的量的差别，就是现实存在的形式。"主体和客体之间［根本］不可能存在什么量的差别以为的差别，因为……两者之间任何质的差别都是不可设想的。"③

由此可知，谢林的自然哲学就是客体占主要地位，制约主观的部分，而自然哲学的任务，就是在向绝对同一性运动的过程之中，由客观的自然发展出主体的意识，"自然只有通过最高和最后的反映，才达到完全变其自身为客体的最高目标，这种反映不是别的，而就是人，或者说得更概括一点，就是我们称之为理性的东西，通过理性自然才破天荒第一次完全回复到自身，从而表明自然同我们之内认做是理智与意识的东西本来就是同一的。"④

可以认为，谢林的自然哲学代表其与费希特哲学的断裂，而这种

---

① J. B. Lawson, C. G. Chapelle, *The Spinoza Conversations Between Lessing and Jacobi.* Lanham: University press of America, 1998, p. 3.

② ［德］谢林：《先验唯心主义体系》，梁志学、石泉译，商务印书馆1983年版，第250页。

③ ［德］谢林：《谢林著作集》第二卷，转引至杨祖陶《德国古典哲学逻辑进程》，武汉大学出版社1993年版，第153页。

④ ［德］谢林：《先验唯心主义体系》，梁志学、石泉译，商务印书馆1983年版，第7—8页。

断裂就源于谢林对现实客观性、确定性的追求。[①] 在论证了自然哲学对客观意识及现实性的保障后，谢林亦坚持唯心主义体系，寻求一种更高的真实性，即绝对同一的真实性。因为在谢林看来，自然的客观现实性只是其向绝对同一回溯的过程，但是这种客观现实在谢林看来还不是最终的真实，因为没有包含自由、普遍性等概念，在以斯宾诺莎哲学为基础的谢林看来，最终的真实不仅仅是一种现实的客观存在，而是包含了宇宙一切存在及其给予这种存在合理性的原则才是真

---

　　① 自然哲学是费希特与谢林哲学的断裂的最重要的出发点。费希特在1800年11月15日阅读谢林自然哲学后，给谢林写信说道："超验哲学不能保证自然的独立地位，智性不能通过非智性间的自然力量的相互联系而得到认识，继而你的自然哲学也就不能保证智性的存在。智性与自然的获得必须超越你的假想性的论证，即你假想性地构造了一个'自我'同样真实存在的，并且假想了从这种真实到理念（real-ideal）的联动关系。"谢林则回信："哲学必须从自我设定的主观—客观的关系中抽象出来，这种通过自我设定的主客关系，是基于一种理想和心理上的情绪。只有通过自然哲学中的真实的自我建构的哲学才是真正的哲学……将先验唯心主义哲学与自然哲学置于相同的地位，切断了我与你的知识学之间的逻辑关联。"可以看到，费希特认为，谢林的自然哲学倒置了自我向客体运动的关系，认为自然如果像谢林那样，是自然的客观性向主体发展的话，则隔断了主观与客观的联系，因为独立于主体运动的客体无法回溯到自我主体之中。谢林则认为，费希特从自我出发是一种想象性的过程，并认为，真正的客体性只有不依赖于主体的意识运动。随后，费希特在一封没有寄出的信中，继续批判谢林的自然哲学，认为即便自然哲学可以证明其客体性来源于自我主体意识，但是，如何解释自然向精神的回溯，即客体向主体的回溯是不可能的，即便谢林所设定的绝对同一性没有质的区别，也不能保证客体向主体的运动（其后本书将论述，谢林后来采取的正是美学的方法，保证了客体向主体的回溯过程。）有趣的是，费希特也在这封信里表达自己对自然的概念，他认为，自己在知识学中给予了自然有限的意识性，这种有限意识是介于感觉活动与道德命令之间的外部现实，"自然位于人的认识感觉与道德之间"。1800年11月19日，谢林继续回信写道："我的自然哲学与超验哲学并行不悖，它不附属于或来源于其他事物，除了绝对的同一性。"更为重要的是，谢林在信中说道："道德意识只是自然的意识行为中的一个较高层面，它来源于自然的有机组织活动。"在此看到，谢林甚至认为道德意识是自然向意识运动过程中的一个阶段，可以说，谢林将意识与自然并列，甚至认为，道德意识是自然的产物，这就完全瓦解了费希特以道德意识为核心的主体哲学。实质上，按照费希特最后的理论，还可以继续对谢林反驳，即这种从自然产生的意识怎么会含有自由的因素，即自由的道德性是无法通过这种自然向意识运动的活动产生的，于是，自然、自由的解决亦成为谢林的美学入手的契机点，本书将在下一小节中进行分析。以上费希特与谢林的书信内容，参见 J. G. Fichte, F. W. J. Schelling, *The Philosophical Rupture between Fichte and Schelling: Selected Texts and Correspondence*, Translated and edited by Michael G. Vater and David W. Wood, Albany: State University of New York Press, 2012, pp. 41–48, 114–115。

实。谢林在给费希特的一封信里写到自己对真实性的定义："没有什么哲学可以否认意识的自我回溯和自我关照，但是，你简单地从自由意识的现象出发推导到终极的实有，这种过程具有任意性，就像康德在上帝与自由之间任意设置的道德哲学的那些观念一样任意……我所要建立的哲学上的真实要超越唯心主义体系，超越以知识学为途径达到真实的方法论，我要将真实存在的各种元素统一于它们自身之中。"① 这种真实的概念符合德语中真实的含义，即存在、现实和实存。

由此，谢林进入对先验唯心主义体系哲学的建构过程中。而在先验唯心主义体系中，谢林又以"自我"的概念强调了现实性，即客体意识。谢林的先验唯心主义体系，实际上与黑格尔的精神现象学所要论述的内容一样，即对自我意识发展的不同阶段进行阐释。谢林在先验唯心主义体系中论述到先验哲学的任务，即"把全部哲学陈述为自我意识的不断进展的历史"②。

这里的"自我"实际上并非费希特的绝对自我。在谢林看来，这种自我就是一种现实性，因为自我与绝对在谢林看来是矛盾的概念，只有自我才能转化出客体和事物本身的现实，绝对则不会转化出事实本身（即包含客体经验的事实）③。

谢林对自我的此种理解，实际上受到了德国早期浪漫主义思想的影响。例如诺瓦利斯认为，"我们到处寻找绝对，却总是只找到事物（Wir suchen überall das Unbedingte, und finden immer nur Dinge）"④。

———————

① J. G. Fichte, F. W. J. Schelling, *The Philosophical Rupture between Fichte and Schelling*: *Selected Texts and Correspondence*, Translated and edited by Michael G. Vater and David W. Wood, Albany: State University of New York Press, 2012, pp. 64 – 65.

② ［德］谢林：《先验唯心主义体系》，梁志学、石泉译，商务印书馆1983 年版，第 2 页。

③ J. G. Fichte, F. W. J. Schelling, *The Philosophical Rupture between Fichte and Schelling*: *Selected Texts and Correspondence*, Translated and edited by Michael G. Vater and David W. Wood, Albany: State University of New York Press, 2012, pp. 9 – 11.

④ Novalis, *Schriften* (*Volume 2*), Stuttgart: Kohlhammer, 1960, p. 413.

"无尽的自由活动从我们对绝对的自由扬弃中得到动力——绝对唯一能给予我们的，只是我们在对它的追寻中找到我们自身的无能。"①可以看到，浪漫主义对个体事物现实性的强调，使得谢林的先验唯心主义强烈关注事物现实存在性。因此，有学者将谢林的哲学称为存在决定论的哲学（Being-determination），而将费希特的哲学称为自我决定论的哲学（Self-determination）。

综上所述，谢林以其自然哲学论证真实性中客观现实性的层面。但是在此过程中，他是以客观现实性的自然强调了自我意识的绝对性，即真实的普遍性这一层面的意义。而在先验唯心主义体系中，谢林通过对费希特的自我意识的改造，又强调了在自然哲学中论证的现实事实性。由此，谢林哲学针对真实性所采取的策略即是，在客观现实性的意识领域，即自然哲学中，强调唯心主义哲学中绝对的主体的意识；而在对绝对真实的自我意识领域中，反向强调自然哲学中的客观现实意识。最终在谢林看来，同一哲学所追求的真实，就是主体意识与客体意识在运动中的和谐统一，这种真实性既不是费希特哲学中由主体意识出发的，也不是唯物主义哲学那样由客体意识所决定的，它是两种在同质异量的基础上的双向活动而产生的真实。

黑格尔关于真实的理论主要基于对前人的批判与综合之上，真实的含义在经过康德、费希特及谢林的阐释后，具备了客观性、现实性与普遍性的特征。黑格尔哲学对真实的论证也没有超出真实所具有的这三个特征，但是，他看到了真实所包含的这三个主要特征之间的矛盾以及真实与唯心主义哲学间的矛盾。一方面黑格尔认为，康德的客观性虽然以先验的方式保证了其普遍性，但是康德的客观性却是建立于主观之上的，不可能与具体现实事物连接。"康德所谓

---

① Novalis, *Fichte Studies*, Edited by Jane Kneller, Cambridge and New York: Cambridge University Press, 2003, p. 566.

思维的客观性，在某意义下，仍然只是主观的。因为，按照康德的说法，思想虽说有普遍性和必然性的范畴，但只是我们的思想，而与物自体却被一个无法逾越的鸿沟隔开着。与此相反，思想的真正客观性应该是：思想不仅是我们的思想，同时又是事物的自身，或对象性的东西的本质——客观与主观乃是人人习用的流行的方便的名词，在用这些名词时，自易引起混淆。根据上面的讨论，便知客观性一词具有三个意义。第一为外在事物的意义，以示有别于只是主观的、意谓的或梦想的东西。第二为康德所确认的意义，指普遍性与必然性，以示有别于属于我们感觉的偶然、特殊和主观的东西。第三为刚才所提出的意义，客观性是指思想所把握的事物自身，以示有别于只是我们的思想，与事物的实质或事物的自身有区别的主观思想。"①

另一方面黑格尔又认为，谢林对康德意义上的客观性的改造，割裂了主体与客体间的联系。黑格尔认为，"一切问题的关键在于：不仅把真实的东西或真理理解和表述为实体，而且同样理解和表述为主体"②。由此，将精神主体与客体连接（不是康德式的从精神主体出发去联系自己创造的客体，也不是谢林那样，以独立于主体的客体向主体精神的回溯运动）同样成为黑格尔哲学的核心问题。黑格尔汲取了谢林哲学通过主观意识与客观意识间的相互作用，并最终回溯到绝对同一性达到主客统一的方式。但是，黑格尔否定了不动的绝对同一性。"在黑格尔看来，绝对不是无差别的、僵死的实体，而是产生差别、克服差别、重建自身的同一性的活的实体，是自我认识、自我实现、自我发展着的主体。"③

黑格尔以运动于整个宇宙之中的"理念"替代了绝对同一，即

---

① ［德］黑格尔：《小逻辑》，贺麟译，商务印书馆 1980 年版，第 120 页。

② ［德］黑格尔：《精神现象学》上卷，贺麟、王玖兴译，商务印书馆 1979 年版，第 10 页。

③ 李秋零：《德国哲人视野中的历史》，中国人民大学出版社 2011 年版，第 223 页。

主体与客体统一的理念是真实地出现在事物的运动构造之中，而主、客体统一的过程也不是谢林式的主观意识→客观意识＋客观意识→主观意识的双向运动，而是通过理念的随时"在场"与"显现"，呈现出主、客体的多层次、无限制的运动，通过理念的运动，进而将逻辑上的真实与具体的现实实在联系起来，即真实不仅是主体与客体，更是逻辑与经验、形式与内容的统一。"如果，只是说，对象有存在，这于对象和主体双方均毫无所得。主要的是要说明对象的内容是否真实。只是说事物的存在，对于事物的'真实性'并无帮助。"①

正是通过理念的运动过程，使得现实与理想统一起来。因为在黑格尔看来，以往将现实与理想分裂的观点是形式逻辑所导致的，即脱离于现实经验的知性的内在缺陷，从知性出发观察现实世界，就必然导致知性认识与理性道德间的矛盾，而以本身具有内容的逻辑（这种逻辑即是由理念的显现保证的）作为认识工具，就不会出现这种困境。"惯于运用理智的人特别喜欢把理念与实在分离开，他们把理智的抽象作为所产生的梦想当成真实可靠，以命令式的'应当'自夸，并且尤其喜欢在政治领域中去规定'应当'……哲学是探究理性东西的，正因为如此，它是了解现在的东西和现实的东西的，而不是提供某种彼岸的东西，神才知道彼岸的东西在哪里。"②

综上所述，黑格尔的真实实在，是与具体的现实事物紧密连接真实，并且这种真实实在通过理念的多层次、无限的显现，成为一种过程性的真实。真实实在不再是一种理性的预设，而是通过事物的矛盾关系发展出来的、主客统一的真实。"实体作为原因才具有现实性……而实体只有在它的结果中才具有它作为原因所具有的现实性。"③"真

---

① ［德］黑格尔：《小逻辑》，贺麟译，商务印书馆1980年版，第120页。
② 同上书，第44—45页。
③ ［德］黑格尔：《逻辑学》下卷，贺麟译，商务印书馆1976年版，第216页。

实实在对于黑格尔来说，是事物在矛盾发展中的过程，它不再是哲学的第一原则，而是最终的结果。真实实在的定义，只有通过经验和知识的发展而获得。"①

通过以上对康德、费希特、谢林及黑格尔对真实的论述可以看出，真实性是德国古典哲学的核心问题，而对真实中现实性、存在性、普遍性含义的不同阐释，构成了整个德国古典哲学思想之间的连接点。要理解德国古典哲学中的美学及其历史意识，必须基于其对真实性问题的把握，即德国古典美学不是从艺术中抽象出来的艺术理论，历史哲学也不是独立于哲人们思想体系之外，抑或只是哲学家的哲学思想在历史问题上的运用而已，美学与历史都是在德国古典哲学对真实性的探究之中的组成部分，并且美学与历史也正是在此共同哲学背景下，才获得了相互间的必然联系。

第四节　基于德国古典哲学"真实"概念中的美学与历史思维

康德哲学对"真实性"的建构基于对西方传统实体概念的改造。康德认为，实体是一种现实经验性的存在，而不仅仅是逻辑上的设定或保证事物存在的前置性原则，而由这种实体带给人的真实性，不是预设于人之外的真实，它成为一种可以被感知的真实。但是由于康德哲学中以先验概念把握经验的特殊结构，并且为了解决信仰与道德的问题对物自体的设定，因此康德在其体系中，设定出了三种不同的真实性：直观中的真实（指真实的现实性层面）、概念中的真实（指真实的存在性层面）与物自体的真实（指真实的实存性层面）。由于这三种真实之间相互对立不可调和，康德以美学的方式使三者相互连

---

① Gustavus Watt Cunningham, *Thought and Reality in Hegel's System*, Ontario: Batoche Books, 2001, pp. 69 – 70.

接，即通过美学，使真实性在直观、概念、理性之中得以被认识与思维到。

特别需要注意的是，在康德的体系中，其美学以及艺术的认识作用，不是科学意义上或知性上的认识，它是对真实的认识，而非对真知的认识。

康德美学基于其哲学中直观与概念的分离这一矛盾。美学试图在认识过程中弥补直观（感性）与概念（知性）间的分裂，"美学包含着知性与感性的法则协调一致的规则"①，而统一直观与概念的目的，就是构造出人可以感知到的现实实在。"假如我们的知性是能直观的，那么，它除了现实的东西之外就会没有任何对象了，概念（它们仅仅指向一个对象的可能性）和感性直观（它们给予我们某种东西，但由此毕竟没有使它作为对象被认识）就会都被取消。"② 进而在连接直观与概念基础之上，美学又连接知性与理性的分裂，使人的认识与道德相统一。③

首先，康德在认识中设置了直观与概念的分裂，"如果我们对我们的知识在其由以产生的感性和知性这两种根本不同的基本认识能力方面作出反思，那么，我们在这里就遇到了直观与概念的区别，

---

① 李秋零主编：《康德著作全集》第九卷，中国人民大学出版社2010年版，第14页。

② 李秋零主编：《康德著作全集》第五卷，中国人民大学出版社2007年版，第419页。

③ 黑格尔认为，康德哲学中所有的对立性均来源于其直观（intuition）与概念（concept）之间的对立，它是康德综合判断的前提（G. W. F. Hegel, *Faith and Knowledge*, Translated by Walter Cerf and H. S. Harris, Albany: State University of New York Press, 1977, p. 70）。所以，康德的美学思想也根植于直观与概念、感性与知性的分裂之中，只有从该角度考察康德美学，才符合其将美学作为认识论的特征。西方学者在论述康德美学起源时，基本认为，美学是从康德哲学中直观与概念间的分裂起源的，他们对康德美学理论的探讨，也都会回到直观与概念分裂这一基础性的问题上来考察康德的美学。而国内大多数学者在探究康德美学时往往忽略了其美学对直观与概念的统一，将美学作为知性与理性间的连接，认为康德以知性与想象力的自由游戏连接了知性，而以崇高连接了理性部分。实际上康德美学对知性与理性的关联是基于其最原初对直观与概念的分裂，即康德第一批判中知性所包含的内在矛盾，注定了其后康德美学的产生，并且美学对知性与理性的连接，其基础是美学自身具有的弥合性特征，而美学的这一特征直接来源于对直观与概念的弥合过程中。

也就是说，我们一切知识在这个角度来看，都要么是直观，要么是概念。前者的源泉在感性，即直观的能力；后者的源泉在知性。"①康德认为，我们的知识构成只能是直观与概念给予的，因为直观与概念都旨在给予我们认识的对象。"知识要么是直观，要么是概念。前者直接地与对象相关，是个别的，后者间接地凭借多个事物能够共有的一个特征与对象相关。"② 在这其中，直观即是具有普遍性的感性，"直观的法则就是感性的普遍法则"③，感性即是通过对象刺激主体并产生表象的能力，"通过我们被对象刺激的方式获得表象的能力叫作感性"④。

概念分为经验的概念和纯粹的概念。"概念要么是一个经验性概念，要么是一个纯粹概念，纯粹概念如果仅仅起源于知性（并不起源于感性的纯粹映像），就叫作 notio［思想］。出自思想而超越经验的可能性的概念就是理念或者理性概念。熟悉了这种区分的人，听到把红颜色称为理念，必然觉得无法忍受。就连把红颜色称为思想（知性概念），也是不可以的。"⑤

其次，直观与概念的分裂造成了知性与理性的分裂。因为康德认为现实的就是可以直观的，"如果它意识到这个东西是在直观中被给予的，那么，这个东西就是现实的"⑥。

但是，直观的永远不可能是事物本身之所。"我们所直观的事物并非就自身而言就是我们直观它们所是的东西，它们的关系也不是就自身而言就具有它们向我们显现的那种性状……至于对象自身会是什

---

① 李秋零主编：《康德著作全集》第九卷，中国人民大学出版社 2010 年版，第 34—35 页。

② 李秋零主编：《康德著作全集》第三卷，中国人民大学出版社 2004 年版，第 244 页。

③ 李秋零主编：《康德著作全集》第九卷，中国人民大学出版社 2010 年版，第 35 页。

④ 李秋零主编：《康德著作全集》第三卷，中国人民大学出版社 2004 年版，第 45 页。

⑤ 同上书，第 244 页。

⑥ 李秋零主编：《康德著作全集》第五卷，中国人民大学出版社 2007 年版，第 419 页。

么，毕竟永远也不会通过唯一被给予我们的、对象自身的显象的最清晰知识而为我们所知。"① 可以看到，康德认为直观到的现实，不是现实事物的本身。这一论断是康德哲学的核心，它一方面避免了陷入绝对主观主义哲学，因为我们直观的现实并非全部的世界，直观与事物之所是有着鸿沟，由此避免了认识论上的主观唯心主义；另一方面，这一论断又是康德实践哲学的基础，因为我们直观到的现实具有局限性，即以知性认识的事物永远不是事物本身。

康德还继续反思到我们是否只需要认识我们直观的现实就行了的问题，在他看来答案是否定的。因为康德认为，人作为理性的存在，必须要有一个"绝对必然存在者"的概念，"一个绝对必然的存在者的概念虽然是一个必不可少的理性理念，但却是一个对于人类知性来说达不到的或然概念"②。概念亦不能被直观而只有靠理性才能把握，而这个"绝对必然存在者"，就是康德实践哲学的前提。所以，最终我们认识直观与概念间的分裂，只有依靠我们自身的（人类的）主体性思维模式，去认识超越我们知性的理念，而这最终的机制，即是把对对象的直观设定到自我的概念之中，而这就是康德美学最根本的基础。

康德美学基于对直观与概念间分裂的统一这一任务中，而这种统一的过程本身，赋予了美学一种新的思维方式，即判断力的思维方式。判断力思维方式的核心即目的论思想，康德的历史意识又是基于目的论思维的，进而将康德的美学与历史在其思想体系中联系起来。而这种联系的最底层基础，就是对可被感知经验到的真实的诉求，即美学是对现实的感知（康德认为"直观的就是现实的"），历史亦是人类理性展开过程的现实，美学与历史都不是对真知的认识，它们都

---

① 李秋零主编：《康德著作全集》第三卷，中国人民大学出版社 2004 年版，第 59—60 页。

② 李秋零主编：《康德著作全集》第五卷，中国人民大学出版社 2007 年版，第 419 页。

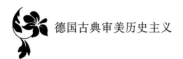

是对真实的把握。

具体分析康德美学与历史关联的策略，其核心就是康德美学中的目的论思维在历史哲学中的运用。目的论思维的宗旨，就是在主体中建构与主体相符合的客体，其原因在于建构一种可以被感知的真实，康德将此称为调节性的原则。"当客体的知识超出知性的能力时，我们就按照我们的（亦即人类的）本性在实行其能力时必然与这本性相关联的那些主观条件来思考一切客体；并且如果以这种方式做出的判断（即使就那些夸大其词的概念而言也不能不如此）不可能是构成性的原则、即把客体如同它所具有的那种性状来做规定的原则，那么它们毕竟还是一些调节性的、内在于那种实行中并且是可靠的、与人的意图相适合的原则。"①

目的论思维是康德美学与历史哲学的核心。在其美学中，目的论以"合目的性"原则为基础，成为康德美学的核心。即鉴赏判断第三契机"无目的的合目的性"原则，是审美判断其他三个契机的基础和总结。"如果说第一个要点——审美无利害——是康德美学的基础，那么这第三个要点——无目的的合目的性——就可以说是康德美学的重点和难点。在这一要点里，除了讨论鉴赏判断的先天原理之外，还提出了完满性、纯粹美和依存美、美的理想等重要问题，如果掌握了这一部分，就可以说抓住了康德美学的关键。"② 在历史哲学中，目的论以判断力反思的调节性原则为基础，试图调节主观与客观的历史意识的矛盾。康德认为，历史在目的论基础上不是知性（即自然科学）的认识对象，但目的论所具有的调节作用，使得历史认识必须不违背科学认识的知性原则（例如因果判断），又在主观合目的性上符合主体的价值判断，从而历史引

---

① ［德］康德：《判断力批判》，邓晓芒译，人民出版社2002年版，第256页。
② 蒋孔阳、朱立元主编：《西方美学通史》第四卷，上海文艺出版社1999年版，第87页。

导着对真理的哲学想象。①

---

① 历史学界对康德目的论历史哲学普遍持有批判态度，其主要批判观点如下。一是认为，康德目的论历史哲学无法认识到历史的真理。"在康德那里，历史自在之物或作为本质存在于历史事件的背后，或作为社会理想存在与不可企及的历史未来。"（韩震：《西方历史哲学导论》，山东人民出版社 1992 年版，第 147 页）二是认为，作为先验原则的目的论无法认识经验的历史。"康德的历史哲学无法阐释先验的理性如何与经验的历史相连接⋯⋯康德的时间理论造成了康德历史哲学中真正的不可调和的二律背反。"（Yirmiahu Yovel, *Kant and the Philosophy of History*, New Jersey：Princeton University Press，1980，p. 22）"目的论观念的价值在于引导研究者研究自然⋯⋯但是，除去作为假设或指导原则以外，这种解释在经验中没有合法的用途。"（梯利：《西方哲学史》，葛力译，商务印书馆 2008 年版，第 461 页）在批判康德目的论作为先验原则无法认识经验的历史时，历史哲学家们错误地将目的论作为了历史的先验原则，而在康德哲学体系中，目的论是反思判断力的先验原则。"科学的目的论根本不属于任何学理，而只属于批判，而且属于一种特殊的认识能力即判断力的批判。"（康德：《判断力批判》，邓晓芒译，人民出版社年版 2002 年版，第 271 页）反思判断力的作用就是调解先验与经验、主观与客观间的矛盾，以审美的方式将先验原则连接到经验之中就是其第三批判的最终目标。康德的历史哲学是以反思判断力为原则，其历史哲学正是要对经验的历史做出阐释。三是认为，批判康德历史哲学中的道德目的论，认为康德的历史哲学是以道德目的为标准而对历史的建构，认为康德将历史伦理化、庸俗化，其历史意识中充满了主观的道德判断。例如狄尔泰认为，"对于康德来说，其历史学的意义必须被删减到没有任何残留物，以便与其道德理性相适应，历史的合法性就存在于这样删减过程之中"[Rudolf A. Makkreel, Frithjof Rodi ed.，*Wilhelm Dilthey Selected Works*（*Volume IV*）：*Hermeneutics and the Study of History*, New Jersey：Princeton University Press，1996，p. 91]。雷蒙·阿隆认为，"康德把历史哲学和那个判断过去并决定目的的伦理学混淆了"（汤因比等：《历史的话语：现代西方历史哲学译文集》，张文杰编译，广西师范大学出版社 2002 年版，第 105 页）沃尔什亦批判道："康德的著作是教育性的，因此它以一种明确无误的方式阐明了这类思辨的道德背景。就他来说，至少历史哲学乃是道德哲学的一种派生品：假如不是因为历史似乎提出了道德问题的话，那么根本就不会有什么东西能提示他会去论及历史的。"（沃尔什：《历史哲学导论》，何兆武、张文杰译，北京大学出版社 2008 年版，第 121 页）历史哲学家对康德道德在历史中所起的引导作用的批判，实际上脱离了"道德"概念在康德哲学中的意义，只看到道德律令作为一种伦理要求在历史中的体现，并未深入挖掘"道德"概念所指涉的"自由""现实"概念在历史中的必然性。首先，"道德"是《实践理性批判》中的重要概念，它的目的是要让理性的人体会到自由。"道德律使人认识到人在实践中事实上是自由的，并反过来确定了人的自由是道德律的'存在理由'，这样一来，自由就由于存在着道德律这一事实而不再仅仅是《纯粹理性批判》中所设想的那种可能的'先验自由'，而成为了具有客观实在性的'实践的自由'即'自由意志'了。"（康德：《实践理性批判》，邓晓芒译，人民出版社 2003 年版，第 1—2 页）其次，康德将理性划分为理论理性与实践理性，理论理性只能提供抽象调节的规则和准则，而以道德为核心的实践理性才具有立法的作用，这种立法作用体现了理性的、具体的自由。"康德接受了卢梭认意志本质是自由的那个看法⋯⋯在认识里面——（在一个认识里面）——理性没有达到独立。反之，理性只有作为实践的理性才是自身独立的。"（黑格尔：《哲学史讲演录》第四卷，贺麟、王太庆译，商务印书馆 1981 年版，第 288 页）由此看出，康德以道德作为历史目的的意义在于：道德不仅仅是一种伦理经验意义上的道德，道德律所要求具体的、客观的自由，只能在经验与具体的历史中才能得到印证，将道德作为历史目的是康德哲学体系所决定的，它实质是要在历史中表达自我的独立性。其次，历史哲学家将康德道德理论以纯伦理化形式运用其历史阐释中，这种论断在于他们未看到康德在《判断力批判》中对美与道德间矛盾的调和的论述。康德认为，美不是从属于道德观念的，因为自由美只能符合自身内在目的，道德对于美是外在目的和束缚，美与道德的关系在于道德在历史中的合理性可以通过另一种形式而感知到，这感知的过程就是审美。

康德的历史哲学以目的论为基础，即将美学中的反思判断力运用到对历史的考察之中，而美学中的反思判断力又来源于其在认识论中对直观与概念分裂的弥补，对直观与概念的连接又根植于对现实的感知。如此一来，康德的美学与历史都不是以真知为目的，而是对真实的感知。从康德哲学体系中可以看到，历史是采用了美学的反思判断力建构起来的，历史的目的是将人类理性的发展作为可以被感知到的真实呈现出来，并使人在历史之中体验道德所体现出的自由。所以，康德的美学是历史哲学的基础，美学是认识历史的方式——基于反思判断力的目的论原则。

关于康德历史与美学的关系问题，在国内有着巨大分歧，即关于康德历史哲学是否是一个新的"第四批判"的大讨论。讨论以何兆武与邓晓芒为代表展开。何兆武认为，康德并未在历史中讨论人对历史认识的可能性问题，即认为历史不是认识论问题，"他并没有首先着手探讨我们对历史的认识是如何才成其为可能的，就径直着手去揭示历史的本质……Zehetner 教授在信中也提到，在三大批判所提出的问题之后，也许第四个问题'什么是人？'才是最重要的。我同意这个提法。"① 历史是独立于康德三个批判之外，探讨合目的的自由人性与合规律性的自然间关系的第四个批判。

邓晓芒则认为，康德的历史理论如同其反思判断一样。康德通过历史唤起人类对自由的认识情感，"康德对于历史哲学和权利哲学（法哲学）并不看重其所能体现的外在的实际效益，而更重视其中通过人们的情感趋同性（共通感）及由此暗示出来的人类的道德自由的本性。"② "康德根本没有打算把历史目的论说成是一种历史知识，就像他没有打算把审美鉴赏说成是一种知识一样。康德对'历史知识'

① ［德］康德：《历史理性批判文集》，何兆武译，商务印书馆 1990 年版，第 8 页。
② 邓晓芒：《康德历史哲学："第四批判"和自由感——兼与何兆武先生商榷》，《哲学研究》2004 年第 4 期。

或'对历史的认识能力'早就进行了批判，这就是他的第三批判即'判断力批判'，而结论恰好是：历史作为'知识'根本不可能！"①

可以看出，何兆武认为，正是因为康德历史理论不是从认识论出发，其独立于三大批判之外，他认为，康德历史理论的核心是人的自由如何在历史中实现的。邓晓芒则认为，康德的历史本身就是反思判断力的一种变身，其历史理论就基于三大批判之中的。综合以上分析及讨论，康德的历史哲学并没有独立于其美学之外（所以何兆武的观点是有偏颇的）。康德的美学与历史的关联不是简单地将美学的认识方法运用到历史之中（所以邓晓芒的观点亦是有偏颇的），历史在康德哲学体系中基于美学的方法，但是其目的是与美学一样，弥补理性与知性的沟壑。美学是从逻辑上论证直观与概念、知性与理性的统一，历史则是将这种统一诉诸人的经验之中，并且将自由的理念现实化于历史之中。

费希特继承并批判了康德哲学对真实性的探讨，试图对康德哲学中主观的真实性进行改造。他通过对绝对自我的设定，先排除了主体之外的物自体，然后以自我对非我的设定保证事物的客观现实性，并最终通过非我向绝对自我的回溯，使主体感知到客体的存在，即感知到现实的绝对自我。在费希特的论证过程中，他对康德的判断力批判尤为关注，因为他认为，康德就是通过判断力的反思作用弥补了主体与客体间的分裂，并最终弥补了知性与理性的分裂。

费希特甚至认为，他的哲学就是对康德判断力批判所进行的合理性的批判。"我曾经试图以我的哲学对康德的判断力批判进行一次例证。"②"我不认为我的知识学与康德的理论存在矛盾……从康德在其

---

① 邓晓芒：《康德历史哲学："第四批判"和自由感——兼与何兆武先生商榷》，《哲学研究》2004 年第 4 期。

② J. G. Fichte, F. W. J. Schelling, *The Philosophical Rupture between Fichte and Schelling：Selected Texts and Correspondence*, Translated and edited by Michael G. Vater and David W. Wood, Albany：State University of New York Press, 2012, p. 361.

《判断力批判》导言中就可以隐约看到它与我理论并不冲突……康德认为来源于物自体的、原初的外在感官的设定不同于‘自我’，从这便可以看出他已经对此问题进行了思考。"① 从此意义上看，费希特的哲学就是康德美学的衍生，或者说，费希特将康德哲学中的美学从认识论提升到了本体论的地位。可以认为，费希特哲学的重大意义就在于将美学从德国古典哲学体系中提升到了一个新的高度，而正是这个过程，促进了美学学科的自律。

费希特对美学的本体论的改造主要表现在两个方面。第一，将美学提升到与哲学同等的地位，认为美学与哲学分享绝对的同一精神，其具体表现就是美学、艺术和哲学都一同构造人们存在的整体世界。"据我所知，哲学中的精神与艺术中的精神像同一物种中不同的属那样，紧密地联系在一起——这是我在此想要论证的……如果哲学与实际知识相分离的话，人们又如何可以变得哲学化呢？……谁要是缺少了精神，他就不可能创造出艺术品，也不能够哲学化。"② 费希特认为，美学、艺术与哲学共同分享着同一精神，其原因在于，他认为只有三者的统一才可能给予人现实实在的生活，即生活本身就是哲学化与艺术化的过程。

费希特在未发表的《论精神与字母的不同》中，对同一的精神论述："精神是一种创造性的想象力，它与复制性的想象力不同，它从无中创造出有，它为表象创造出质料……一个人越能迅速有效地以想象力将感觉转化为表象，他就越拥有精神。"③ 费希特将精神与人的想象力相连接，并认为精神需要被表象出来，"精神之间不能直接相互、任意影响，它必须在物质世界中通过自身的表象得到行动。"④

---

① J. Fichte, *Early Philosophical Writings*, Translated and edited by Daniel Breazeale, Ithaca and London: Cornell University Press, 1988, p. 420.

② Ibid., p. 393.

③ Ibid., pp. 193 – 194.

④ Ibid., p. 196.

（费希特将表象定义为"表象是哲学的对象，表象的行动是最高的'行动'，是哲学家们唯一可以处于其中的行动。但是表象并非人类精神的最高行动，人类精神的最高行动是回溯自我的绝对同一"①）所以，费希特认为，需要以艺术来传达这种精神（在这篇文章里，费希特以词语、字母作为诗的基础）。"我将我的精神灌注到一个词语中，你也将你的精神灌注到我表达的这个词语中，这就是精神交流的方式。"② 可以看到，费希特将美学、艺术与哲学并列使得美学得以自律，其根源就在于费希特试图扩大康德美学对直观与概念、知性与理性的勾连效用，而费希特对这种美学效用的强调也根植于他试图将人的经验真实与理性真实结合在一起。③

　　第二，费希特将真实作为一个过程性的活动，即通过绝对自我的展开活动并最终回复自身的过程就是真实，而美学以及人的审美意识就是感知现实。"我们的审美意识不受我们的一切影响，而沿着现实的引导发展着……唯有审美意识才是我们的内心世界给予我们以第一

---

① 梁志学主编：《费希特著作选集》第二卷，商务印书馆1994年版，第91页。

② J Fichte. *Early Philosophical Writings*. Translated and edited by Daniel Breazeale, Ithaca and London：Cornell University Press，1988，p. 197.

③　费希特未发表的论文《论精神与字母的不同》由三次未发表的讲座论稿组成，论稿是为1794年夏天席勒在耶拿大学的一次论题讨论而准备的，论题为"哲学、文学和文化的新时代"。费希特作为席勒的同事被邀请参与这次讨论。他的"论激励和提高对于纯粹真理的兴趣"是发表在该讨论的第一篇文章。但是当费希特在1795年7月21日将此命名为"关于哲学中的精神与字"再次投稿给席勒时，席勒拒绝了这五封信。席勒对费希特在文章中对艺术精神与哲学精神具有同一性的论断进行了批判。席勒认为，艺术中的词语与哲学之间不具有关联性。并且，席勒否认他在美育书简中的冲动说与费希特的冲动理论有任何的关联。费希特则认为，席勒的美学都是基于概念上的分析，并且认为，席勒通过大量的比喻与想象性的阐释来论证哲学概念，而费希特认为，自己对趣味及美学的论证则是通过思维的运动过程展开而论证自身的，他认为，这是席勒为什么将其第一封信贬低为没有哲学性的原因。关于费希特与席勒对该信内容的谈论，参见《费希特书信集》（J. Fichte, *Early Philosophical Writing*，Translated and edited by Daniel Breazeale, Ithaca and London：Cornell University Press，1988，pp. 393 - 395）。最后，费希特并没有公开发表这五封信的内容，但是在1800年时，他以同样的篇名在自己的杂志上发表了另外三封信，这就是国内《费希特选集》中收录的三封信。参见梁志学主编《费希特著作选集》第三卷，商务印书馆1994年版，第669—701页。

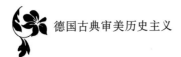

个稳固立足点的东西。"①

所以，费希特将审美和整个美学体系也作为一种过程性的活动来理解，这个活动就是"审美冲动"。冲动（Triebe）是费希特哲学中的重要概念。费希特认为，绝对自我完全无条件地设定自我与非我，完全由自身产生外在世界和一切客体。在此过程中，自我不需要任何外在条件，不需要外力推动，不听从异己的命令，显现为自由的原初的创造力量。在实践领域中，实践自我不断超越理论知识阶段中可分割的自我所受到的限制，在超越的努力中，它意识到自己的力量，产生了力量感，费希特称之为冲动。冲动有两种，一种指向主体本身的纯粹冲动，另一种指向客体的感性冲动。所以，冲动是人的先天的本质，它是一种对自我限制的本能。费希特还认为，"冲动先于任何事物的实际存在而存在……所有的物质性存在源于自身对自身限制的活动……唯有通过限制性的活动才使其成为一种冲动，没有限制的冲动是行动（act）"②。

在此可以看到，费希特将以冲动替换了康德哲学中的先验范畴，因为在康德体系中的先验范畴与经验相结合的认识模式都摆脱不了先验与经验的分裂，费希特的冲动虽然也是人的先验能力，但是这种能力是一种运动的过程，这个过程构建了人的存在，所以，冲动的机制是人可以依靠自身存在而体验到的，它不再仅仅是一种预设的先验概念。"人只有依靠冲动才成为一种有表象能力的存在物。"③ 由此，我们的认识（理论认识）与实践（道德实践）都是一种冲动，因为它们都是创造出一种表象的活动。"我们对物的本质、外部性状和内部性状完全不表示关切……在它领域内，表象除了完全符合于物，就没有任何别的价值，冲动的目的是要通过自由的自动性，用这些规定

---

① 梁志学主编：《费希特著作选集》第三卷，商务印书馆 1994 年版，第 690—691 页。

② J. Fichte, *Early Philosophical Writing*, Translated and edited by Daniel Breazeale, Ithaca and London: Cornell University Press, 1988, pp. 393–394.

③ 梁志学主编：《费希特著作选集》第三卷，商务印书馆 1994 年版，第 678 页。

性，而完全不用我们的精神中的任何其他规定性来复制出这种物。"①
实践的冲动表现为："针对的是物本身的形状，是为了物的性状……
一个不仅从其存在，而且从其内容来看都是通过自由的自动性创造出
来的表象，在心灵中成为了基础，冲动的目的是要在感性世界里创造
出一个与这表象相符合的产品。"②

所以无论认识的冲动还是实践的冲动，其目的是"要达到表象与
物之间的一种和谐，只不过在认识冲动中表象以物为准，在实践冲动
中物以表象为准"③。而审美冲动即是连接于认识冲动与道德冲动的，
其机制是审美冲动在冲动的先验能力基础上，与认识冲动和实践冲动
并不冲突。

但是，一方面审美冲动与认识冲动的不同在于，审美冲动不需要
物与表象相一致，它具有认识的自由性。"认识冲动将一种表象作为
其最终目标，并且在这种表象被构成以后，就得到了满足，审美冲动
也是如此，不同的是，前一种表象须与物保持一致，后一种表象则不
必与任何东西保持一致。——很可能，在感性世界里要求对审美形象
做出描绘，但这不是通过审美冲动发生的，因为审美冲动的工作完全
告终于在灵魂中单纯制定形象。"④

另一方面，审美冲动不像实践冲动，是没有欲求和目的的。"借
助审美冲动存在于我们之内的东西，不是通过任何欲求显现出来的，
而只是通过愉快或不愉快显现出来的。"⑤ 最终，通过审美冲动在认
识冲动与实践冲动中的活动，两种不同目的的冲动得以联结在一起，
并且在费希特看来，只有这种联结才是人存在的方式。"两种不相容
的冲动，即一种让物保持原样的冲动和一种要到处绝对改造物的冲

---

①　梁志学主编：《费希特著作选集》第三卷，商务印书馆 1994 年版，第 680 页。
②　同上。
③　同上。
④　同上书，第 681 页。
⑤　同上书，第 681—682 页。

动，按照我们目前对事情的看法，或按照我们那种严格地说唯一正确的看待事情的方式，是结合起来的，并且表现了一个唯一的、不可分割的人。"① 简而言之，只有审美冲动才构成了人的存在，审美冲动是人现实存在的最终根源。

费希特将审美置于其哲学的核心地位，这也使得他将历史的判断也置于美学的判断之中。

如上所述，费希特认为，美学与哲学分享着同一精神，即美学、艺术与哲学共同构建了整个世界，历史则是由这种精神间相互作用而构成的。他认为，"整个人类历史就是由人类精神相互间的斗争与交流构成的"②。由此，人类历史与美学就以精神为中介联系起来，即美学可以通过艺术表现出历史。因为在费希特看来，艺术品是拥有精神的作品。"一件作品对人类发展的巨大作用，就在于它拥有精神。"③ 而历史是由精神间的相互斗争与交流构成的，所以，艺术品发展的历史即是历史的全部。换言之，充满精神的艺术品贯穿于整个历史之中，而由此形成的美学意识，即代表了时代的意识。"精神只有一个，由理性存在物设定的东西在一切有理性的个体那里都是一样的……精神产品的作用在一切时代里，在普天之下，对所有的人都是普遍有效的，尽管并不总是普遍生效的。对所有的人来讲，在他们的精神形成的阶梯上都有一个点，这种作品将在这个点上留下……热情澎湃的人在他的胸中所发现的东西，存在于任何一个人的胸中，而他的意识就是整个一代人的共同意识。"④ 美学的、艺术的发展史，即代表了全体历史。

可以看到，正是基于美学的独特地位，费希特在考察历史中不同

---

① 梁志学主编：《费希特著作选集》第三卷，商务印书馆1994年版，第681—682页。

② J. Fichte, *Early Philosophical Writing*, Translated and edited by Daniel Breazeale, Ithaca and London: Cornell University Press, 1988, pp. 196 – 197.

③ Ibid. , p. 198.

④ 梁志学主编：《费希特著作选集》第三卷，商务印书馆1994年版，第692页。

时期时，也以审美意识的发达程度作为标准。例如他在评价不发达的受奴役的时代时，认为那一时期的人没有自由高尚的鉴赏力，只有对色彩的原始鉴赏能力。"受奴役的时代和地区同时也是没有鉴赏能力的时代和地区，如果从一方面来讲，在人的审美意识得到发展之前，使人得到自由是不可取的，那么，从另一方面来讲，在人自由之前发展这一意识也是不可能的……压迫者与被压迫者中的任何一方都没有余暇，他们越来越没有时间去呼吸，去静观自己周围的事物，让自己的感官接受友好的大自然的美妙的影响。他们一生都只有一种鉴赏能力，它是在他们还只受其襁褓的束缚的时候就养成的，即对于耀眼的、能猛烈刺激迟钝的眼睛的色彩的奖赏能力，对于贵金属的光泽的鉴赏能力。"[1]

综上所述，费希特虽然没有形成独立的历史哲学，但是无论是康德将美学作为认识历史的法则，还是费希特将美学作为历史发展的标准，其历史思维都是基于美学理论自身的发展而形成的。

前期谢林哲学中的真实性是绝对同一的真实性，它是由自然哲学与唯心主义哲学两者的共同运动构成的。在谢林看来，真实性不仅仅是现实性，也包含了自由、普遍性等在唯心主义哲学中才被论证的概念。所以，最终的真实对于谢林来说，不仅是一种现实的客观存在，而是包含了宇宙一切存在及其给予这种存在合理性的原则才是真实。谢林对真实的观点与费希特有所不同。费希特的真实继承了康德哲学的观点，他侧重现实性的存在及对现实存在的感知，所以，费希特以审美冲动来解决人们在认识现实时的直观与概念、知性与理性的分裂。但是，在费希特哲学体系中，审美冲动并非最高的冲动，最高的冲动是使事物与绝对自我和谐统一的冲动。"人的最高冲动就是力求同一，力求完全自相一致的冲动。为了使他能永远自相一致，还要力求使他之外的一切东西同他对这一切东西恶

---

① 梁志学主编：《费希特著作选集》第三卷，商务印书馆1994年版，第687页。

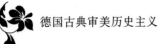

必然性概念相一致。"① 而审美冲动只是解决现实的真实性时的最高冲动。

谢林则将真实的范围扩大，并且他采用了将美学作为认识并实践真实的这一理论方式，最终，美学在谢林的哲学体系中被置于最高的位置。所以，在考察谢林哲学中美学与历史的关系时，不能先考察其美学的意义（因为美学包含了谢林整个哲学体系的意义）再考察其历史哲学。对于谢林来说，美学与历史的关系不像康德那样，是美学的方法在历史中的运用；也不是像费希特式那样，将美学作为历史发展标准。因为康德与费希特关于美学与历史的论述，虽然都承认美学对历史的决定性作用，但是美学与历史并没有内在的联系起来。例如费希特将美学作为历史的标准，这种标准只是外在的，历史学家完全可以不接受或否定这一标准。但是在前期谢林哲学体系中，美学与历史具有了内在逻辑的联动性，即在方法论上，美学是对历史哲学在处理自由与自然关系中陷入最终矛盾时的拯救；在本体论上，美学是历史存在及其价值意义的基础。前期谢林对历史与美学之间的此种关系的论证，具体如下：

历史思维是为了解决先验唯心主义体系中，理论哲学与实践哲学之间内在的矛盾，即自由与必然的矛盾。在理论哲学中，主体通过对外在自然的认识，意识到了自我的自由性，而正因为意识到自由性，人才进入实践领域去创造自然。这一过程所需要解决的问题是，在理论哲学中主体对客体认识的一致性，如何在实践哲学中又表现为客体对主体的服从，即如何解决自由与必然之间的矛盾。为了解决这一矛盾，谢林引入了人类历史。他认为，历史是人类解决自由与必然性的例证，是理论理智向实践理智发展的过程。

谢林在先验唯心主义体系中，通过对法律制度的逻辑证明，展现出人的实践自由与自律之间矛盾的统一，即法律是人自由地创造的自

---

① 梁志学主编：《费希特著作选集》第三卷，商务印书馆1994年版，第16页。

律。但是，这种统一在谢林看来并未达到最终的统一性，即法治的普遍规律性如何体现在整个时间的过程中。在谢林看来，只有通过历史才能展现出法律中所体现的短暂的自律与自由的统一。"这种普遍的、盛行于各国的法律制度使各国摆脱了迄今相互对立的自然状态，自由正是在各国的这种相互关系中推动着它们作最大胆、最无拘束的表现，而整个自由表演的过程就是历史。"① "历史的主要特点在于它表现了自由与必然的统一，并且只有这种统一才使历史成为可能。"② 从而，历史通过其整体性，解决个体自由与整体规律的矛盾。"历史既不能与绝对的规律性相容，也不能与绝对的自由相容，而是仅仅存在于这样一种地方，在这种地方，唯一的理想实现于无穷多的偏离活动中，结果个别历史事件虽然不符合这个理性，但全部历史事件却符合这个理想……只有自由与合规律的统一，或者说，只有整个生物类族渐地实现从完全丧失的理想的过程，才构成历史的特点。"③

　　谢林认为，历史具有将自由与自律统一起来的原因是，历史具有一种"综合"的能力，即历史可以将自由与自律综合起来的能力。但是，谢林最终发现历史的综合能力，实际上本身就成为一种规律，一种使人类符合历史发展规律的规定性，而这本身即是不自由。而且，历史的综合统一性的来源又是在哪里？谢林认为，历史的综合能力来源于一种更高的统一性，谢林称为"天意"或"历史中的上帝"，并认为，"这种规律性作为一只未知的手编织出来的东西，通过任性的自由表演，贯穿在全部历史过程中"④。最终，谢林试图通过历史解决人类自由与自律的矛盾的方式，导致历史陷入了神秘主义，而这与历史的对象——现实、真实性是相违背的。谢林哲学的真

　　① [德] 谢林：《先验唯心主义体系》，梁志学、石泉译，商务印书馆1983年版，第283页。
　　② 同上书，第243页。
　　③ 同上书，第240—241页。
　　④ 同上书，第250页。

实性内涵，就是对现实存在性的论证（Being-determination）。

谢林试图以历史的方式统一自由与自律的更根本原因在于，他试图以历史统一有意识与无意识间的矛盾，即自然哲学是客体的无意识向主体有意识的运动，先验唯心主义哲学是主体的有意识向客体的无意识的运动。正是由于历史在对自由与自律调和中所显示出来的无力，使得谢林认识到，有意识与无意识间的矛盾也是无法最终通过历史来调和的，而只有艺术才能调和两者间的矛盾。"无论是人在历史之中的实践性自由，还是自然的进程都不能满足无意识与有意识之间的同一性，只有艺术才能达到两者的同一。"① 谢林以艺术替代历史，主要分为两个步骤进行，这两个步骤正是谢林艺术哲学（前期）的主要内容。

第一，谢林在理智直观的基础上提出审美直观的概念，使美学具有了在现实存在中统一主客矛盾的性质。理智直观主要是由费希特提出来的，即在费希特哲学中，绝对自我设定了非我，并转化出客体的知识是一种直接的知识，它不是由概念或推论产生的间接知识，所以，要认识这些客体知识，需要一种综合了直观者与被直观者的认识方法，这种方法即是理智直观。"所谓理智的直观跟感性的直观有相通之处，即它们都是直接的知识，而不是通过证明、结论和概念的媒介获得的间接知识。但它又是与感性直观相对立的：感性直观并不表现为它的对象的产生，因此直观活动在这里与被直观对象是不同的，存在着主体与客体的对立；而理智的直观则不然，它完全自由地进行产生的活动，它的活动同时产生它自己的对象，直观者与被直观者是同一的。"②

以谢林哲学体系的角度来看费希特的理智直观，谢林认为，这种

---

① J. G. Fichte, F. W. J. Schelling, *The Philosophical Rupture between Fichte and Schelling*: *Selected Texts and Correspondence*, Translated and edited by Michael G. Vater and David W. Wood, Albany: State University of New York Press, 2012, p. 71.

② 杨祖陶：《德国古典哲学逻辑进程》，武汉大学出版社 1993 年版，第 171 页。

理智直观虽然达到了直观者与被直观者的同一，但是其还不是最终的绝对同一，即理智直观的还是以自我与非我的分裂为前提的。对谢林影响巨大的浪漫主义哲学家荷尔德林，就是以此理由批判了费希特的理智直观。他将费希特哲学中的绝对自我对非我的设定称为"判断"。荷尔德林在 1795 年，即费希特出版其《知识学》后一年写道，费希特将存在与"判断"对立开来。荷尔德林认为，费希特的判断是主体与客体原初性分裂的最高原则，这种分离后的主体与客体，只能在理智直观中才得以结合并被认识到，这种分离是原初的、第一性的分离。荷尔德林认为，费希特的"判断"与存在是分离的，他认为，存在不能通过概念化来认识，而理智直观属于判断的范畴，它所达到的主、客体的统一是概念化的统一，实际上最终还是不涉及事物本身的存在。

总之，荷尔德林认为，费希特的理智直观只是在概念中统一了主体与客体，但是这种统一不是现实具体的，即不是真实的。① 谢林深受荷尔德林的影响，他在荷尔德林对费希特理智直观批判的基础上，不仅认为理智直观是一种概念化的认识活动，并且进一步认为，这种理智直观最终的目的还是对绝对自我的直观，最终还是回到了主体之中而丧失了客观性和现实性。谢林给费希特的信中写道："你通过理智直观到的，自我与它物之间意识活动过程中的，对自我的确证性的意识，这是所有客观意识的前提。这种直观是超验的，非经验的，因为如果是经验性的，那么就永远无法获得自我的意识……理智直观无法超越概念的模式，即一种既不是存在又不是认识，既不是主观又不是客观的模式。"②

———————————

　　① Hölderlin, *Grosse Stuttgarter Ausgabe（Voumel. IV）*, Stuttgart：Kohlhammer, 1960, pp. 216 – 217.

　　② J. G. Fichte, F. W. J. Schelling, *The Philosophical Rupture between Fichte and Schelling*：*Selected Texts and Correspondence*, Translated and edited by Michael G. Vater and David W. Wood, Albany：State University of New York Press, 2012, p. 20.

　　所以谢林认为，唯有审美的直观既可以统一主体与客体，又不丧失客体现实性，因为艺术与美学的本质是对现实实在性的关照。"艺术就是这种会合所提供的唯一的永恒启示，是一种奇迹，这种奇迹哪怕只是昙花一现，也会使我们对那种最崇高的事物的绝对实在性确信无疑。"① 审美直观活动的产物就是艺术。"理智直观的这种普遍承认的、无可否认的客观性，就是艺术本身，因为美感直观正是业已变得客观的理智直观。艺术作品唯独向我反映出其他任何物都反映不出来的东西，即那种在自我中就已经分离的绝对同一体。因此，哲学家在最初的意识活动中使之分离开的东西就是通过艺术奇迹，从艺术作品中反映出来的，这就是其他任何直观都办不到的。整个哲学都是发端于、并且必须发端于一个作为绝对本原而同时也是绝对同一体的本原。一个绝对单纯、绝对同一的东西是不能用描述的方法来理解或言传的，是绝不能用概念来理解或言传的。这个东西只能加以直观。这样一种直观就是一切哲学的官能。但是，这种直观不是感性的，而是理智的；它不是以客观事物或主观事物为对象，而是以绝对同一体，以本身既不主观也不客观的东西为对象。这种直观本身纯粹是内在的直观，它自己不能又变为客观的：它只有通过第二种直观才能变为客观的。而这第二种直观就是美感直观。"②

　　第二，在谢林赋予了审美直观对主客体统一的性质后，他进而以美学来解决历史无法解决的矛盾，即自由与自律、有意识与无意识之间的矛盾。如前所述，有意识与无意识之间的矛盾基于谢林自然哲学与先验唯心主义哲学之间相互活动之中的。"一切创造活动的条件都正是有意识活动与无意识活动的对立，但这些活动现在都应该绝对会合在一起，因而在理智中一切斗争都应该取消，一切矛盾都应该统一

---

　　① ［德］谢林：《先验唯心主义体系》，梁志学、石泉译，商务印书馆1983年版，第267页。
　　② 同上书，第273—274页。

起来。"① 历史试图统一这种矛盾。但是历史本身作为客体，即本身所具有的规律性就与主体的自由存在矛盾。但是，在美学中通过审美直观，主客的矛盾消融在现实的客体之中。"在有美的地方，无限的矛盾是在客体本身被消除了。"② 并且在谢林哲学中，美学将有意识与无意识之间的矛盾转化为，或者说表现为有限性与无限性的矛盾。③

谢林认为，艺术通过想象力和艺术天才的艺术创造活动，在现实客观中解决了有限性与无限性之间的矛盾。"那种按照哲学家的论断在创造性直观中消除无限对立的神奇才能究竟是什么呢？我们迄今都未能使人完全理解这种机能，因为能够完全揭露这种机能的东西仅仅是艺术才能。这种创造性才能就是使艺术做成不可能的事情的才能，即在有限的作品中消除无限的对立的才能。那种在发展的最初级次中是原始直观的东西，正是诗才，反过来说，我们称为诗才的东西，仅仅是在发展的最高级次中重复进行的创造性直观。在两种直观中进行活动的正是一种才能，正是使我们能够思考与综合矛盾事物的唯一才能——想象力。"④

最后谢林在论证了艺术可以解决有限与无限之间的矛盾后，又回到历史来考察历史是否可以解决无限与有限之间的矛盾，谢林认为答案是否定的。因为历史想要解决意识彼岸与此岸的无限与有限的矛盾，必须以其整体性的客观显现才能表现出意识的无限性来，否则，

---

① ［德］谢林：《先验唯心主义体系》，梁志学、石泉译，商务印书馆1983年版，第264页。

② 同上书，第270页。

③ 在谢林看来，历史面对的是有意识与无意识两者相互斗争、运动的矛盾，这两者之间的矛盾最终表现为自由与自律的对立，但是当美学面对这些矛盾的时候，谢林将这些矛盾称为无限性与有限性的矛盾，美学即是对无限性与有限性矛盾的统一。谢林以有限性与无限性的矛盾替代有意识与无意识、自由与自律的矛盾尤为重要，虽然他并没有给出详细的解释，但是可以看到，这种转化基于谢林后期以神学为理论背景的艺术哲学理论，即无限性与有限性是神学意义上的术语，有限性与无限性的矛盾代表了现实世界最高的矛盾。

④ ［德］谢林：《先验唯心主义体系》，梁志学、石泉译，商务印书馆1983年版，第274—275页。

意识在历史面前只能是有限的，而历史的整体性对于有限个体的认识来说，永远是无法达到的，因此，这种整体性对于个体来说，就不是现实实在的。艺术则不然，因为对于艺术而言，这个原始对立在每一单个的客体方面都是无限的对立，每一单个的艺术作品都可以表现出无限性。① 总而言之，在谢林的前期哲学体系中，美学与对历史共同处于自然哲学与先验唯心主义哲学之间的斗争过程中（这种斗争的本质是对通过斗争回到绝对同一性之中），并且在此过程中，历史作为消解自由与自律之间矛盾的方法，是一种失败的、无力的方法，而美学作为另一种方法，表现为对历史的修正和拯救，历史作为一种方法论（或作为一种思维），在前期谢林哲学中最终被美学替代。

谢林后期哲学思想进入神学与宗教之中，他以上帝天启的历史作为途径，论证了绝对的存在与人的存在，将历史提到前所未有的高度。正是历史在其哲学之中得到了重新的阐释，使得美学与历史处于同等重要的位置，并使两者间的内在联系成为可能（需要注意的是，虽然谢林将历史置于其后期哲学的核心地位。但是他并未因此以历史排斥艺术，或将艺术置于历史之下）。谢林哲学中的这种转变尤为重要，它代表着美学与历史相互关系的重要转变，即从康德至谢林前期哲学，美学在与历史的关系中，美学始终处于主导和奠基性的地位。但是在谢林晚期哲学中，历史作为对上帝启示的证明成为哲学中最为重要的部分，美学及艺术则被纳入历史的背景之中。历史成为了美学和艺术存在的基础。"艺术哲学代表着谢林 1800 年美学体系（即艺术作为哲学自身客体化的最高形式）的终结。"② "谢林后期的艺术失去了哲学与科学的拱顶石的地位。"③

---

① ［德］谢林：《先验唯心主义体系》，梁志学、石泉译，商务印书馆 1983 年版，第274—275 页。

② David Simpson ed. , *German Aesthetic and Literary Criticism*: *Kant*, *Fichte*, *Schelling*, *Schopenhauer*, *Hegel*, Cambridge：Cambridge University Press, 1984, pp. 120 – 132.

③ F. W. J. Schelling, *Texte zur Philosophie der Kunst*, Werner Beierwaltes, introdution. Stuttgart：Philipp Reclam, 1992, p. 24.

谢林哲学的这一转变的最终原因，在于其哲学对真实性含义阐释的转变。

　　在其前期哲学中，谢林强调的是绝对同一的真实性。他希望将一切存在、现实和客观及普遍性都统一起来，并将这种统一称为真实。但是，后期的谢林认为，这种真实始终是形而上学的真实，并且无论如何也涉及不到人们生活的真实。谢林对真实性含义理解的转变过程可分为三个阶段。

　　首先，谢林后期的哲学体系主要基于对黑格尔哲学的批判，"在1841 年谢林来到柏林开设讲座时，所有的听众都知道，他的到来就是抵制黑格尔哲学在文化、社会中强大的影响的。"① 谢林认为，黑格尔哲学中对同一性、实在性、理性以及思维和存在的辩证论证，都只是基于人类精神层面上的分析。黑格尔的思维将自身作为思考的对象，并最终发展出了关于现实实在的先验知识，只是基于逻辑上的论证，它仅仅表明了事物存在的必然性，却不能阐释这种逻辑必然性的现实的存在，即逻辑思维的现实存在。最终谢林认为，黑格尔哲学始终无法触及真正现实的存在。②

　　其次，正是基于对黑格尔哲学的批判，谢林认为，当前的哲学传统不能满足生命（Leben）的需要，③ 从而使哲学失去了与道德和宗教的连接。谢林认为，需要改变哲学的现状，使哲学与生活联系，并

---

　　① John Edward Toews, *Becoming Historical*, Cambridge：Cambridge University Press, 2004, p. 4.

　　② F. W. J. Schelling, *Philosophie der Offenbarung* 1841 – 1842, Edited by Manfred Frank, Frankfurt：Suhrkamp, 1977, pp. 107 – 110.

　　③ 生活（life）在谢林哲学中的含义，基于他对两种生命观念的批判。第一种观点认为，生命是指独立存在于动物自身之中的，存在于身体的化合作用过程里。第二种观点认为，生命是独立于物质之外的精神力量之中的，而谢林则认为生命是与逻辑原则相对立的概念，他既存在于单独的动物物质性之中，又存在于精神之中。而对这两种生命观的批判，构成了谢林的生活观念，即生活是物质与精神相联系的生命过程。参见 Frederick C. Beiser, *German Idealism：The Struggle against Subjectivism*, Cambridge, Massachusetts, London：Harvard University Press, 2002, p. 539。

将我们的文化价值赋予哲学之中。① 可以看到，谢林试图将哲学与现实生活连接，并由此恢复哲学对宗教、道德的"权利"。正是谢林对真实性理解的转变（真实性不再是形而上和逻辑的真实，它是与现实和生活紧密联系的真实），他不得不重新设定自己的哲学体系，即如何使哲学能够进入真实之中，又如何使真实的哲学与道德、宗教相联系，这成为谢林后期哲学的核心问题。

最后，谢林以天启哲学（Philosophie der Offenbarung）体系的建构，勾连了哲学与现实、宗教和道德。在天启哲学中，谢林以对绝对、神的存在的论证为任务，而以历史作为上帝（绝对）显示自身的方式。谢林认为，神的存在是先于理性的，它需要通过理性的历史来展开得到论证，并且神、绝对者的逐步启示与人的行动有紧张关系，这使得绝对的启示必须逐步地展开，实现在人类的历史之中，"人透过他的历史逐步证明神的存在，这个证明也只能通过整个历史完成"②。因此可以认为，谢林的天启哲学即是谢林的历史哲学。

谢林通过天启哲学，将历史作为绝对、神显现的途径，进而论证了人的具体的真实性只有在历史中才能获得，并且哲学也应该具有历史性的特点，才能与宗教、生活联系起来。"具有历史性的哲学（与辩证的、仅仅是理性论者的哲学相对立），其任务是将历史作为认识一个过程或一种路径，在这个过程之中，神的初创作为第一性的存在，是其他一切存在的基础。"③ "现在哲学家们发现，他们与历史学家处在同样的位置，为了找到他想要知道的，历史学家必须从以往的资料中找到证据，或从活着的见证者的记忆中获得证据。与此相似，哲学家需要同样的技巧和明辨能力，从混乱之中收集纯粹的事实……

---

① F. W. J. Schelling, *Philosophie der Offenbarung* 1841 – 1842, Edited by Manfred Frank, Frankfurt: Suhrkamp, 1977, pp. 92 – 93.

② F. W. J. Schelling, *Sämtliche Werke* (*Volume* 3), Stuttgar: Cotta, 1856, p. 603.

③ F. W. J. Schelling, *Einletung in die Philosophie*, Edited by Walter E. Ehrhardt, Stuttgart-Bad Cannstatt, 1989, p. 104.

哲学家需要与他自身相分离开来，与当前保持一种距离，全身心投入到过去之中，以便从与他相关的时代的思想之中脱离出来。"① 可以看到，由于只有历史才能显示神的存在，历史也必然成为哲学的基础，哲学的方法在谢林看来，就是历史的方法。

谢林后期的哲学体系也深刻地反映在他的《艺术哲学》中。如上所述，由于谢林对真实性含义的重新阐释和对哲学的重新定位，历史占据了神学甚至整个哲学的核心地位，而谢林前期哲学体系的核心是美学。

有意思的是，谢林没有对此"核心"替换过程做过任何评价，虽然谢林在前期思想中，将美学作为对历史方法的补救，但是他在后期论著中，从来没有对历史与美学在其哲学体系中孰高孰低做过任何论述。实际上在谢林看来，天启哲学中的历史是被美学建构的历史，即历史不再是以英法启蒙思想为基础的历史意识，它是被美学修正过的历史意识，在这里，历史与美学完美地结合在一起，历史的即是美学的，美学的亦是历史的。谢林后期天启哲学中对神学与历史学的论述中，艺术哲学、美学与历史的关系主要表现为三个特征。

第一，美学与历史都是对神的显现。谢林认为，艺术是神的客观显现的方式。"艺术与宗教，对于谢林来说，艺术不能在宗教之外存在；而没有艺术，宗教的客观显现也不再可能。"② 较之历史与宗教的关系，谢林认为，人透过他的历史逐步证明神的存在，即神是在历史之中展开的，而神亦是通过艺术向人进行显现的，从该层面上看，艺术与历史都是对神的显现，历史与美学是统一的。

第二，在对神的显现过程中，艺术就是一种历史的活动。谢林认为，神在历史中的显现是通过寓言或象征性的活动展开的。"基督教

---

① F. W. J. Schelling, *Ages of the World*, *second draft of Die Weltaler*, Translated by Ann Arbor, Detroit: University of Michigan Press, 1997, p. 104.

② Kai Hammermeister, *The German Aesthetic Tradition*, Cambridge: Cambridge University Press, 2002, p. 80.

试图从有限进入到无限，所以到目前为止，它们只有通过寓言的形式才能理解自己。"① （在此需要解释的是，基督教在谢林的哲学中代表了历史的意识，参见其在 1803 年《学术研究方法论讲课录》中的论述："基督教就其最内在的精神来说，并且在最高意义下，是历史的……希腊宗教当作是同时的东西，基督教当作是连续的。"②） "并且基督教在时间之中通过洗礼与死亡，对整个历史进行象征性的阐释活动 act （而不是通过存在 Being 或生存 Existing 的自身活动），证明了每个个体就等同于历史中的整体的理念。"③ 可以看到，历史的象征性阐释即是艺术的阐释，因为能够对有限的个体与无限的整体进行统一的方式，在谢林看来，是象征或寓言的方式，而这也是艺术的方式——美学对无限性与有限性的统一，在其先验唯心主义体系中就得到了论证。

　　第三，艺术作为一种历史活动，则历史成为美学、艺术的基底，而历史的基底为艺术赋予了前所未有的价值，即通过历史的观照，不同时代阶段的审美及其艺术作品得以在历史之中统一起来，并具有统一的美学价值。"历史揭示了艺术作品中的内在本质的统一性……所有的艺术作品都具有同一的精神，甚至在异教的古代和现代的艺术中，这种精神也具有同一性，它们只是这种同一精神的两张不同的面孔而已。"④

　　可以看到，谢林认为，我们的文化精神是统一的，艺术家就是这种精神的阐释者，并且在历史之中，艺术家不仅仅是某一个单独的生理意义上的人，它是历史之中的、与统一的艺术文化精神结合在一起的人。所以谢林认为，"荷马究竟是谁，是一个还是一群人，都无关

① F. W. J. Schelling, *The Philosophy of Art*, Edited and translated by Douglas W. Stott. Minneapolis: University of Minnesota Press, 1989, p. 61.

② F. W. J. Schelling, *Sämtliche Werke* (*Volume* 5), Stuttgar: Cotta, 1856, pp. 288 – 289.

③ F. W. J. Schelling, *The Philosophy of Art*, Edited and translated by Douglas W. Stott. Minneapolis: University of Minnesota Press, 1989, p. 67.

④ Ibid. , p. 19.

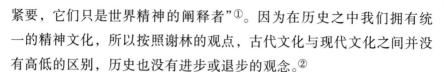

紧要，它们只是世界精神的阐释者"①。因为在历史之中我们拥有统一的精神文化，所以按照谢林的观点，古代文化与现代文化之间并没有高低的区别，历史也没有进步或退步的观念。②

综上所述，基于对真实性含义的重新阐释，谢林后期哲学赋予了美学与历史一种全新的关系。谢林对美学与历史关系的定位意义重大。在其前期，他第一次在逻辑上将历史与美学连接起来（美学是对历史方法的补救和修正）。正是基于这种内在逻辑的考量，谢林在后期哲学思想中，将美学与历史第一次有机地结合起来。可以说，谢林对美学与历史的论述，完美地展示了审美历史主义作为一种哲学体系建构的过程，并且谢林后期的美学与历史理论，是审美历史主义体系框架的最完善的模式。

黑格尔哲学体系中的历史与美学亦是以真实性为基础展开的。如上一节所述，黑格尔整合了从康德到谢林前期的真实性含义，认为，真实应该是现实的、主客统一的和运动的。并且黑格尔认为，真实实在不再是哲学的第一原则，而是哲学发展的最终结果，即真实是一个过程。③ 黑格尔以自我发展的过程性阐释"真实"的意义，进而他对发展的重视成为整个哲学的基础，而这种发展的过程性，在黑格尔哲学体系中即表现为历史感。"黑格尔的思维方式不同于所有其他哲学

① F. W. J. Schelling, *The Philosophy of Art*, Edited and translated by Douglas W. Stott. Minneapolis：University of Minnesota Press，1989，p. 51.

② 谢林此处的观点不同于黑格尔。黑格尔将基督教世界历史观作为所有历史发展的目标，所以，当黑格尔批判希腊史诗缺少自我道德意识觉醒的时候，谢林却表现出对希腊史诗中非道德的性的尊重，因为它们是希腊诸神自我的显现。而且谢林认为，这种道德和非道德的标准源于无限与有限的分裂，而在希腊，这种分裂还未出现，从该意义上可以看出，谢林比黑格尔更加尊重文化的多样性。

③ 多数学者认为，德国唯心主义发展的过程是从康德至黑格尔，费希特与谢林则是两者之间的中介。实际上，谢林后期的哲学与黑格尔哲学具有很高的相似度，并且在真实性问题上，谢林批判黑格尔的真实性不具有现实性，只是逻辑上的证明，其哲学中的真实不涉及人的现实生活。所以亦有学者认为，黑格尔哲学是从康德哲学至谢林哲学的中介。参见 Johann Eduard Erdmann, *Versuch einer wissenschaftlichen Darstellung der Geschichte der neuern Philosophie* (*Volume*5－7), Stuttgart-Bad Cannstatt：Frommann-Holzboog，1977。

家的地方，就是他的思维方式有巨大的历史感作基础。"① 黑格尔试图以历史发展的眼光论证人类精神自我发展的过程，并认为此过程即是真实的显现，这种观点具体在美学之中，即认为"美是理念的感性显现"，而显现就是一种过程，其具体的表现形式就是历史。

由于黑格尔与谢林哲学拥有诸多联系，在此可以比较黑格尔哲学与前期谢林哲学在处理历史与美学联系上的异同。如上所述，前期谢林的美学与艺术在其哲学中具有基础性地位，正是因为历史在处理自由与必然性矛盾中的不足，才引起了谢林对美学与艺术的改造，最终以美学的方式将历史无法解决的自由与必然的矛盾转化为无限与有限之间的矛盾，并以美学和艺术将两者间的矛盾调和起来。黑格尔同样以历史与美学的方式调和自由、理性与必然之间的矛盾，但是他并没有像谢林那样，认为历史在处理这些矛盾时无能为力。在他看来，美学与历史在这些矛盾面前具有同等效力。从这个层面上看，黑格尔比前期谢林在对待美学与历史之间的关系问题上更有说服力。

黑格尔在此问题上与前期谢林哲学之间具有的差异，还是源于他对真实性的阐释与谢林不同。如上所述，黑格尔认为，真实实在（包含了自由、必然、理性等一切概念在现实中的真实实在）是一种过程，而不是一种原则（前期谢林将绝对同一性的真实实在作为第一原则），所以自由、理性与必然只有依靠历史的过程才能显现出来（在前期谢林哲学中，自由与必然是预先存在的，而历史只是一种解决两者间矛盾的方式）。并且更为重要的是，黑格尔哲学体系与前人最大的不同之处是，他承认并肯定了矛盾的存在价值，认为只有在历史之中才能显现这些矛盾的存在，并最终通过历史的进程显现出这些矛盾的调和过程。黑格尔哲学中的理性、自由与必然，既代表最高的确定性和现实性，又不是某种既定的存在，其存在形式是一个过程，自由的实现也是历史的过程，被历史所表现出来。"世界历史是理性各环

_____

① 《马克思恩格斯选集》第二卷，人民出版社 1972 年版，第 121 页。

节光从精神的自由的概念中引出的必然发展，从而也是精神的自我意识和自由的必然发展。"①

基于同样的逻辑思维，黑格尔认为，艺术也是为了调和人的自由与人之外在的现实自然之间，即自由与必然之间的矛盾。"人这样做，目的在于要以自由人的身份，去消除外在世界的那种顽强的疏远性，在事物的形状中他欣赏的只是他自己的外在现实。"② 艺术的历史则是对理性（理念）的显现，即通过艺术的历史将自由与必然和谐统一表现为人自身的理性的必然。"艺术表现的普遍需要所以也会是理性的需要，人要把内在世界和外在世界作为对象，提升到心灵的意识面前，以便从这些对象中认识他自己。"③

由此分析可以得出，黑格尔将真实作为理性显现的过程，通过艺术与历史的进程将其表现出来，从而历史与美学紧密联系在一起。从该层面上看，黑格尔的美学即是美学史（正如他所说的"哲学就是哲学史"一样），美学与历史的关系则可表示为历史方法在美学中的运用。黑格尔的这种观点与谢林后期的历史与美学的关系似乎如出一辙，认为美学和历史都是对理性与自由的显现，两者之间并没有冲突。实际上，美学与历史在黑格尔哲学体系中的结合，与谢林后期哲学有着本质的区别。

首先，黑格尔将真实性作为一个过程，其整个哲学最终的目的，是通过精神的运动过程，最终回到精神自身之中，真实即是精神在运动过程中产生的能够被我们意识到的对象；而真实对于后期谢林的哲学体系来说，是一种与人的存在生活相关联的现实性。在黑格尔哲学中，真实是一个过程，他的目的是显现精神；在后期谢林哲学中，真实就是哲学最终的目的。所以，历史在黑格尔哲学中更多的是一种方

① ［德］黑格尔：《法哲学原理》，范扬、张企泰译，商务印书馆1982年版，第352页。

② ［德］黑格尔：《美学》第一卷，朱光潜译，商务印书馆1979年版，第39页。

③ 同上书，第40页。

法，即"历史感"；而在后期谢林哲学中，历史（被美学建构，或者说与美学统一的历史）是本体。由此可见，美学与历史的关联在黑格尔哲学中只是一种方法论上的连接，这种关系是对费希特哲学中美学与历史关系的发展；而在后期谢林哲学之中，美学与历史的连接被赋予了更多的意义，即美学与历史的关联直接指向了人的现实存在，审美历史主义即是人的存在方式。

其次，黑格尔的历史感试图与逻辑的运动相联系，试图将形而上学的逻辑与现实的世界关联，其《逻辑学》就是这种努力的结果。从黑格尔整个哲学体系上看，将形而上学的逻辑学与现实具体关联的目的具有重大的意义，它证明了人类理性在现实活动中的实在性。但是，将逻辑与现实直接联系的方式，其最终目的还是对逻辑联系的证明，而这也是后期谢林哲学所批判的，即这种逻辑性只是表明了事物存在的必然性，而却证明不了逻辑自身存在的必然性，如果要继续论证此种逻辑性，最终只能陷入逻辑的循环论证。简言之，对逻辑现实性、真实性的论证，只能单向地解释现实存在具有逻辑性，现实存在本身却无法反向论证逻辑的必然，如果要论证逻辑的必然存在，只能依靠另一种逻辑性的推导。实际上，康德的先验综合判断的目的之一，就是解决逻辑与现实之间的矛盾，但是最终陷入了二元论，并且将现实与认识隔离开来。

黑格尔采取历史的、运动的方式，使逻辑与现实相连接，但是他对逻辑的预设在谢林看来，始终无法触及真正的现实存在。黑格尔的这种论证方法体现在其历史哲学中，表现为历史哲学一方面要体现出历史感（即历史时间的进程），另一方面又要遵守逻辑的运动。"'世界历史'只不过是'客观精神'逻辑演化的最后一个环节。在此之后，精神的发展就过渡到了绝对精神阶段，即艺术、宗教和哲学。这绝不是因为黑格尔认为'世界历史'之前的那些环节都没有历史，或者是在历史之前产生的，艺术、宗教和哲学则是在历史之后产生的，而是因为黑格尔在这里所考察的仅仅是逻辑的联系，而不是历史的联系。"①

这种逻辑与历史的悖论体现在黑格尔的美学之中，即"艺术的终结"这一论断。在黑格尔看来，艺术需要体现自我意识显现的历程，这种历程即历史，而历史又必须符合逻辑的进程，结合其自我意识的规律，艺术从远古时代（象征）经过古希腊（古典）、中世纪和浪漫主义（浪漫）时期，其中精神形式与质料的关系以逻辑的方式运行在时间之中（即精神内容逐步克服物质形式，由物质压倒精神→物质与精神平衡→精神超出物质的逻辑顺序，显现为各种不同类型的艺术）。而按照逻辑的进程，艺术必然终结于哲学之中。"末一类的'反省的历史'，开宗明义，就显出它是一种局部的东西。它自然是分划的，但是因为它的观点是普遍的（如像艺术的历史、法律的历史、宗教的历史），它形成了达到哲学的世界历史的一种过渡。"②

可以看到，黑格尔的美学与历史的关系并没有达到一致性，因为如果艺术的终结是逻辑发展的必然，而逻辑又与历史相符合，那么，艺术的终结就是艺术历史发展的终结。③ 但是按照黑格尔逻辑体系的推论，艺术是精神客体化的过程，是客观的显现过程。"黑格尔的目

---

① 李秋零：《德国哲人视野中的历史》，中国人民大学出版社 2011 年版，第 225 页。

② ［德］黑格尔：《历史哲学》，王造时译，上海书店出版社 2006 年版，第 7 页。

③ 国内学者朱立元认为，黑格尔的艺术终结论只代表艺术在逻辑上的终结，并不代表其历史在其中各个形态中的停止。"黑格尔只是在进行理念感性显现的抽象的逻辑演绎时，才在一般意义上谈论艺术解体；而一旦进入艺术史的论述或艺术家和作品的评析时，就几乎看不到艺术解体一类字眼，更多的倒是对艺术发展充满信心的议论和预言。"（蒋孔阳、朱立元主编：《西方美学通史》第四卷，上海文艺出版社 1999 年版，第 755 页）朱立元进一步分析了《美学》中浪漫型艺术实质上突破了艺术发展的逻辑终结，浪漫艺术更高于古典型艺术，更体现精神的艺术。他认为，黑格尔"给浪漫型艺术乃至整个艺术辟开了不断向前发展的康庄大道"（同上书，第 757 页）。实际上，朱立元看到了黑格尔美学与历史感之间的矛盾，但是这种阐释并不符合黑格尔自身逻辑体系，即逻辑与历史的统一，在黑格尔体系中，逻辑的终结必然导致历史的终结。美国学者柯蒂斯·卡特认为，黑格尔的艺术终结论并非指艺术形态的终结，而是艺术"走向了"哲学，即黑格尔预言了未来艺术的发展与哲学的合流，这种阐释与阿瑟·丹托对黑格尔艺术终结论的理解相似。阿瑟·丹托认为，后现代艺术，特别是观念艺术，实质就是哲学。但是，如果将黑格尔美学与其历史哲学放到一起观察，其历史—逻辑—艺术之间的矛盾显而易见。

的是阐释精神运动的复杂性，他试图避免精神在进化过程中的'单边性'，试图包含精神显现过程中的客体性，这种客体性的显现是其艺术哲学的明显特征。"① 而以经验为基础的客体现实告诉我们，艺术及艺术品的存在并不可能如逻辑进程一样，在进入另一个逻辑阶段戛然而止，所以，艺术与历史在黑格尔体系中并没有匹配起来，相反，他们之间具有不可调和的矛盾。正是基于这种矛盾，建立"独立的"的美学史成为黑格尔之后的艺术史家们的重要任务。通过以上对黑格尔与后期谢林哲学的分析，可以看到黑格尔美学与历史之间的联系一方面具有内在逻辑性，但是也存在巨大的矛盾，究其原因就在于黑格尔哲学与后期谢林哲学对真实性的理解存在巨大的差异。

通过以上分析，我们看到了美学与历史如何在真实的含义中相互联系的过程，这个过程即是审美历史主义的体系建构的过程。康德改造了西方传统的实体概念，试图论证人对实体真实的感知能力，但是他将真实划分为直观的、概念的和物自体的真实实体，继而需要建立一种手段，将这些分裂的真实连接起来，这种手段即是美学，而美学之中的判断力思维的核心——目的论思维构成了康德对历史的建构，历史的作用则是将美学的统一性过程展现在现实经验中。所以，在康德体系中，历史的思维是被美学建构起来的，历史通过经验现实性的特征论证美学在逻辑上的统一性，服务于美学。

费希特否定了康德分裂不同真实实体的思想，他将"真实"作为一个过程性的概念，而美学或审美即是存在于这个过程之中，并勾连着真实。在费希特看来，存在于这个过程之中的审美活动就是审美冲动，这也是人真实存在的方式，而审美冲动的过程在经验中的显现，即是历史。所以，费希特以审美意识的优劣作为判断历史发展的标准，认为美的历史、审美冲动的过程就是人类的历史。

---

① Berys Gaut and Dominic McIver Lopes ed. , *The Routledge Companion to Aesthetics*, London and New York: Routledge, 2001, p. 73.

前期谢林将真实认作是一切存在的合理性，他扩大了真实性的含义，将自由、必然、普遍与现实客观都纳入真实的范畴之中，其目的也是要论证这些概念具有的真实意义。由此，历史与美学的关系在前期谢林哲学中具有了内在的逻辑关系，即历史是在解决真实之中的自由与必然之间的矛盾无能为力时，美学将历史之中的自由与必然的矛盾转化为无限与有限的矛盾，并以艺术将此矛盾统一起来并消解掉。所以，在前期谢林哲学中，美学是对历史的拯救。

黑格尔将真实同样作为一种过程。但是与费希特不同的是，黑格尔没有将真实作为其哲学之中的第一原则和目的来对待。费希特以审美冲动作为真实的过程，因为绝对自我的真实性是费希特哲学的最终目的，也是其思想的逻辑起点。费希特又深受康德判断力批判的影响，即康德将美学作为理性与知性的桥梁，而费希特将此"桥梁"发展成为一种过程。黑格尔则直接将这种过程性定义为历史，由此，历史在黑格尔体系之中具有了基础性的地位，美学即是美学的历史。但是，由于黑格尔试图将形式逻辑与经验的历史结合起来，即一方面承认经验的历史过程，另一方面又试图论证概念在经验之中的逻辑运动。这导致了历史经验与历史逻辑存在不可调和的矛盾，这种矛盾并非逻辑上的矛盾，而是经验现实中的矛盾。这种矛盾体系在美学与历史关系中的具体显现就是艺术终结的论断，这种论断实际上再一次导致了美学与历史的分裂。

后期谢林哲学正是建立在反对黑格尔真实性基础之上的。谢林认为，真实不是概念和逻辑之中的真实，应该是人现实存在的真实（reality of life）。结合所处时代，谢林认为，现实生活的存在应该包含生活之中的宗教与道德。所以与黑格尔的论断一致，谢林认为，历史是真实（神的启示过程）存在的基础，显示经验客体性的艺术，也是与历史一样是对真实存在的显现。由于谢林摒弃了逻辑与经验的矛盾，所以，历史与美学之间不存在逻辑与经验上的分裂（历史与美学都共同指向神，即真实与人的生活性存在），所以，美学与历史在人

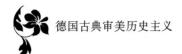

的真实存在中并行不悖，艺术是一种历史性的活动，历史的活动也是由艺术所代表的精神所构成的，这种构成过程就是文化。

经过从康德到后期谢林哲学的发展，美学与历史具有了内在逻辑的关系。总体上看，德国古典哲学中的历史思维与美学的关系，在谢林的哲学体系中获得了最完善的形式。从康德到谢林，美与历史都围绕真实这一概念展开，历史思维源于美学对真实的感知，而美学又需要历史意识才能保证其感知是真实的，正是在这种关联中，德国古典审美历史主义完成了其自身体系的建构。而德国古典哲学发展进程中的其他思想运动，如狂飙突进、浪漫主义思想，都暗含审美历史主义的思想（它们同时也参与了德国古典审美历史主义体系的建构），它们的目的，是基于审美历史主义建构德国民族自身的精神，即通过审美建构历史思维，为民族文化找到精神的源头，并以审美历史主义勾勒出民族精神未来发展的图景。

第三章　德国古典审美历史主义的核心：想象力

　　德国古典审美历史主义以美学自身发展为基础，在对真实的感知中孕育了自觉的历史意识，历史由美学建构，美学被历史赋予价值，这个过程就是德国古典审美历史主义。而在美学与历史的相互作用过程中，以美学理论为基础的想象力理论构成了审美历史主义的核心。审美想象力不仅促成了美学对历史意识的建构，还赋予了德国古典审美历史主义理论的灵魂——对现实的能动性与创造性。究其原因就在于，德国古典审美历史主义的最终目的和直接效用是要建构其民族的精神文化。它按照其理论建构的路径，必然地将理论的目光投向真实的经验生活中；必然地要在对经验的世界与人的存在给予阐释的同时，将理论转化成文化发展、政治改革等现实领域中的动力。德国古典审美历史主义为了这个目的，必须在其理论基础——德国古典美学思想中，寻找能够完成其目的的手段，即想象力。那么，想象力又是如何能够使德国古典审美历史主义作用于现实的呢？究其原因，德国古典美学中的想象力理论具有的创造性与历史性这两个特征，使得审美历史主义从理论形态转化为实践的动力。

　　简言之，想象力理论作为德国古典审美历史主义的核心，是审美历史主义发展的必然，也是由德国古典美学的特征所决定的。在本章中，首先将论述想象力理论在德国古典哲学中发展的过程，论证其是德国古典思想的核心理论；其次将分别论述德国古典想象力理论所具有的创造性与历史性两个特征，论证德国古典审美历史主义基于想象力理论与现实能动的可能性。

第一节　德国古典哲学中想象力理论的概述

在德国古典哲学中，对想象力的探讨一直是该时期每个哲学家思想的重要组成部分，从德国启蒙运动到浪漫主义时期，想象力的理论从一种德国启蒙主义抵抗英法启蒙主义的思维方式，发展成为一种思想和时代的核心精神。从想象力理论在这一阶段发展过程中来考察其含义，可以看到，在德国启蒙主义运动中，想象力理论是对英法启蒙思想的回应。想象力作为个体性的感知能力，一方面否定了启蒙主义所坚持的理性与内在感官不存在联系的原则；另一方面，想象力理论对个体经验感知的强调，改变了启蒙主义思潮中人与自然、世界的存在关系模式。"想象力理论将启蒙主义时期人与自然之间的裂痕重新弥合……牛顿的新科学理论和科学方法不能治愈人与自然的分裂，机械论的观点又使得人与自然更加分离，理性被看作是与内在感官没有联系的，理性成为对真理和自然进行认识的唯一工具。想象力理论就是试图改变这种状况，使人与自然重新结合起来……创造的想象力成为重新弥合人与自然之间分离的重要方法。"①

可以看到，想象力理论对英法启蒙主义的否定就是德国美学兴起的基础。以鲍姆佳通的思想为代表，他将美学纳入启蒙理性框架之中，认为，感性的美学亦是认识真理的途径。而在浪漫主义美学之中，想象力作为其核心，被认为是可以通过想象的方式联系世界整

---

① James Engell, *The Creative Imagination*: *Enlightenment to Romanticism*, Cambridge, London: Harvard University Press, 1981, pp. 7 – 9.

体，具体表现为该阶段对神话、寓言的想象性构造和阐释，最终，浪漫主义美学通过想象力理论，将人定义为想象性地存在于世界之中，即诗性地存在。

德国浪漫主义思想通过想象力阐释人的存在理论，深受斯宾诺莎想象力理论的影响。斯宾诺莎认为，想象是一种先知的预测能力，"先知用想象揭示神的存在……先知们通过想象力在寓言和神话之中发现一切存在之物"①。想象作为认识的方式，在寓言与神话的文本中发现了存在的关系，"先知"的概念则发展成为德国浪漫主义时期的诗人。② 正是由于想象力能够揭示人的存在的方式，这

---

① Benedictus de Spinoza, *The Chief Works of Benedict De Spinoza*, Translated by R. H. M. El-wes. London: George Bell and Sons, 1898, p. 25.

② 德国启蒙主义时期，以"存在链"（chain of being）理论考察人在世界中存在的方式。该意识深受欧洲中世纪神学思想影响，其主要内容如下：1. 最高的存在是所有事物的源头，它通过将自身理念流射（emanation）或有意识的行为，给予世界现实性存在。2. 所有事物的现实存在都是通过神的创造。3. 事物的存在构成了一种不可感知的从最高到最低的链条（Thomas P. Saine, *The Problem of Being Modern or The German Pursuit of Enlightenment from Leibniz to the French Revolution*, Detroit: Wayne State University Press, 1997, pp. 78 – 79）。而德国该时期的想象力理论，即是对"存在链"理论的否定和替代。想象力理论承认人对自身、个体存在的可认识性。在德国哲学思想中，想象力综合了英法理性主义与感性认识的特征，承认人对存在状态的认识能力，并且，想象力理论强调个体性的经验想象，否定了"存在链"理论中最高存在对个体的独断性和神秘性，将个体的人的存在与整体世界有机地联系起来。还应该注意到的是，在狭义的"存在链"理论意义上，它是一种阐释人、上帝与世界存在于历史中展开的理论，即是一种历史的思维方式（Arthur O. Lovejoy, *The Great Chain of Being: A Study of the History of an Idea*, Cambridge, Massachusetts: Harvard university Press, 1971, pp. 19 – 23）。想象力理论则改变了这种历史意识，形成了新的历史思维模式，即审美历史主义（按照洛夫乔伊的观点，"存在链"理论是对启蒙主义普遍理性的抵抗，其主要策略是通过强调"存在链"理论中的历史意识，反对普遍性与绝对性（Arthur O. Lovejoy, *The Great Chain of Being: A Study of the History of an Idea*, Cambridge, Massachusetts: Harvard university Press, 1971, pp. 287 – 314）。在此意义上，"存在链"理论与想象力理论具有重合性，即两种都是以历史意识反抗英法理性启蒙主义思想，但是两者根本性的区别在于，"存在链"理论的历史思维基于宗教信仰之中，其理论只是证明了人在神学体系中如何可以历史地思考存在的问题，它还是停留在历史认识论的层面上，在这一点上，它与后来的历史主义并无多大区别，只是前者基于神学，后者基于19世纪德国理性主义、浪漫主义的大背景之中。而以想象力为核心的审美历史主义不仅仅是一种认识历史的思维方式，它还具有改造社会、凝聚德国文化精神的作用，这种特质归根结底，还是基于德国想象力理论的创造性特征。

也决定了人在自然和世界之中存在的方式，而隐匿其后、能动地改造人的存在及其与世界关联方式的，就是具有创造性特征的想象力。

德国古典审美历史主义想象力理论的创造性特征是以历史为对象的，由此又构成了该阶段想象力理论的历史性特征。历史思维的自觉是德国古典哲学的重要特征，黑格尔将其视为人的内在思维的必然要求。"在我们德国语言文字里，历史这一名词联合了客观和主观的两方面，而且意思是指拉丁文所谓'发生的事情'本身，又指那'发生的事情的历史'。同时，这一名词固然包括发生的事情，也并没有不包括历史的叙述。我们对这种双层意义的联合，必须看做是高出于偶然的外部事变之上的。我们必须假定历史的记载与历史的行动和事变同时出现。这样，使他们同时出现的基础，是一个内在的、共同的基础……但是国家却要首先提出一种内容，这种内容不但适合于历史的散文，而且在它自己的生存的进展中产生这类历史。"①

审美历史主义的历史思维的自觉，不是由历史科学构造，而是由美学构造的，具体表现为想象力对历史思维的介入、对历史的重新塑造。"浪漫主义时期的历史意识伴随着欧洲的地理扩张，这个时代也被称为发现的时代，它处于发现与想象的张力之中，即该时期对历史的意识一方面基于实际地理位置上的新发现（物质），另一方面又基于人们对历史遗迹的想象。"② 而历史被想象力构造的目的，是建构德国自身民族文化，这也就是审美历史主义的目的。以想象力为核心构造德国自身精神的历史，也不再以"过去发生的事情"为对象（这是历史学科的对象，也是历史主义思潮的研究对象），它以历史

---

① ［德］黑格尔：《历史哲学》，王造时译，上海书店出版社 2006 年版，第 56 页。
② Stephen Bann, *Romanticism and the Rise of History*, New York：Twayne Publishers, 2011, p. 11.

思维的连续性为主旨。①

　　在时间上，德国古典审美历史主义将历史中的文化精神纳入当下时代。例如对古希腊文化的想象性汲取。从 18 世纪温克尔曼在古希腊艺术中形成其关于美、和谐和单纯的理论开始，赫尔德以普遍历史为基础，对古希腊"年轻的活力与美的外表"的论述，席勒关于自由的整体性与游戏说，荷尔德林神话学中的永恒美和神圣的创造性以及完美人性理论，直到 19 世纪末马克思关于人类的道德强制性、工人的创造性和关于人的解放学说，以及尼采的酒神精神，人的尊严和自我克服的理论，都能看到古希腊精神的影子。② 而古希腊精神在德

---

　　①　德国艺术史家李格尔（Alois Riegl）认为，历史思维的连续性是一种审美要求，它基于对人的物质性存在的超越，因为人的物质性存在只是一种短暂性的、断裂性的存在，只有审美的精神性存在才能给予连续性，即历史的存在。在李格尔看来，德国民族的精神就基于能够给人连续性存在感的历史思维之中。正如他在 1903 年关于时代价值的研究中所论述那样，时代精神的产生基于传统的思维方式的改变，"人们的思维完全被这样一种思维方式占据，即人们对物质性存在（material existence）的担心……这种担心让人不得不思考自己只能处在一个特定时代之中"（Alois Riegl, *The Modern Cult of Monuments*, Translated by Kurt W. Forster and Diane Ghirardo, Cambridge, Massachusetts：MIT Press, 1982, P. 33）。弗里德里希·施莱尔马赫亦认为，历史思维的连续性才是历史的核心，为了这种连续性，甚至可以牺牲"历史事实"，"不能被认作是实际的历史因素的事件，也必须放入历史的考察之中，而这是为了保证世界连续性"（Friedrich Schleiermacher, *Brief Outline of Theology as a Field of Study*, Translated by Terrence N. Tice, Lewiston：The Edwin Mellen Press, 1990, p. 80）。可以看到，德国古典哲学家认为，历史思维是为了保证人在时间中存在的连续性，其目的是在历史中获得德国自身民族精神的动力。为了保证这种连续性，就不得不以想象力为核心，以美学的方式建构历史。
　　②　歌德的浮士德与海伦的关系，是 18 世纪至 19 世纪的德国古典文化精神与古希腊精神间关系的生动写照。在《浮士德》中，海伦给浮士德带来了目的、神圣、形式，她将这些古希腊理念灌输到浮士德的精神之中以及浮士德所历经的每个世界与时代里，这就是希腊精神对人们产生的影响的写照。希腊精神教育浮士德，将形式与他的原始活力结合在一起（具体表现为浮士德与海伦结婚生子），以与内在美的和谐一致为目的，海伦控制着并塑造浮士德的生活，教他成为一个真正的人而不是一个半兽，简而言之，将他文明化。《浮士德》反映了德国对古希腊精神的崇拜：对审美生活的追求，对内在精神与人的能力协调一致的追求，这一切都使人们感到愉悦，一种产生于以自身为目的活动的愉悦，而这种愉悦过程就是审美创造（Humphry Trevelyan, *Goethe and the Greeks*, Cambridge：Cambridge University Press, 1941, pp. 284－325）。可以看到，歌德以想象的方式，将浮士德与古希腊精神的化身——海伦结合起来，其主旨在于宣扬一种审美的创造力，这种创造力也是审美历史主义想象力的创造性特征的表现。

国文化中的延续性，正是基于想象力在历史时间中对古希腊文化的改造。"德国思想家们试图通过想象的能力重建古代精神，这种重建的目的，是将人的理性脱离于启蒙主义时期中的工具理性主义，将人的理性与当下的时代感觉联系起来。"①

另一方面在空间上，德国古典思想对欧洲之外的东方领土进行想象。对东方的空间想象也是基于历史之上的，而非单纯的地理性认识。例如施莱尔马赫认为，历史性的知识通过对东方地理的想象而得到增加，时间与空间在想象的基础上相互作用，"我们的历史信息通过对东方的认识不断被扩大，它将我们对先前的知识统一又持续地连接了起来"②。正是因为该时期的想象具有历史性的特征，最终在时空之中为德国民族精神定位，该过程即是审美历史主义。

综上所述，德国古典审美历史主义以其想象力理论为核心，它的创造性与历史性的特征，使之区别于文学理论意义上的想象力理论，最终，德国古典审美历史主义通过想象力的这两个主要特征，共同构造了德国文化和民族精神。

第二节　德国古典审美历史主义想象力的
　　　　创造性特征

德国古典审美历史主义对现实的能动作用以及对民族文化的构造力，都以其想象力的创造性为基础。而德国古典哲学中想象力的创造性特征，则根植于启蒙主义至浪漫主义思想中。

在德国古典哲学思想中，对想象力的探讨与其整个古典哲学的研究方式具有一致性，即将想象力置于整个哲学体系的逻辑展开的进程

---

① George E. McCarthy, *Romancing Antiquity*: *German Critique of the Enlightenment from Weber to Habermas*, Lanham: Rowman & Littlefield Publishers, 1997, xxvi.

② Friedrich Schleiermacher, *Philosophy of Life and Philosophy of Language in a Course of Lectures*, Translated by REV. A. J. W. Morrison, London: T. R. Harrison, 1847, p. 182.

中，对其进行细致的、多层次的划分，具体体现是将想象力划分为幻想（Phantasie）与想象（Einbildungskraft）两个层面。"在德国思想中，所有有关想象理论的讨论，都离不开幻想与想象之间的关系问题。"①

正是由于德国古典哲学对想象的细致划分，使得其不同于英法启蒙思想中的想象力理论（这也是英法美学理论中想象力一直被限制在文学艺术领域的原因），并且正是在对想象力细致划分的过程中，想象力被逐步赋予了创造性的特征。②

总体上看，德国古典哲学中的想象力理论认为，幻想（Phantasie）基于心理学上的关联性的力量，为心灵和内感官提供了图像，想象（Einbildungskraft）则是思维的一种综合能力，他将幻想的图像转换并生成新的图像，由此，想象便具有了创造的能力。所以，厘清想象力概念在德国古典哲学中的发展路径，有助于我们看到其创造性特征被赋予的逻辑进程。

首先，在康德以前的启蒙主义思想中，以苏尔策、普朗特尔为代表的哲学家将想象力划分为不同的层次。在该阶段中，想象力理论一方面受到英法启蒙主义思想中将想象力与文学理论相结合的影响；另一方面，德国启蒙主义思想家又试图通过对想象力的多层划分，彰显出想象力所具有的多方面意义，并确立想象力所具有的创造性功能。而以马斯为代表的想象力理论，试图通过人的意志活动性将想象力的各个层次统一起来，并确定了想象力与人的意志的关联，为想象力作为人的主体创造性活动奠定了哲学基础。

约翰·格奥尔格·苏尔策（Johann Georg Sulzer）最早在想象力中

---

① James Engell, *The Creative Imagination*: *Enlightenment to Romanticism*, Cambridge, London: Harvard University Press, 1981, p. 176.

② 考察想象力的创造性特征被赋予的过程，我们可以这样认为：实际上德国思想家们一开始就赋予了想象力能动性的意义，希望以想象力的作用改变现实，而其后对想象力的细分及论证，不过是对这一初衷的论证和完善。

划分出幻想，他认为 Vorstellungskraft 是想象力的最底层，[①] 幻想
（Phantasie）是诗歌的中图像与理念的源泉，幻想的武器帮助我们战
胜人类的内心和精神。"幻想是一座军械库，人们拿起他的武器战胜
了内在的心灵和思想。"[②] 苏尔策关于想象力的理论晦涩难懂，但是
他最早确立了幻想在想象力中的作用。他认为，幻想是诗歌所表达出
的图像的基础，虽然这种论断受到了英法文学理论关于想象力的论
述，即将想象力作为文学创作与欣赏的重要组成部分，但是，苏尔策
对想象力的划分为其后的想象力理论开辟了道路，并且尤为重要的
是，他认为，幻想使人们战胜内在的心灵和思想，这里的内在心灵和
思想，指的是英法启蒙思想中的绝对理性和思维。在苏尔策看来，通
过对想象力的划分，其具有了对抗传统理性独断主义的功能。

可以认为，想象力一开始就担负起德国古典哲学对抗英法启蒙思
想的任务，想象力理论成为德国古典哲学的重要组成部分。恩斯特·
普朗特尔（Ernst Platner）在苏尔策对想象力的划分基础上，认为当幻
想（Phantasie）拥有的图像变得清晰和生动的时候，就形成了想象力
（Einbildungskraft）。并且他认为，所有人都有幻想能力，但只有完善
的心灵和思维才拥有想象力。[③] 较之苏尔策的想象力理论，普朗特尔将
幻想与想象力（Einbildungskraft 意义上的想象力，而非苏尔策所讨论
的 Vorstellungskraft 意义上的想象，苏尔策并没有以 Einbildungskraft 表
示想象力的概念，而这一词语正是其后德国古典哲学中的"想象力"
概念）结合起来。为了进一步区分并联系幻想（Phantasie）与想象力
（Einbildungskraft），普朗特尔对幻想进行了三个方面的定义：（1）幻

---

　　① 德语 vorstellungskraft 的英译与汉译都是"想象力"的意思，无法将之对译到汉语或
英语中，故直接采用德文。由此也可以看出德国古典哲学对想象力的细致划分。

　　② 德文原文为 "Phantasie ist das Zeughaus, woraus er die Waffen nimmt, die ihm die Siege
über die Gemüther der Menschen erwerben helfen." 参见 Johann Georg Sulzer, *Allgemeine Theorie
der schönen Künste*（*Volume Ⅱ*），Charleston：Nabu Press, 2012, p. 3。

　　③ Ernst Platner, *Philosophische Aphorismen Nebst Einigen Anleitungen Zur Philosophischen Ge-
schichte*, Charleston：Nabu Press, 2011, pp. 168 – 169.

想仅仅是人们头脑中机械的图像生成过程，它基于人的神经系统，当幻想被我们经验到的时候，就会片段性地重复显现于我们心灵中；（2）它是滑稽的主要来源（普朗特尔将幻想与滑稽联系，还是受到了将想象力与文学关联的影响）；（3）幻想不受到现实的限制，它们是自由的、与事实无关的活动（该条定义的意义在于，幻想与现实无关，但是，与幻想相区别的想象力是与现实紧密联系的，由此普朗特尔通过对幻想与想象力的区分，论证了想象力与现实关联的合法性）[①]。

　　普朗特尔还认为，想象力具有创造能力，具体表现为想象力将幻想的图像能动整合改造，"'创造的精神（Das erfinderische Genie）'直接来源于想象力，而与幻想无关。当图像与理念在心灵中聚集起来的时候，就是幻想；而当他们被整合起来的时候，就是想象力的活动。"[②] 德国启蒙主义心理学家约翰·格布哈德·埃伦赖希·马斯基于该阶段想象力理论的特征，试图通过对人的意志行为分析，将被过度细化的想象力整合起来。为了避免对想象力做出机械的划分，马斯将"想象"定义为两个活动的过程（这就将想象力与人的意志行为活动联系起来）。一方面，想象力是感知活动，在其中，想象力是复制图像的感知能力（此定义的重要意义在于，马斯将想象力与人的感官能力结合起来）；另一方面，想象力通过诗性活动分离、重组，创造新的图像。这两个活动相互连接就像化学反应一样。"他们像化合作用那样相互融合，直到它们连接在一起，使我们不能将他们两者区别开来，并通过这种活动创造出新的图像。"[③]

　　可以看到，马斯将想象力定义为意志的活动过程，而在这个过程活动中，幻想（Phantasie）实际上也是一种过程，它也组合感官获得

---

　　① Ernst Platner, *Anthropologie Für Aerzte Und Weltweise*, Charleston: Nabu Press, 2011, pp. 159 – 167.

　　② Ibid. , pp. 262 – 267.

　　③ Johann Gebhard Ehrenreich Maass, *Versuch über die Einbildungskraft*, Leizip: JoHann Gottfrieb Xuff, 1797, pp. 6 – 15.

的图像。但是它与想象的不同之处在于，幻想的活动是任意的、不受意志控制的组合。最终，马斯通过这一区分，为德国古典想象力理论确立了一条新的原则，即想象是主体的意志行为。①

其次，与对人的理性划分所采取的方法论相一致，康德哲学的想象力理论基于对想象力不同层次的划分之上，最终又试图将其统一在整个哲学体系之中。康德的想象力理论虽然并未着重论证想象力的创造性（想象力具有创造性特征，已经在康德以前的德国思想中得到了论证），但是其探讨了想象力在何种程度上才具有认识与实践的功能。换言之，康德的想象力理论触及了想象力创造性特征的本源性问题，即想象力的创造性能力在人的理性思维中何以可能的问题。康德对此问题解决的策略是：他将想象力划分为"生产性的想象""虚构"与"妄想"，并对三者之间的相互联系进行了探讨，划定了想象力在理性中的界限，最终保证了想象力的创造性效用。康德的想象力理论主要分为五个部分。

第一，康德认为，想象力是知识构成过程的重要部分，在《纯粹理性批判》中，康德论证了想象力使感官与概念通过"图型"的产生紧密联系在一起，即康德将想象力纳入人类知性的领域中。"想象力就此而言是先天地规定感性的一种能力，而且它的直观综合由于是根据范畴的，所以必然是想象力的先验综合……由于想象力是自发性，

---

① 马斯将想象力作为人的意志活动，这对康德的想象力理论产生了重大影响。因为人的意志活动是人思维的自我意识，想象力作为有意志的活动，必然参与到了人对世界的主体建构，所以康德也像马斯那样，将想象力作为一种感性的活动，认为其参与了主体对世界的自觉的认识和建构过程，"有三种不同种类的感性创作能力。这就是空间中直观的造型能力［Imaginatio Plastica（造型的想象力）］，时间中直观的联想能力［Imaginatio Associans（联想的想象力）］和从表象的共同的相互起源而来的亲缘关系的能力［Affinitas（亲和力）］"（李秋零主编：《康德著作全集》第七卷，中国人民大学出版社 2008 年版，第 167 页）。同样地，康德亦认为幻想（Phantasie）是一种无意识的活动，即一种非主体意志的活动，"人们也可以把无恶意地说谎恶倾向，算做生产性想象力的这种无意的游戏，而生产性想象力在这种情况下就可以被称为幻想"（李秋零主编：《康德著作全集》第七卷，中国人民大学出版社 2008 年版，第 72 页）。

所以我也有时把它称做生产的想象力。"① "关于想象力为一个概念提供其图像的普遍做法的表象，我称为该概念的图型……经验性的概念在任何时候都是按照某个普遍的概念直接与作为规定我们直观的规则的想象力的图型发生关系。"②

第二，想象力作为人类知识构成的重要手段的论点，实际上并非康德的创新，在此之前的洛克、马斯等都提出过相似的观点。康德的想象力理论最大的创新之处在于，他认为，想象力不仅仅作用于人类的知性领域，也作用于人类的理性。在《判断力批判》中，康德明确认为，生产性的想象不仅能够使人愉悦，并且能够给人指向经验所达不到的理念，或者说审美的理念，给予理性理念一种"客观的实在性"，使理性可以超越物体给予我们知识。其具体体现在诗和艺术中，我们可以不受知性认识的束缚，去思考超验的理念。"想象力在这里就是创造性的，并且使理智理念的能力活动起来，也就是说，在诱发一个表象方面时思考比在其中能够把握和说明的更多的东西……诗人敢于把不可见的存在者的理性理念，诸如至福者之国、地狱之国、永恒、创世等诸如此类的东西感性化；或者也把虽然在经验中找得到的例子的东西，诸如死亡、嫉妒和一切恶习，同样还有爱、荣誉等诸如此类的东西，超出经验的限制之外，借助于在达到一个最大值方面竭力仿效理性的前奏的一种想象力，在一切完备性中使之成为感性的。"③

第三，康德认为，想象力作用于理性，其可以为超验的理性构造一个客观实在性，进而康德将这种过程称为"虚构"，并且通过对"虚构"的论证，康德划分出了想象力的第三个层次——"妄想"。康德赞成虚构性的想象，因为它超越了感性的限制，将人类思维提升

---

① 李秋零主编：《康德著作全集》第三卷，中国人民大学出版社2004年版，第114页。

② 同上书，第119—120页。

③ 李秋零主编：《康德著作全集》第五卷，中国人民大学出版社2007年版，第328页。

到理性领域。"想象力虽然超出感性东西之外找不到任何它可以求租的东西，它却毕竟也正是通过对它的限制的这种取消而感到自己是无界限的。"① 但是康德认为，虚构必须依据理性的规则，否则就是狂想或狂热、妄想。"狂热是一种要超出感性的一切界限看到某种东西，亦即按照原理去梦想（凭理性飞驰）的妄念……在作为激情的热忱里面，想象力是无拘无束的；在作为根深蒂固的、冥想的热情的狂热里面，它是没有规则的。"②

在康德看来，妄想一方面由于没有依照理性的规则，其所创造出的图像与"客体"并不具有普遍传达性，换言之，妄想不具有审美性可言。想象力则是审美的（因为审美的第四契机要求美的判断具有普遍性）。康德以荷马为例，认为，其作品中的那些妄想的形象并不具有可传达的审美性。"没有一个荷马或者维兰德能够指出，其头脑中那些富有幻想而又毕竟同时思想丰富的理念是如何产生出来并会聚到一起的，这是因为他自己也不知道这一点，因而也不能把它教给任何他人。"③ 另一方面，康德认为，妄想虽然基于想象的过程中，其来源于主体自身的感官，与他想象所面对的图像之间出现了分裂，将想象的对象妄想成了独立于主体之外的事物。如前所述，康德并不否认想象对经验感官的超越，他否定的是，想象的过程被妄想成独立于主体感受之外的过程。

简言之，妄想是想象脱离了主体的意志的表现，这一论断是康德通过将妄想与人的梦进行比较分析而得出的。"先前的妄想在清醒时不是梦，其原因在于他此时设想它们是在自身之内，而他感觉到的其他对象则是在自身之外，因而将前者视为他自己活动的结果，把后者视为从他外部感觉且承受的东西。因此在这里，一切都取决于对象被设想与作为

---

① 李秋零主编：《康德著作全集》第五卷，中国人民大学出版社 2007 年版，第 285 页。
② 同上书，第 286 页。
③ 同上书，第 322 页。

一个人的他、从而也与他的躯体所处的关系。"① "陷入混乱的人把纯粹是他的想象的对象置于自身外面，视为现实地出现在他面前的事物。"②

第四，康德的想象力理论虽然区分了妄想与虚构、生产性的想象，但是，这种区分的前提是两者之间具有不可调和的矛盾。为了调和想象力内在的矛盾，康德早期在《纯粹理性批判》中认为，想象力只有被限定自身作用时，即想象力只能作为一种指导性的原则引出理念，而不能直接对知性进行规定时（但是想象力又要引导知性进入理念、理性的世界），才可能避免妄想的出现，康德将之称为"想象的焦点"（Focus Imaginarius）。"先验理念绝不具有建构性的应用，以至于某些对象的概念会由此被给予，而且如果人们这样来理解它们，它们就纯然是玄想的（辩证的）概念。与此相反，它们具有一种杰出的、对于我们来说不可或缺的必然性的范导性应用，也就是，使知性指向某一个目标，知性的一切规则的方向线都参照这一目标而汇聚于一点，尽管这个点只是一个理念［Focus Imaginarius（想象的焦点）］，知性的概念实际上并不是从它出发的，因为它完全处在可能经验的界限外面，但尽管如此，它仍然被用来给知性概念带来一种与最大的扩展相伴的最大的统一。"③

第五，康德的"想象的焦点"理论看似解决了生产性的想象、虚构与妄想之间的矛盾，但是，随着其在《判断力批判》中对想象力的再次引入，这种矛盾更加明显而且更加不可调和，虽然康德竭力排斥想象对知性知识的规范，但是虚构的想象力对那些超越理念的图像的建构，其目的又在于引导知性进入理性世界，两者之间必然具有矛盾。具体体现为，康德认为，想象性的、虚构性的存在或理想的存在，是整个哲学保持其完整性的必要前提，即知性与理性的相互融

① 李秋零主编：《康德著作全集》第二卷，中国人民大学出版社 2004 年版，第 346 页。

② 同上书，第 349 页。

③ 李秋零主编：《康德著作全集》第三卷，中国人民大学出版社 2004 年版，第 419 页。

合，必须以想象力虚构的客体（超越的理念）为前提。"以为我们设定一个理念相应的事物、一个某物或者现实的存在者，由此并不是说，我们想用超验的概念扩展我们对于事物的知识；因为这个存在者只是在理念中，而不是就自身而言被奠定为基础，因而只是为了表达对我们来说应充当理性的经验性应用之准绳的系统统一性。"①

康德将想象的存在等同于审美的理念。他把审美理念理解为想象力的这样一种表象，它诱发诸多的思考，却没有任何一个确定的思想，亦即概念能够与它相适合。它是一个理性理念的对应者（对称者），后者反过来是一个不能有任何直观（想象力的表象）与它相适合的概念。由此，想象力的虚构又作为了审美的要求，它就必然需要满足人的感官的愉悦性，所以，想象一方面要将知性引导入理性的领域，其手段是通过虚构，另一方面要符合人的感官愉悦，如此，想象力便具有陷入妄想的可能及其合理性，最终，想象力不得不穿梭于虚构与妄想之间。

综上所述，康德的想象力理论在其整个哲学体系中必然地具有内在的矛盾，② 但也正是因为这种矛盾，揭示了想象力创造性特征的本

---

① 李秋零主编：《康德著作全集》第三卷，中国人民大学出版社 2004 年版，第 437 页。
② 康德的想象力理论所具有的内在矛盾，在某种程度上为浪漫主义诗学奠定了体系上的基础。因为在康德的想象力理论中，想象力本身就是美学或诗学的核心，想象力与判断力批判的目的，都是连接知性与理性，都是为了构建人的完整的理性系统。但是，想象力本身又具有不可调和的内在矛盾，即生产性的想象、虚构与妄想的矛盾。由此可以看到，想象力是理性对整体性、哲学与科学之间统一性追求的必然结果。想象理论本身又不能成为一个封闭的系统，因为其具有内在的不可调和的矛盾，所以，以想象力为核心的诗学、艺术、美学，只有牺牲自身系统的完整性，才能达到哲学与科学的完整性。这就是浪漫主义诗学的重要特征，这种特征的具体体现就是，浪漫主义诗学反对哲学对世界的系统性和整体性阐释，他们以诗的碎片化的语言对世界进行阐释。例如，弗里德里希·施莱格尔认为，"当有人把精神与系统相结合的时候，对于精神与系统两者来说，都是死亡的"[Friedrich Schlegel, *Kritische Ausgabe* (Volume II), Paderborn, Munich, Vienna, Darmstadt: Schönningh und Wissenschaftliche Buchgesellschaft, 1958, p. 173]。诺瓦利斯也认为，浪漫主义选择了一种微观的哲学（mico-philosophy），它不是以哲学的方式进行体系性推导，而是以诗的洞见来观察现实世界的现象，"真正的哲学系统必须是自由的无止境的系统，或者，更加直接地说，它必须非系统化地建构自身体系"（Novalis, *Fichte Studies*, Edited and translated by Jane Kneller, Cambridge and New York: Cambridge University Press, 2003, p. 648）。

质，即想象力的创造性能力是基于人们的虚构性想象和妄想的矛盾之间。换言之，康德想象力理论的逻辑是，人作为审美的存在必然具有想象的能力，想象牵引着人的知性与理性相互融合。在此过程中，人的想象力内在的矛盾要求人克服妄想的活动，由此，正是通过虚构性想象的缔造和对妄想的克服，才保证了想象力的创造性。

最后，德国浪漫主义理论基于之前的想象力理论，将想象力作为其整个思潮的理论核心工具，将想象力的创造性特征通过文学艺术的途径深入社会、政治和人们的生活之中，将想象力的创造能力发挥到极致，塑造出了这一时期最为独特的思想特征，即文学艺术所具有的前所未有的能动性特征。而在康德及其之前的想象力理论向浪漫主义想象力理论过渡中，席勒的想象力理论起着中介的作用。

在席勒之前，虽然想象力的创造性理论得到了充分的论证，但是它还是主要基于人的知识构成环节中，其具体的表现还是局限于文学艺术之中。康德将想象力纳入实践理性的领域，并将之作为审美的核心，这一论断对席勒产生了巨大的影响，也为想象力介入整个人类社会、政治领域提供了契机。但是，只有席勒的哲学才真正地从理论上完善地建构了想象力与社会、政治相关联的思想。正如安东尼·肯尼对席勒的哲学思想所做的评述那样，他认为，席勒以其美学理论为核心，解决了康德以来的美学理论如何具有其现实价值的问题。"席勒处理的是康德提出的那个问题：唯有无目的的观照才能理解的东西，其价值何在？审美经验就是完全无利害，同时也涉及对其对象的评价，那么，我们如何能够评价我们对之无利害的关系的东西了？答案在于区分两种活动：一是作为手段而有价值的，另一种是因其自身作为目的而有价值的。两者间的对照可以用工作与游戏之间的对照来具体表明。游戏不是享受乐趣的手段，而是从中享受乐趣的东西，游戏提供了人与自身和平相处的一切活动的原型，例如运动、交谈、艺术。席勒把游戏提升到内在价值的典范地位上。他说，人对快适的和善的东西只不过是一本正经，和美却是在游戏。"① 所以，席勒的想象力理论成为浪漫主义想象力理论的重要源泉，只有通过考察席勒的想象力介入社会整体的过程，才能理解浪漫主义的核心精神。

席勒的美学所具有的能动性（席勒将此称为客观性），与其想象力理论不可分割。想象力是席勒美学的核心，其创造性的特征只有在审美之中才得以体现；而审美也只有纳入想象力的活动，才是真正意义上的审美。所以对于席勒来说，想象力的创造性只能是审美的创造性，并且，从其整个哲学思想上看，也只有审美的创造性才能改造社会、政治以及人生存的整体世界（审美的创造性是德国浪漫主义的核心）。

首先，席勒认为，美学构造了"感性—客观"的关系。他认为，自己的美学不是"感性—主观地阐释美（如博克等），或主观—理性地阐释美（如康德），或理性—客观地解释美"（如鲍姆佳通、门德尔松及其他美在完善论的拥护者），而是"感性—客观的解释美"②。可以看到，席勒的美学所构造的这种关系模式不同于经验主义或理性主义美学，他认为，美学基于感性与客观的相互联系，正是这种模式保证了美学与现实的关联。

其次，席勒认为，诗歌艺术是对美学"感性—客观"模式具体的体现，因为诗歌以想象力为核心，将感性的形象与语言所表达的概念结合起来，诗歌即是感性与客观的统一。"语言向理智提供了一切，但是诗人必须把一切提供（表现）在想象力面前；诗歌艺术要求直观，语言却仅仅提供概念。"③

最后，因为想象力又是诗歌、艺术的核心（席勒认为艺术只有通

---

① ［英］安东尼·肯尼：《牛津西方哲学史》，韩东晖译，中国人民大学出版社 2006年版，第 188 页。

② ［德］弗里德里希·席勒：《秀美与尊严：席勒艺术和美学文集》，张玉能译，文化艺术出版社 1996 年版，第 36 页。

③ 同上书，第 80 页。

过想象才能构造与现实相连接的理想，"把现实的领域交给以此为家的知性，但是，他也努力从可能与必然的联系汇总创造理想。他的这种理想，是用'幻觉'和真理塑造的，是用他想象力的游戏和他事业的严肃铸造的"①），进而想象力以诗歌艺术为桥梁，成为整个美学的核心。正如恩格尔评价，席勒以"游戏冲动"（Spieltrieb）一词替代了传统的"想象力"（Einbildungskraft）概念。在席勒思想中，游戏冲动不仅代表审美活动中的想象力，也代表人在生活中的想象活动，并且席勒将教育（Bildungstrieb）定义为艺术的"模仿力和塑造力"，其本身就包含了艺术"想象"的过程，总体上看，席勒的《审美教育书简》的本质，就是要求培养人的审美想象能力。②

由此看出，席勒的想象力理论基于一种新的美学理论之中，即感性—客观的美学模式）。从另一角度也可认为，席勒的想象力理论构造了感性—客观模式的美学。具体分析席勒想象力理论，其主要内容为想象力在艺术中创造感性的形象，即在概念不能到达的地方制造感性的形象，其目的是牵引理性的概念与直觉相联系，即通过想象力，将理性牵引到审美法庭。"要求想象力使出它对绝对事物的观念表现的全部感受能力，要求理性坚决表现绝对事物的观念。如果想象力懒惰迟钝，或者情感比倾向于直觉更加倾向于概念，那么最崇高的对象始终只是一个逻辑的客体，而全然没有被召引到审美法庭上来。"③

席勒认为，想象力提供的表象与理性之间的关联创造了美，"想象为我们提供一个被赋予了完全直观的、物质的、整体的表象。然而理性，并不需要想象力所提供的这种表象的全部，想象力给予理性提供的多出了它所需要的，而也正是通过（想象力与理性）这种方式，

① ［德］弗里德里希·席勒：《审美教育书简》，冯至、范大灿译，上海人民出版社2003年版，第71—72页。

② James Engell. *The Creative Imagination*：*Enlightenment to Romanticism*. Cambridge, London：Harvard University Press, 1981, p. 231.

③ Schiller, *Schillers Briefe über die Ästhetische Erziehung*, Edited by Belten, Jürgen, Frankfurt：Suhrkamp, 1984, p. 101.

美才被创造出来。"① 虽然想象力对理性的牵引这一论断与康德的想象力理论如出一辙，但是，席勒进一步明确地提出了想象力是创造美的动力，而审美的感性——客观模式，则凸显了想象力的客观创造性。这一思想深刻地体现在席勒的诗学理论中，他认为，诗歌可以将每一个个体与整个人类的人性联系起来。"诗歌表达了我们的人性，它必须克服我们的个体性并将之提升到整个人性的层面上来，我们只有像普遍的人性那样思考，其他的人才能理解感知我们。"②

通过想象力对美进行创造，再通过美对整体社会创造，这个理论在席勒的审美国家理论中表达得最充分。席勒在《审美教育书简》中认为，理想的社会或国家应是审美的国家，个体通过审美的活动（冲动）摆脱了以往各种整体形态对人的束缚，只有审美的国家才是人所存在的最完善的关系结构。"在力的可怕王国与法则的神圣王国之间，审美的创造冲动不知不觉建立起第三个王国，即游戏和假象的快乐王国。在这个王国里，审美的创造冲动给人卸去了一切关系的枷锁，使人摆脱了一切称为强制的东西，不论这些强制是物质的，还是道德的。"③ 而构造审美国家的动力——审美冲动的源泉就是想象力。"审美创造冲动根源是想象力。在审美国家中，人与人只能作为形象彼此相见，人与人只能作为自由游戏的对象相互对立……惟有审美国家能使社会成为现实，因为它是通过个体的天性来实现整体的意志。"④

所以，想象力成为构造完善的人的存在以及以人的存在为目的的社会关系、政治结构的最终动力。正是基于这种原因，席勒排斥远离现实的抽象的想象力。"一方面，过分旺盛的想象力把知性辛勤开垦

---

① Schiller, *Schillers Briefe über die Ästhetische Erziehung*, Edited by Belten, Jürgen, Frankfurt: Suhrkamp, 1984, p. 108.

② ［德］弗里德里希·席勒：《秀美与尊严：席勒艺术和美学文集》，张玉能译，文化艺术出版社 1996 年版，第 95—96 页。

③ ［德］弗里德里希·席勒：《审美教育书简》，冯至、范大灿译，上海人民出版社 2003 年版，第 235 页。

④ 同上书，第 236 页。

的地方变成一片荒芜，一方面抽象精神又在扑灭那可以温暖心灵和点燃想象的火焰。"① 综上所述，席勒的想象力理论通过对感性形象的自由创造，以诗歌艺术作为其具体形态构建了感性—客观的美学模式，并在此全新的美学模式中，对社会、政治产生能动的影响。正如海德格尔所说，席勒的想象力是"一种实际的生产创造的能力"（das eigentliche Vermögen der Produktion des Schöpferischen）②。

　　基于席勒对想象力理论的改造，想象力对社会、政治和人的存在的创造性作用成为浪漫主义思想的核心。具体体现为，浪漫主义思想家们把以想象力为核心的诗歌作为改变人与社会关系的最有效的手段，想象力成为一个完整的人所有能力的源泉。"我们所有内在与外在的能力是由想象力推导出来的。"③ "关于人的情感的三种最高形式——意志欲望、渴望，真爱和真挚的热情——我在此将要默默的暗示，没有人能够否认，它们都来源于想象的综合能力……这种幻想的能力，简而言之，生动的创造性思维——内在感觉的能力——连同其外在的感觉器官，是一种尘世的高级的感觉，让我们理解整个外部的世界。"④

　　最终想象力成为社会变革的工具，我们生存的世界和所期望的世界都是诗性的世界。"你要知道想象力是我们自身中最高和最原初的元素，所有的事物都是对它的反映；你要知道你的想象力为你创造出了世界。"⑤ "诗艺的本来目的，是要使高贵的、最独特的此在

　　① ［德］弗里德里希·席勒：《审美教育书简》，冯至、范大灿译，上海人民出版社2003 年版，第 47 页。

　　② 海德格尔"诗意的栖居"理论实际上与席勒及其德国浪漫主义思想一脉相承。在他看来，审美存在绝非仅仅是乌托邦式的想象，而是具有现实能动性的生存方式。我们就不难理解，为什么海德格尔要对席勒进行研究，并对其想象力理论尤为关注（Heidegger, Martin, *Übungen für Anfänger*：*Schillers Briefe über die ästhetische Erziehung des Menschen. Wintersemester 1936/37*, Edited by Ulrich von Bülow. Marbach：Deutsche Schillergesellschaft, 2005, p. 74）。

　　③ Novalis, *Sämtliche Werke*（Volume IV）, herausgegeben und eingeleitet von Ernst Kamnitzer, München：Rösl, 1924, p. 15.

　　④ Friedrich Schleiermacher, *Philosophy of Life and Philosophy of Language in a Course of Lectures*, Translated by REV. A. J. W. Morrison, M. A, London：T. R. Harrison, 1847, pp. 35 – 36.

　　⑤ Friedrich Schleiermacher, *On Religion*, Translated by Richard Crouter, Cambridge：Cambridge University Press, 1988, p. 138.

活灵活现。"① 这是由我们想象力构筑的世界。② 通过对想象力创造性特征发展的梳理，重新理解想象力理论在浪漫主义思想中的作用，有助我们对德国浪漫主义思想重新定位。长期以来，中、西方学界都将德国浪漫主义作为一场与政治无关的文艺思潮，浪漫主义被认为是通过文学的想象手段，将人从社会与政治之中脱离出来，将其诗学理论中的想象力视为乌托邦的基础，并进而将德国浪漫主义与哲学、政治理论绝对对立起来。③ 实际上，通过以上对想象力理论的梳理，我们

---

① 刘小枫主编：《大革命与诗化小说：诺瓦利斯选集》第二卷，林克译，华夏出版社2008 年版，第 158 页。

② 诺瓦利斯甚至将作用于事物外部规律的物理学也看作是想象力："一种纯思——纯的图像，纯的感官等——不是通过与客体的联系而产生的，而是由外部的机械律所唤起的——宇宙机械论的范围。想象力就是这样一种外部机械的能力。""物理学除了是一种关于想象力的理论就什么都不是了。"（Novalis, *Notes for a Romantic Encyclopaedia*, Trans and edited by David W. Wood, Albany: State University of New York Press, 2007, p. 135）

③ 最早将德国浪漫主义作为一种文艺思潮进行研究的是海涅。他认为，"德国浪漫派不是别的，就是中世纪诗情的复活，如其在中世纪诗歌、造型作品和建筑物中，在艺术和生活中曾表现的那样"（亨利希·海涅：《浪漫派》，薛华译，上海人民出版社2003 年版，第11 页）。以赫特纳（Hermann Hettner）与盖尔维努斯（G. G. Gervinus）为代表的 19 世纪德国的文学史家，秉承了海涅的论断，并以文学理论为基础建构德国浪漫主义思想。具体论述参见 Hermann Hettner, *Die romantische Schule in ihren inneren Zusammenhange mit Göthe und Schiller*, Braunschweig: Friedrich Vieweg, 1850, p. 37 以及 G. G. Gervinus. *Geschichte der poetischen Nationalliteratur der Deutschen* (*Volume V*). Leipzig: Engelmann, 1844, pp. 589 – 599。现当代西方学界依然普遍地将德国浪漫主义思想局限在文学理论中。例如，吕克南希直接将德国浪漫主义定义为"文学的自律以及文学绝对化的进程"（Jena-Luc Nancy, *The literary Absolute*, Translated by Phillip Barnard and Cheryl Lester, Albany: Suny Press, 1988, pp. 3 – 13）。现当代德国哲学家恩斯特·贝勒尔虽然认为，浪漫主义具有其自身哲学基础，但是其"仅仅是一种不成熟的哲学思想而已……浪漫主义文学家们关心的范围主要在文学与诗歌之中"（Ernst Behler, *German Romantic Literary Theory*, Cambridge: Cambridge University Press, 1993, p. 5）。贝勒尔的学生，德国浪漫主义文学史家阿乍德·塞伊汗认为，德国浪漫主义的功绩仅仅在于"建立了文学批评的理论"（Azade Seyhan, *Representation and Its Discontents: The Critical Legacy of German Romanticism*, Berkeley: University of California Press, 1992, p. 2）。更有学者如保罗·德·曼，甚至否定了德国浪漫主义的哲学特征，仅仅将其认为是文学理论，"主体与客体的辩证关系不再是德国浪漫主义思想的核心，因为这种辩证的关系只基于以寓言神话为核心的象征主义诗学体系之中的"（Paul de Man, *Blindness and Insigh*, Minneapolis: University of Minnesota Press, 1983, p. 208）。通过梳理可以看出，学术界将德国浪漫主义局限在文学理论之中，没有看到其核心——想象力理论所具有的对社会、政治能动性、创造性特征，通过对德国古典想象力理论发展的梳理，可以看到，将其想象力理论放入文学理论之中进行考察，本身就与德国古典想象力理论发展的路径不一致。综上所述，德国古典想象力理论发展的进程，就是从纯粹的文学之中脱离出来，并通过与现实的人的存在相联系，获得了创造性的特征。

看到，浪漫主义以创造性的想象力为核心，通过美学的手段，将个体、社会与整个世界都进行浪漫化的改造，其过程本身带有强烈的政治性，并且这种政治诉求在其完备的美学、哲学理论体系中得以实现。①

综上所述，想象力所具有的创造性特作为德国古典美学的核心，构造了德国古典美学对现实、社会、政治和人的生存世界能动的特征，而其必然是基于美学理论之上的审美历史主义的重要特征，并且也正是由于审美历史主义继承了想象力的创造性特征，才使得审美历史主义构建德国民族文化成为可能。

第三节　德国古典审美历史主义想象力的历史性特征

德国古典审美历史主义想象力理论的历史性特征，是指想象力自身包含着对历史的认识和历史思维，想象力内在的对象是以时间为基础的过去与未来。想象力的历史性特征基于该时期美学思想，并且与其创造性密不可分，在德国古典思想时期，想象力对现实和人的存在

---

① 德国当代哲学家贝塞尔在他的著作中，逐渐挖掘德国浪漫主义思想中的政治理论。他认为，德国浪漫主义政治理论的核心是共同体的理念，"德国浪漫主义政治理论的核心是共同体的理念，这种理念与柏拉图与亚里士多德的政治理论具有深刻的联系"（Frederick C. Beiser, *The Romantic Imperative*, Cambridge, London: Harvard University Press, 2003, p. 36）。共同体理念的核心则是个体的自我发展、自决与自足必须基于整个社会共同体之中。在德国浪漫主义思想家看来，这种整体的国家及诗性政体，是与机械的国家政体相对立的。在诗性政体中，个体与国家政治利益有机地结合起来，个体的发展不是基于抽象的国家制度，每个人的发展都是具体而独立，并与他者的利益、国家的整体利益相一致。尤为重要的是，贝塞尔看到了德国浪漫主义政治理论与美学的关联。他认为，德国浪漫主义所宣扬的美学即是和谐的共同体的反映，"美是个体与共同体和谐一体的外观……如果国家能够使个体与自身融为一体，这就是美的政体"（Beiser, *The Romantic Imperative*, Cambridge, London: Harvard University Press, 2003, pp. 40 - 41）。但是，贝塞尔并未深入德国浪漫主义美学之中发掘其政治诉求的可行性，最终在看到了德国浪漫主义的政治性和现实性的同时，割裂了其与美学的联系。

的创造性，只有纳入历史思维中才得以可能，即通过想象力的创造性与历史性，共同寻找德国民族精神，而这是审美历史主义的核心价值所在。

具体分析想象力的历史性特征，是指人们通过想象力面对存在于时间之中的事物，依靠其创造性特征，重新建构过去与未来，并将其融合在时间中的当下阶段。以赫尔德的同情理论为代表。在分析德国古典审美历史主义想象力的历史性特征时，不能将之与该阶段历史主义理论中的想象力理论混淆，虽然从表面上看，这两种想象理论都与历史思维融合在一起，并且都以想象力作为历史认识的前提。

历史主义的想象力理论与审美历史主义的想象力理论的区别在于，历史主义的想象力理论是以历史学为目的，它将想象力作为一种手段或方法运用到历史研究中，并且历史主义的想象力理论是基于文学理论上的想象力，而非真正该阶段具有创造性的想象力理论。也正是由于这个原因，随着历史主义思潮和历史学科的发展，历史学家逐渐否定了想象力在历史认识中的基础性作用。与此不同的是，审美历史主义的想象力理论以美学为基础，在其中，想象力不再是一种手段，它通过对历史思维的建构，成为可以观照人在时间中存在的哲学思想。想象力的历史性特征，是由其孕育而出的历史思维构成的，而历史思维又是以德国古典美学为基础的，由此，美学以想象力为核心建构了历史，进而构建了德国民族文化精神。

将审美历史主义的想象力理论与历史主义中的想象力理论进行对比，才能明晰审美历史主义想象力的历史性特征。历史主义思想中的想象力理论吸收了诸多德国古典美学思想，虽然它并没有以美学为理论基础，但是，历史主义成功地将德国古典美学化作方法论，保留了诸多德国古典美学的原发性理论，并且从另一方面体现了德国古典美学与其他学科交融的可能性。

具体分析历史主义想象力理论，以洪堡与兰克的想象力理论为代表，它们体现了想象力与历史、美学与历史主义的相互关系。在 18

世纪末的历史学科发展中，洪堡最先试图改变历史研究的方法，他认为，历史学家对历史的阐释和论述具有主体性，历史的意义是被历史学家建构的。"仅仅描述过去发生了什么，将历史学家置于被动的地位……对过去发生事件的了解必须通过历史学家的感知和推理，最终，历史的意义不是被给予的，而是被历史学家重建起来的。"① 基于对历史学的这种论断，洪堡重新回到亚里士多德提出的诗与历史之争的问题上。洪堡认为，历史学家通过对历史的书写，与诗人写诗一样，都是对真理和事物存在的发现过程（根源就在于历史学家在历史书写中具有的主体性）。"历史与诗一样，抓住普遍的真理，和事物存在的形式。"②

通过对历史与诗歌的比较，洪堡提出了想象力在历史学中运用的理论。他认为，历史学家与诗人一样，都必须通过想象力来构造所获得的材料。"历史学家与艺术家一样拥有同样的创造性：他也是像艺术家那样，通过幻想（Phantasie）将所有的材料有序地置于统一之中。"③

洪堡在本句中并未使用"想象力"（Einbildungskraft）一词，而是使用"幻想"（Phantasie），通过前文对德国古典想象力理论发展的分析，可以看到，洪堡对该词的选择并非任意的，在该阶段想象力理论语境中，"幻想"指为心灵提供感官图像的过程，其与想象的不同在于，想象力具有能动的综合能力，即创造性，而幻想被动地、片段地提供感官图像。洪堡采用"幻想"而不采用"想象"一词的实际原因在于，他试图将历史学家的想象力限定在被动的图像接受过程中（即幻想），而否定艺术家那样的主动的、创造性的想象力。"历史学家在重建事实过程中，只能想象那些确实发生过的事情……尽管艺术

① Wilhelm von Humboldt, *Wilhelm von Humboldts Gesammelte Schriften* (*Volume IV*), Edited by Prussian Academy of Sciences, Berlin: Behr's Verlag, 1903, pp. 35 – 36.

② Ibid., p. 41.

③ Ibid., p. 37.

家与历史学家都在模仿自然，并发现隐藏自然之中的形式，但是艺术家是自由地创造着这些形式，而历史学家必须创造那些业已存在过的形式。"①"历史学家必须将自己的想象力置于事实之下。"②

可以看到，洪堡在历史学领域建构了想象力理论的基础，即一方面承认历史学家在历史建构中所具有的主体想象力，另一方面又要限制想象力的创造性。简言之，洪堡并未看到想象力所具有的对现实改造的创造性的特征，将想象力限定在文学理论领域进行考察和运用，必将导致历史主义理论丧失对现实的能动性。

洪堡的想象力理论对历史主义思想产生了重要影响，继他之后的兰克，则将此理论深化和定型。与洪堡不同的是，兰克代表了历史主义对德国浪漫主义美学理论的运用，但是他亦没有看到德国浪漫主义想象力理论的核心思想，最终与洪堡殊途同归。兰克的历史哲学一方面试图建构科学、客观的历史学，另一方面又积极吸收美学理论和浪漫主义思想，他将历史学家对过去事实的研究与审美愉悦结合在一起，认为，历史与审美一样，应该是无利害的愉悦，"陶醉在过去的世纪之中，这是非常甜蜜和诱人的"③。兰克认为，这种无利害的目的，保证了历史的科学性。④

兰克将美学理论与历史研究结合起来的具体体现，是与德国浪漫主义哲学相一致。他首先承认诗歌具有的本体地位，进而将诗与历史

---

① Wilhelm von Humboldt, *Wilhelm von Humboldts Gesammelte Schriften* (*Volume IV*), Edited by Prussian Academy of Sciences, Berlin: Behr's Verlag, 1903, p. 45.

② Ibid., p. 38.

③ Leopold von Ranke, *Das Briefwerk*, Edited by Walther Peter Fuchs, Hamburg: Hoffmann und Campe, 1949, p. 17.

④ 狄尔泰对兰克上课情景的描述，更加生动地展现了兰克对历史的审美状态。历史在兰克看来成为一种审美活动。"我至今能够记得，他的眼睛并没有直视着听众，而是直视着那内在的历史世界。在那里看不到他与听众的任何联系，正是由于没有与听众的联系才使得他存在于对历史的直觉之中。他似乎注视着过去的一幅幅画面，他的眼睛似乎通过这些画面感知到过去。"参见 Dilthey, *Gesammelte Schriften* (*Volume XI*), Göttingen: Vandenhoeck & Ruprecht, 1965, p. 217。

等同起来，由此论证历史也与诗歌一样，具有其本体意义的价值。他在 1817 年 3 月 4 日给海因里希的信中写道："你我都相信，最伟大的诗人必须同时也是最伟大的哲学家……一个哲学家给我们内在的洞见（Einsicht），一个诗人给我们外在的描述（Darstellung），由此，每一个对内在洞见的描述都是哲学，也都是诗歌……诗歌的描述必须表示出自然、人性与自然的内在精神，必须反映出内在的洞见，这就是艺术。"① 兰克承认德国浪漫主义这一思想，其目的在于为历史哲学的思想做铺垫。如前所述，兰克认为，历史是另一种形式的诗歌，诗歌具有哲学的本体性地位，则历史理所当然地也应该是一种哲学，基于此，兰克在哲学的意义上对诗歌和历史定义为"一种理想的历史将如同诗歌那样，在有限之中表达无限"②。

从兰克的论证逻辑中我们可以看到，兰克借助德国浪漫主义诗学理论，重新塑造了历史学的理论根基。兰克反对以黑格尔为代表的历史哲学，认为其忽略了个体性在历史中的意义。为了提出与黑格尔不同的历史哲学理论，他将目光转向宣扬个体性与整体性相互融合的浪漫主义诗学理论③。另外，兰克吸收并转化了德国浪漫主义思想中的自然哲学（浪漫主义自然哲学基于斯宾诺莎单子论，将自然与人视为

①　Leopold von Ranke, *Das Briefwerk*, Edited by Walther Peter Fuchs, Hamburg: Hoffmann und Campe, 1949, p. 2.

②　Leopold von Ranke, *Aus Werk und Nachlass* (*Volume IV*), Edited by Walther Peter Fuchs, Munich: Oldenbourg, 1965, pp. 233 – 234.

③　德国历史主义尤为重视浪漫主义整体论思想（Holism），虽然在德国浪漫主义时期并没有形成系统的整体主义思想，但是其对个体在整体中发展的讨论，成为当代整体主义思想的核心。例如《哲学百科全书》，对整体主义的定义为："在哲学层面上，整体主义试图解释这样的问题：我们是否应将宏观的社会事件看作是个体的人的行动、态度以及他们之间的关系而构成的。在方法论上，整体论认为，我们应该采取这样的态度，即从自治的、宏观的角度观察社会中的个体，只有在此背景中，个体才拥有历史性。" [Donald M. Borchert ed., *Encyclopedia of philosophy* (*Volume* 4), Detroit: Macmillan Reference USA, 2006, pp. 441 – 443] 从当代整体主义的定义可以看到，其思想旨在解决个体与整体在历史中的关联性问题，这也是德国历史主义思想的源头和核心，而整体主义的核心体系，即个体自治、自决与整体间的关联，则是德国浪漫主义思想的一部分，由此可以看到以兰克为代表的德国历史主义对德国浪漫主义思想吸收的必然性。

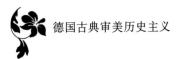

相互影响的整体。

在德国浪漫主义自然观的基础上，兰克否定了以康德为代表的唯心主义认识论。在兰克1816—1818年的散文中，① 兰克认为，"个人及其所存在的整体就是自然的全部，人毫无疑问的是自然的一部分"②。兰克基于德国浪漫主义的自然哲学思想，进而发展出了关于历史的认识论思想，即历史不再像康德—费希特—黑格尔体系中的历史哲学那样，完全是由人的主体性决定和阐释的，历史是由自然决定的，并且如同自然决定了人的精神和发展那样，兰克认为，历史也决定了人类的精神发展。

最后，兰克基于历史客观性的理论，发展出历史主义思想中具有代表性的历史认识论——历史的客观性思维理论。如前所述，兰克认为，历史是由自然而非人的主体任意决定的，那么，人对历史的认识也不能全然依靠其主体性。为了真实客观地认识历史，历史学家所要做的，就是让自然中的历史事实进行自我的阐释，即让历史事实向主体敞开，让事实说话。"我所想要的，正如事实曾经发生的那样，消解掉主体的阐释，让事物自身为自己说话，让其自身显示出强大的力量。"③

兰克将这种让事物自身说话的认识论称为客观性思维，并将之作为主体认识历史的核心。"这种客观性思维对是历史学家所拥有的，他要求历史学家不能把某一理论运用到历史事件之上，他必须安静地让客观事物作用于事物自身。"④ 在客观性思维基础上，兰克与洪堡

① 应注意到，这些散文被兰克命名为《人与自然》（*Mensch und Natur*），他认为，人的知性不能给自然立法，而是自然为人的知性立法，并且在诺瓦利斯、荷尔德林及施莱尔马赫的思想中，都能看到这个论断的影子。

② Leopold von Ranke, *Aus Werk und Nachlass*（*Volume Ⅱ*）, Edited by Walther Peter Fuchs, Munich: Oldenbourg, 1965, p. 230.

③ Leopold von Ranke, *Sämmtliche Werke*（*Volume XV*）, Edited by Alfred Dove, Leipzig: Duncker & Humblot, 1867 – 1890, p. 103.

④ Leopold von Ranke, *Aus Werk und Nachlass*（*Volume IV*）, Edited by Walther Peter Fuchs, Munich: Oldenbourg, 1965, p. 307.

一样，认为历史与艺术一样，两者都是通过想象力来建构所获得的历史材料。兰克认为，历史就是通过想象力构造一个叙述性的故事。[①]

但是由于历史的客观性，人在自然面前、在历史认识之中，必须控制住自己的想象力。兰克认为，"这种经过控制的想象力所表达出来的就是历史"[②]。由此可以看到，兰克虽然较为全面地吸收了德国古典美学和浪漫主义思想，但是，他没有看到想象力在美学中的本体论意义，最终他和洪堡一样（尽管兰克并没有像洪堡那样，明确地将想象力局限在文学理论中），将想象力作为历史研究的方法，形成了历史主义的想象力理论。正如贝塞尔所论述的那样："兰克历史学中的想象力只是一种方法，仅仅适用于我们对历史的阅读和讲述中。"[③]

通过对历史主义想象力理论的分析，可以看到，想象力在历史中的运用并不能算作是想象力的历史性特征，这也正是历史主义与审美历史主义的区别所在。审美历史主义想象力的历史性特征，与其创造性特征紧密联系，它是指以美学为基础的想象力对历史的观照。想象力理论不再限于文学理论领域，它在美学基础上成为处理主客之间、人与整体世界联系的哲学思想，其历史性特征是内在于想象力之中的。德国古典审美历史主义想象力的历史性特征的具体体现，是以赫尔德为代表的同情理论。

同情理论最早出现在英国启蒙主义思想中，主要表示一种与他人共同拥有的、想象性的情感能力。恩格尔认为，启蒙思想中的同情理论起源于休谟，休谟认为人类之间具有巨大的相似性，相比人与其他事物的联系，人与人之间更容易同情彼此。史密斯基于休谟的理论提出了新的问题——人是否与非人类的物种具有情感的联系？即人与他

---

① Leopold von Ranke, *Aus Werk und Nachlass* (*Volume IV*), Edited by Walther Peter Fuchs, Munich: Oldenbourg, 1965, pp. 72 – 75.

② Ibid., p. 233.

③ Frederick C. Beiser, *The German Historicist Tradition*, Oxford: Oxford University Press, 2011, pp. 277 – 278.

物（非他者）是否可以同情的问题。济慈和柯勒律治回答了史密斯的提问，他们认为，虽然我们与其他非人类的生物没有共同的情感，但是这并不妨碍我们将自己的想象能力运用到它们身上，也正是通过想象力在非人类的物种和自然中的运用，形成了独特的审美感受，并且，人之外的自然之物也同时在同情的想象力面前具有了象征的性质，继而想象力成了同情理论的核心。①

虽然恩格尔对同情理论的梳理让我们看到其以想象力为理论基础，并且也表明了想象力作为构造人与外在世界的能力，但是，他所认为的同情理论仅仅限于英法启蒙主义思想中，而其想象力理论也难免落入文学理论之中的命运。在恩格尔的著作中，他将德国的同情理论与英法启蒙主义同情理论混为一谈，没有看到德国古典想象力理论的自身特点。实际上，德国古典同情理论与英法启蒙主义同情理论在词义上具有很大的出入。德国古典思想中的"同情"均采用德文"Einfühlungsvermögen"，英法启蒙主义思想中的"同情"则采用英文"Sympathy"。从德文与英文的比较可以看出，英语"Sympathy"表示一种将内在的想象力投射到客体之中的活动，从而获得对他者的理解，这个词语更多地表示该活动基于感官的想象，例如浪漫式的幻想、非理性的激情和恣意的主观主义态度。以赫尔德为代表的德国古典思想中的同情"Einfühlungsvermögen"一词，则与英语的意义相悖，它以经验主义与理性主义的综合为基础，否定完全基于感官和非理性的纯粹主观的想象过程，所以，德文中的同情"Einfühlungsvermögen"与英文里的同情"Sympathy"，根本不是同一意义，并且，也无法在英文中找到与之对应的词语。②

---

① James Engell, *The Creative Imagination*: *Enlightenment to Romanticism*, Cambridge, London: Harvard University Press, 1981, pp. 150 - 160.

② 德语与英语中"同情"一词的辨析，还可参见巴纳德关于赫尔德思想中德文词义的辨析（F. M. Barnard, *Herder on Nationality*, *Humanity*, *and History*, London, Ithaca: McGill-Queen's University Press, 2003, pp. 108 - 110）。

德国古典思想中的同情理论的核心是想象力理论，与英法启蒙主义同情理论中的想象力最大的不同就在于，其想象力理论具有历史性特征，即德国同情理论创造了一种主客联系的模式（其同情理论亦具有本体论意义），而这种模式以历史的存在为前提，只有在历史之中，才能建构主客关联的模式。正如伊萨·柏林认为，德国古典思想中的同情理论的特点就是想象力的历史性，他将该阶段同情理论定义为"通过历史的洞见与想象，使独立的个体情感与人类经验相互联系在一起"[1]。

　　可以看到，德国古典同情理论代表了想象力的历史性特征。与历史主义不同的是，这一理论完全基于美学理论的发展，想象力是作为同情理论的基础来建构历史，并体现出历史意识，而非像历史主义那样，想象力被作为一种手段运用到历史之中。德国古典同情理论构成了德国古典审美历史主义的核心，它与想象力的创造性密不可分，它以赫尔德的同情理论为代表和具体体现。赫尔德的同情理论以德国古典美学为基础，它的出现并非偶然，而为了更加清晰理解赫尔德的同情理论，必须弄清在他之前与同情说有密切联系的美学理论，他们分别是温克尔曼和莱辛关于美学情感与历史的理论。

　　温克尔曼对同情理论的启示和贡献主要在于，他开启了将人的感性情感作为认识历史的途径。虽然温克尔曼的理论看似与历史主义的策略十分相似，即都是将情感因素（即想象力）作为认识历史的方式，但是，两者间具有本质的区别。温克尔曼通过情感认识的历史是艺术的历史，其目的是以艺术的历史代表普遍人性的历史发展；而历史主义的历史，是现代历史科学意义上的历史。温克尔曼的理论将情感认识作为历史认识的核心，想象力在其中具有建构历史的作用；历史主义则将情感、想象力作为一种认识历史的手段。所以，温克尔曼的理论最终孕育了德国同情理论，历史主义则与此毫无关联。

―――――――――――

　　① Isaiah Berlin, *Vico and Herder*, London: Chatto & Windus, pp. 186 – 188.

　　具体分析温克尔曼理论中情感理论的构成，其理论发展逻辑如下。首先，温克尔曼继承了鲍姆佳通在理性统治下彰显感性认识作用的思想。但与鲍姆佳通不同的是，鲍姆佳通认为理性高于感性，理性给感性提供活动的准则。温克尔曼更多强调的是两者的协调，他以希腊精神中高贵的单纯和静穆的伟大，作为感性与理性平衡的最高代表。"希腊杰作有一种普遍和主要的特点，这便是高贵的单纯和静穆的伟大。正如海水表面波涛汹涌，但深处总是静止一样，希腊艺术家所塑造的形象，在一切剧烈情感中都表现出一种伟大和平衡的心灵……表现平静的，但同时要有感染力；表现静穆的，但不是冷漠和平淡无奇。"①

　　由此，温克尔曼以理性与感性协调发展的理论，影响了德国传统理性主义美学的发展路径。尤为重要的是，温克尔曼在对人的感性情感强调的同时，将其纳入历史的语境中进行论证，例如他认为，激情是人类早期的情感方式，激情之后的平衡稳健便是成熟完满的人性。"激情这种稍纵即逝的东西，都是在人类行为的开端表现出来的，平衡、稳健的东西最后才会出现。"②

　　其次，基于对人的感性情感在理性中的强调，温克尔曼将艺术作为认识真理的途径。因为在温克尔曼看来，艺术不是纯理性的，按照传统理性主义逻辑，其必然不是认识真理的方式，而按照温克尔曼的阐释，传统的理性独断主义忽略了感性的存在。"我们的理智有个恶习：仅仅注意那些它第一眼不理解的东西，而对那些一清二楚的东西态度很冷漠，像对待不断流逝的时光一样。"③ 只有理性与感性的完美和谐，如古希腊的精神那样，才是人类的最本真的精神。温克尔曼以"美"来表示这种理性与感性和谐一致的状态："美被视觉感受

---

　　① ［德］温克尔曼：《希腊人的艺术》，邵大箴译，广西师范大学出版社 2001 年版，第 17—18 页。

　　② 同上书，第 9 页。

　　③ 同上书，第 52 页。

到，但被理智认识和理解。"①

温克尔曼用理智认识美，不是以逻辑分析，从普遍概念的推理出来的方式，而是从一个个具体形象，通过理智综合出来美的概念，这也是和鲍姆佳通的不同之处。"关于美的正确概念，需要掌握有关它的本质的知识，而我们又只能在某些方面把握其本质，因为这里我们接触到的，就像大多数哲学家推论一样，不能运用从普遍到部分、到个别的几何学方法以及从事物的本质中抽象出关于它们特征的结论。我们不得不满足于从一系列个别的实例中引出大致性的结论。"② 可以看到，美的发现过程就是感性与理性的结合统一。③ 通过以上论述可以看到，温克尔曼认为，代表着理性与感性统一和谐、代表着美的艺术，必然成为认识真理的方式，甚至是唯一的方式。

最后，温克尔曼以艺术为途径构建历史的发展，即通过艺术史的方式，建构以普遍人性为基础的历史。在艺术对历史的构建过程中，温克尔曼将人的情感作为重要的标准。他将历史以艺术的方式分为四个时期。第一阶段是"远古风格"，这一时期的特点是"按照自然界的驱使自由作为，对于自己的激情不加控制"④。第二阶段是"崇高的风格"，它承接远古风格（远古风格在对自然的模仿中创造了法则，人们模仿这些法则而忽略了自然，就像数千年前的古埃及艺术一样，都是在法则之中的行进），而崇高的风格就是"一些艺术革新家

① ［德］温克尔曼：《希腊人的艺术》，邵大箴译，广西师范大学出版社 2001 年版，第 121 页。

② 同上书，第 123 页。

③ 温克尔曼十分强调美所具有的对理想、感性的综合性。他在具体的艺术品分析中，处处彰显着对统一性的崇拜："男性青年美的最高标准特别体现在阿波罗身上。在他的雕像中，成年的力量与优美的青春期的温柔形式结合在一起。""理想的青春美的第二种类型是从阉割过的人们身上汲取过来的，在巴克斯的雕像中，它和刚勇的青春美相结合。""成年男性之美表现在年岁成熟的力量与青春朝气的结合上"（温克尔曼：《希腊人的艺术》，邵大箴译，广西师范大学出版社 2001 年版，第 131、133、134 页）。

④ ［德］温克尔曼：《希腊人的艺术》，邵大箴译，广西师范大学出版社 2001 年版，第 179 页。

起来反对这些假定性的体系，他们重新接近存在于自然界的真理"①。在崇高风格的历史进程中，温克尔曼将之与第三阶段，即"典雅的风格"进行比较，并认为，崇高风格之后的典雅风格是对前者的吸收，具体体现为以典雅的理性吸收崇高阶段的激情。"前者（崇高风格）吸引我们的是澎湃的激情，后者（典雅风格）则使我们心甘情愿地倾听；前者不给我们时间去思考精雕细琢的美，而在后者的言说中，它们却自然地流露出来，并且为演说者的论点提供全面的阐述。"②最后一个阶段是"典雅风格的衰落"。温克尔曼认为，这个阶段是晚期艺术对古希腊艺术的模仿造成的，这里的模仿指的是对艺术品僵硬的、没有自己创造性的模仿。

通过温克尔曼的艺术史分期理论，我们看到了其中对他人的情感在历史发展中的强调。第一阶段是人单纯的激情阶段；而后的崇高风格阶段，建构了对激情规制的法则；对激情综合规制的表现就是第三阶段，即典雅的风格；最后典雅风格的衰落，又代表人的情感的再一次丧失。综上对温克尔曼情感理论的梳理，可以看到，他在美学理论自身发展基础上，给予情感感性合法地位，并且论证了这种情感性所具有的原初的历史性特征。虽然他没有明确地表示人类情感对历史的建构作用，但是为其后的同情理论奠定了基础，因为只有通过情感才能赋予历史与精神，赋予历史与价值。正如温克尔曼所说："伟大的希腊艺术家们，他们想必把自己看作是新的创造者，与其说是为理智而创作，毋宁说是为感情而创作；他们努力克服物质的艰苦，只要一旦有可能，便赋予物质以精神。"③

温克尔曼开启了情感在历史认识中的作用以及对人类情感普遍性的宣扬，莱辛则延续了温克尔曼的道路，将人类情感本体化。如

---

① ［德］温克尔曼：《希腊人的艺术》，邵大箴译，广西师范大学出版社2001年版，第181页。

② 同上书，第186页。

③ 同上书，第129页。

果说温克尔曼依然是在理性主义统治下建构人类情感认知，那么，莱辛则是通过对温克尔曼的批判，将情感置于美学中的基础性地位（本书在第二章已经分析了莱辛通过其情感理论抵抗英法启蒙主义思想，塑造了德国启蒙主义思想的自身特点）。莱辛的情感理论具体表现在其著作《拉奥孔》中，他批判以温克尔曼为代表的理论家对诗歌艺术的忽略和贬低，开启了诗与雕塑、绘画之争。莱辛更为深刻的意图不仅仅是在不同的艺术类型中重新评估诗所彰显的力量，而是与温克尔曼一样，要通过艺术的方式，重新认识古希腊以及德国自身民族的文化精神。为了达到这一目的，莱辛第一次在《拉奥孔》中提出了同情理论，为其后的赫尔德同情理论奠定了基础。

首先，莱辛将人的情感作为古希腊精神的内核。在《拉奥孔》中，莱辛的核心思想是，认为古希腊的精神并非如温克尔曼所论断那样，是理性与感性的完美和谐统一（具体表现为古希腊雕塑作品中的静穆与单纯），而是存在于古希腊人性中的情感（莱辛所表达的是古希腊情感，不是经过理性洗礼的，而是单纯、激烈、持久的人性情感）。他认为，"荷马的英雄们却总是忠实于一般人性的。在行动上他们是超凡的人，在情感上他们是真正的人"①。

其次，莱辛基于情感的基础性地位，突出了诗学在人类情感表达上的优越性，生发出其同情理论。在莱辛看来，通过艺术对古希腊精神的理解，其本质就是理解他们的人性，即古希腊精神中彰显出的情感性。莱辛认为，艺术史不是要表现"客观的历史真实"。他举例，罗马诗歌中对物体的时间性描述只是一种艺术手法，社会学家在其诗歌中对这种描述所进行的客观历史阐释是荒谬可笑的，它表现为艺术史家们想通过艺术品去重建诗歌的荒谬企图。② 而对此情感性理解的

---

① ［德］莱辛：《拉奥孔》，朱光潜译，人民文学出版社1979年版，第8页。
② 同上书，第46—48页。

途径，就是诗歌、悲剧，而不是雕塑与绘画。可以认为，这是《拉奥孔》"诗画之争"的根本原因。

最后，莱辛在对古希腊人的情感精神的理解中，发展出同情理论。莱辛认为，我们对精神性的情感理解，是通过我们的想象力创造出新的意象，并由此在其中产生出与实物相等的情感。"凡是我们在艺术作品里发见为美的东西，并不是直接由眼睛，而是由想象力通过眼睛去发见其为美的。通过人为的或自然的符号就可以在我们的想象里重新唤起同实物一样的意象，所以每次也就一定可以重新产生同实物所产生的一样的快感，尽管快感的强度也许不同。"①

在《拉奥孔》中，莱辛以戏剧为例，论证同情理论的合理性。他认为，戏剧的目的即是引发观众的同情，由此可以看到，莱辛的同情理论具有强烈的文学理论性质，即以同情理论阐释人如何欣赏一件艺术品，并从中获得愉悦的方式。但是，从莱辛整个诗学理论中看，他又不仅仅将同情理论作为一种文学欣赏手法。他认为，不是所有的戏剧都可以引发人们的同情，只有具有精神性的情感内容，才能让人产生同情；而非精神的情感则不能让人同情，"肉体的痛苦一般并不象其它灾祸那样能引起同情"②。另外，莱辛亦为同情规定了限度。他认为："凡是旁人不大能同情的那些情感和激情，如果用过分激烈的方式表现出来，就会讨人嫌厌。"③ "稍微表现一点情感就会引起同情，而屡次引起的同情就会很快地迫使这种冷酷的把戏不能再演下去。"④ 这都反映出，同情并不是欣赏主体或是创作主体单方面所能决定的，他必须以其内容的精神性为主旨，而这种精神的情感在莱辛看来，就是古希腊的文化精神。

莱辛的同情理论一方面论证了古希腊精神所具有的情感性，他是

① ［德］莱辛:《拉奥孔》，朱光潜译，人民文学出版社1979年版，第41页。
② 同上书，第24页。
③ 同上书，第28页。
④ 同上书，第29页。

普遍人性的核心；另一方面，同情理论以想象力为中介①，成为认识历史精神的手段，并且它使得不同民族、不同时代之间的交流成为可能，而这一切都是以美学理论为基础的。

赫尔德的同情理论正是基于温克尔曼与莱辛的基础上形成的，他吸收了温克尔曼以艺术认识历史精神的方法，站在其对感性的高度宣扬上，综合了莱辛以想象力为核心的同情说，并且在一定程度上汲取了早期德国浪漫主义的思想，最终形成具有代表性的德国古典同情理论，并在其中论证了想象力的历史性特征。实际上，赫尔德的同情理论的核心就是想象力的历史性特征。

首先，赫尔德论证了情感在人性中的核心地位。他在《鲍姆佳通的丰碑》中认为，鲍姆佳通美学的源头不是古希腊的情感、感官上的审美，而是推理，即是基于理性传统下的对感性的阐释。赫尔德认为，真正的美应该以人类情感为基础，以感官为源头显现出人类的精神。"我所期望的不是法国的，而是希腊的美，他们从我们内在的情感深处走来，从这些感官之中我们抽象出了最高荣耀的精神。"② 赫尔德认为，诗歌的核心也是具有人类的情感。他认为，颂诗是最先表达人类情感的艺术形式，进而是所有诗歌的源泉。"颂诗是人类情感的第一个儿子，诗歌的源泉其生命的所在。"③ 赫尔德对情感的强调深受鲍姆佳通的影响。但是与鲍姆佳通不同的是，鲍姆佳通将情感置于理性之下；赫尔德则将情感置于与理性相一致的地位，将两者作为哲学的两个组成部分。"在赫尔德看来，如果思维与情感的表达被分

---

① 对比温克尔曼与莱辛的想象力理论，两者以自身所处的时代精神回溯古希腊文化精神，他们共同以艺术为中介，开启了对古希腊审美想象的两种路径。前者是以想象的明晰性对客观真理的认知，后者是以想象的情感性对内在真实的追问；前者是想象以物体（艺术品）自身所蕴含的精神为动力，后者想象以自身情感和艺术品的时空形式为激发点；前者想象面对物的呈现，后者想象面对思的激情诉求。

② Johann Gottfried von Herder, *Selected Writings on Aesthetics*, Translated and edited by Gregory Moore, Princeton: Princeton University Press, 2006, p. 49.

③ Ibid. , p. 45.

离开来，那么哲学就不具有实践的意义。"①

其次，赫尔德基于情感—感官的美学模式，并将其作为核心方法，运用到对人类语言的研究中，从而发展出同情理论。他认为，人类语言的起源，就是将自己的感官与情感结合在一起的过程。他举例人对"羊"这一词语的发明过程，赫尔德认为，在人没有发明"羊"这一词语之前，我们没有一个可以推理的内在逻辑对应于"羊"这样一种事物，而只能凭我们的感官去面对它，即人只能通过羊的叫声，在人的内在情感中去构造出"羊"的概念与词语。赫尔德所举的这一例子，刚好对应其美学思想，即人首先是凭感官情感认识世界的。并且，赫尔德认为人所感觉到的羊的声音，也并非羊本身最真实的声音，② 这声音是人的内在情感对羊的投射而创造出来的，这种情感投射的方式就是同情。更重要的是，赫尔德认为，所有的动物都具有自身语言交流的系统和能力，那么所有的动物也就具有同情的能力。在这一问题上，赫尔德与以济慈、柯勒律治为代表的英法同情理论截然不同。英法同情理论认为，人之外的动物没有同情的能力，而以赫尔德为代表的同情理论认为，不仅仅是人才具有同情能力，人之外的事物也都具有这一能力，这一论断的重要性在于，它将同情超越了文学欣赏的领域，使之成为具有建构整体世界的理论，并且也为德国早期浪漫主义的精神性自然提供了理论基础。③ 而且，赫尔德将同情的方式放入历史之中进行观照，认为，感官与情感是随着历史而变化的，同情的方式及其所创造的语言由此具有了变化性。④

再次，在赫尔德基于同情理论阐释语言的起源后，他又将语言作

---

① Frederick C. Beiser, *The German Historicist Tradition*, Oxford: Oxford University Press, 2011, p. 108.

② 赫尔德与康德的"物自体理论"不谋而合。他认为，我们根本无法认识到事物最本真的状态，哪怕是凭我们最直接的感官。

③ Johann Gottfried von Herder, *Philosophical Writings*, Translated and edited by Michael N. Forster, Cambridge: Cambridge University Press, 2002, pp. 88 – 89.

④ Ibid., pp. 203 – 205.

为艺术和文化的核心，进而将同情理论植入对艺术及民族性的论证之中。他在《德国文学的片段》中认为，诗歌的美及其意义都是独立存在的，因为它们基于不同的语言和不同的文化，如果将诗歌的美及其意义独立于人的语言、文化和时代，那就是一种抽象的观点。"每个民族以其自身的语言表达其思想，其思想由其言说的方式所决定。"① 麦克·福斯特认为，正是由于赫尔德将文化、艺术及其民族精神都基于其语言理论上，而文化、艺术又是在时间之中变化的，所以赫尔德认为，当我们面对历史中的、不同民族中的艺术和文化时，需要我们用我们自身的内在情感去翻译历史，同情的本义就是站在他人的立场上感觉、感知。②

最后，赫尔德将同情理论扩大到最具实践性的政治学之中。"赫尔德的人类学是其理论的核心，主要包含对战争的排斥，对民族英雄、国家精神和爱国主义的宣扬，而这些理论也都包含在其同情理论中。"③ 赫尔德同情理论的政治性的根源还在于，其同情理论是关于人类道德建构的理论。"赫尔德的同情说属于其道德学说范畴……在赫尔德看来，人类通过相互间同情而获得交流，这就是人类道德的目的……如果没有同情，赫尔德的道德理论将是一片空白。同情理论要求人们管理自己的情感，有限制地控制自己的情感，从而保证对他人的尊重，和获得最大的快乐。"④

最终，赫尔德以其同情理论为核心，使之成为不同民族、文化及艺术趣味间相互交流的手段，其亦成为建构德国民族性的工具，同情理论成为具有建构性特征的本体论哲学。

对赫尔德的同情理论，还需补充说明其同情理论与想象力理论的

①　Johann Gottfried von Herder, *Philosophical Writings*, Translated and edited by Michael N. Forster, Cambridge：Cambridge University Press, 2002, p. 38.

②　Ibid. , xvii – xviii.

③　Sonia Sikka, *Herder on Humanity and Cultural Difference*, Cambridge：Cambridge University Press, 2011, p. 23.

④　Ibid. , pp. 66 – 67.

关联。实际上，以赫尔德为代表的同情理论就是想象力历史性特征的具体体现，因为同情理论以情感作为人性的本质特征，以情感的方式去理解不同民族文化、时代的精神，其情感就是被想象力建构的。情感的建构性来源于想象力的创造性，正如赫尔德对想象力的阐释那样。一方面，他认为我们通过想象力弥补了感官与情感在不同时代、文化和个体之中的差异性。通过上述分析我们又看到，赫尔德正是试图通过同情理论来弥补、理解不同时代、文化的精神，所以，在此，想象力与同情理论所具有的相同效力，对于德国民族文化的建设，同情理论与想象力理论是同一的。赫尔德认为，想象力的特质就是保持、建构不同文化、时代和精神间的关联性，这种效力体现在以想象力为核心的艺术之中。"艺术中的趣味是固定的，就像它们以前那样，并且所有的艺术趣味都依赖于想象，这不仅没有损坏艺术的趣味，反而使它们能够得以保存下来。"[1]

另一方面，赫尔德还认为，想象力理论是同情理论的标准和保障，正如他对大卫诗篇的分析那样。赫尔德认为，我们不是要通过毫无节制的同情，分享与大卫相同的喜怒哀乐情感。"大卫像国王或逃难者那样忧伤和焦虑，我们并不需要，去诅咒那些我们没有的敌人或是像战胜了他们那样欢呼雀跃"，这不是阐释者的目的。阐释者的目的（即真正的同情）是要通过想象力，创造一种与之相似的情感模式，创造一个大卫情感背后的大环境，而这种环境就是历史、文化和时代精神。[2] 从而赫尔德完整地阐释了想象力作为同情理论的核心，对历史、文化、政治和时代的理解和建构过程。

赫尔德的同情理论深刻地影响了德国浪漫主义思想及浪漫主义思想中对历史的阐释方式。例如，诺瓦利斯要求以当代精神建构古代的

---

① Johann Gottfried von Herder, *Selected Writings on Aesthetics*, Translated and edited by Gregory Moore, Princeton: Princeton University Press, 2006, p. 319.

② Johann Gottfried von Herder, *Herders Werke* (*Volume* 5), Edited by Ulrich Gaier, Frankfurt: Deutscher Klassiker Verlag, 1985, pp. 1194 - 1199.

历史概念。"自然与对自然存在的洞见，就像古代和对古代的知识那样，相信古代的实际存有是一种错误的思想……古代是艺术家的眼睛与灵魂中逐渐存在的……古代文学也和古文物一样，不是被给予的，是被我们自己创造的。"①

浪漫主义将诗歌作为民族性的内核的思想，例如弗里德里希·施勒格尔将诗歌作为各个民族的精神显现，要求各个民族之间相互尊重其各自的诗歌，即相互尊重其民族精神。"诗歌与艺术是每个民族文化的组成部分，它们是被每个民族的精神、情感和民族的自身梦想决定的。我们必须特别尊重每一个民族的诗歌，就像当前的英语诗歌那样，在它们还未被其他民族所接受的时候，它们必须被给予尊重。"②

浪漫主义对包含民族语言的传奇故事的挖掘等重要思想理论，例如格林兄弟对德国童话的收集与整理，都与赫尔德的同情理论紧密联系，即它们都是德国古典审美历史主义发展的必然结果，而这一切又都以德国古典审美历史主义中的核心——想象力的创造性和想象力的历史性为基础。

---

①　Novalis, *Notes for a Romantic Encyclopaedia*, Translated and edited by David W. Wood, Albany: State University of New York Press, 2007, pp. 111 – 113.

②　Friedrich Von Schlegel, *Philosophy of History*, Translated by James Burton Robertson, London: George Bell & Sons, 1883, p. 470.

第四章　德国古典审美历史主义的效用

　　德国古典审美历史主义在美学理论支撑下，以创造性和历史性的想象力为手段，对 18 世纪末至 19 世纪初德国民族精神的形成起到了至关重要的作用。这种作用具体表现为，审美历史主义对德国该阶段的时空进行审美定位，将时间与空间审美地联系起来，在空间中通过对自然的审美历史主义建构，为德国民族在地理上进行定位，同时在时间中通过对东方的审美历史主义建构，为德国民族在精神上进行定位。由于在现代民族主义理论视野中，18 世纪末至 19 世纪初的德国并没有形成其民族统一体，这导致了对德国该阶段民族文化精神研究的忽视。实际上，德国古典审美历史主义通过审美的方式建构德国民族的文化发展历史，在此过程中已经形成了统一、有效的德国民族精神发展的模式，但它并不是基于当代民族概念下的民族精神。所以，本章首先要厘清德国审美历史主义与民族的概念；其次，本章将分析德国古典审美历史主义在空间与时间中对其民族精神定位的过程，具体表现为通过对自然与东方精神的审美想象，德国在该阶段建构了一套符合自身民族文化发展的历史思维，并基于这种思维，将具有其民族特性的文化精神，如中世纪精神，纳入这个历史进程之中，最终形成德国民族的文化精神，而这就是德国古典审美历史主义的效用所在。

第一节　德国古典审美历史主义与德国
民族概念的关系

当代西方对 19 世纪德国民族形成的考察，普遍基于当代民族主义理论，或者是基于民族主义理论框架中的改良后的理论。虽然这些研究路径涉及并阐释了德国 19 世纪民族及其时代精神的产生，抑或在其研究中考察了德国民族精神中所蕴含的审美特性，但是，这些研究方法的核心都是历史学的方法，他们并没有看到德国审美历史主义对历史的建构，也没有看到只有审美历史主义具有对德国民族的建构性。因为民族主义理论家们所运用的历史学方法，正如德国在该阶段所出现的历史主义理论一样，他们脱离于美学而基于历史学科领域，最终无法（其目的也并非）对 19 世纪德国民族精神的形成产生建构性作用。所以，当代民族主义理论并不能，至少并非最好的方式来介入讨论德国 19 世纪民族的形成，因为按照其一直秉持的历史学研究方法，可以轻松地批判这些理论——德国民族的形成，在时间上远远早于民族主义理论的形成，其形成的过程绝非被当代民族主义理论所决定的，并且，这些理论对德国 19 世纪民族形成的阐释，也应被打上疑问号。

当代民族主义理论对民族的定义与起源大致分为两种：一种将民族定义为种族、种群的起源，并且对民族的研究应该基于文化（如语言、宗教、神话和历史）；[1] 另一种则将民族的定义放入现代政治学理论框架中，通常认为，法国大革命是民族概念的起源。[2]

---

① Anthony D. Smith, *The Ethnic Origins of Nations*, Oxford: Oxford University Press, 1986.
② 例如，约翰·布罗伊尔直接将民族主义理论定义为"现代政治结构最基本的形式"（John Breuilly, *Nationalism and the State*, Manchester: Manchester University Press, 1993, p. 1），并且在政治学的基础上，引申出将民族主义理论作为现代性最重要的特征（Eric Hobsbawm, *Nations and Nationalism Since* 1780, Cambridge: Cambridge University Press, 1990, p. 14）。

可以看到，这两种主流的当代民族主义理论所采用的"宏大"研究手法和狭隘的定义，不仅仅忽略了对德国 19 世纪民族起源的研究，也忽略了诸多与现代政治或与现代性具有差异的民族起源的研究。

正是基于当代民族主义理论的缺陷，米歇尔·比利格最早对这种理论进行批判和重建。他试图在宏观的民族主义理论中采取微观的分析手法，并试图将此作为当代民族主义理论的核心。例如他认为，传统民族主义理论定义过于狭窄，忽略了现实中日常生活对民族精神及其构成的作用。"最具象征意义的平凡的民族主义不是那引人注目的、被激情的爱国主义者挥舞的旗帜，而是那平常的、不被人重视的悬挂在每家每户楼上的旗帜。"① 并由此提出一种新的民族主义理论——"平凡的民族主义"（Banal Nationalism）。

比利格对当代民族主义理论的批判与改造，直接影响了当代对德国民族形成过程的研究。例如南希·里根认为，民族主义理论宏大的叙事，无法介入德国 19 世纪民族精神的研究，因为该时期的德国并没有统一的政治共同体或统一的民族意识。由此她基于比利格的研究路径，从女性的视角观察德国 19 世纪民族起源及其精神。她认为，德国 19 世纪女性在家庭中的生产力、其对家庭环境的布置和家庭观念的构造，以及女性在德国殖民地的影响，是德国民族形成的重要力量，甚至是根本性的因素。② 而学者们在对德国民族精神和民族意识的探讨中，也基本上摈弃了当代民族主义理论，从社会学、心理学等多个学科领域中，借用不同的研究手段，介入德国 19 世纪民族精神的研究，打破了当代民族主义理论的宏观视角。其中具有影响力的研究理论是集体记忆理论（Collective Memory）和故乡理论

---

① Michael Billig, *Banal Nationalism*, London: Sage Publications, 1995, p. 8.
② Nacy R. Reagin, *Sweeping the German Nation: Domesticity and National Identity in Germany 1870 – 1945*, New York: Cambridge University Press, 2007, pp. 1 – 10.

（Heimat）。①

集体记忆理论作为对德国 19 世纪民族意识精神研究的手段，其理论主要来源于心理学领域如弗洛伊德（Sigmund Freud）、哲学领域如柏格森（Henri Bergson）和人类学领域如古迪（Jack Goody）的理论，通过对不同学科理论的借鉴，构建了一套能够不依赖于民族主义理论，又能更好地研究德国民族意识精神的理论，而这一理论的系统性建构由社会学家莫里斯·哈布瓦赫完成。正如他在《历史作为记忆的艺术》中所论述："所有的记忆都在特定的时空之中，由特定的社会群体所承载。"② 他认为，"集体记忆这个概念比历史这个概念更能阐释没有文字记载的社会"③。这种理论非常适合德国民族意识起源的研究，其中亦涉及美学、艺术的问题，如对德国该阶段神话、民间传奇所蕴藏的集体记忆和集体精神的研究。

故乡理论同样基于对当代民族概念的批判，认为，当代民族主义理论中的民族概念无法阐释民族情感和民族精神，反对从依附于当代民族概念的经济、政治和教育体系出发研究民族精神文化，认为，民族应该是一种超越地域限制的、想象的世界。④ 由此，故乡成为德国 19 世纪民族意识的代表，它不依赖于统一的国家地理、政治结构和经济基础，却蕴含德国民族意识与民族文化。"Heimat"一词在德语中本义是故乡、家园，它最先是由德国 18 世纪末至 19 世纪初普法尔茨地区的人用来表示对家乡的称呼。因为德国在 1871 年以前没有统

---

① 集体记忆理论和故乡理论被广泛运用到德国 19 世纪民族意识的研究中，尤其是故乡理论成为德国该阶段民族意识的代名词。因为德国在 19 世纪并没有统一的国家和政治意识，而故乡（Heimat）一词的转变与发展过程，则被学者们认为是德国民族意识的产生与定型过程。西方学术界对德国 19 世纪民族问题的研究中，都不可避免地要将故乡意识作为其研究环节，其理论具有广泛的学术影响力。

② Maurice Halbwachs, *On Collective Memory*, Edited and translated by Lewis A. Coser, Chicago: University of Chicago Press, 1992, p. 37.

③ Ibid. , p. 46.

④ Benedict Anderson, *Imagined Communitie : Reflections on the Origin and Spread of Nationalism*, London, New York: Verso, 2006, pp. 5 – 7.

一的国家，并且普法尔茨拥有相对较长和统一的文化历史。其中，普法尔茨伯爵作为罗马人民国王或神圣罗马帝国君主的代表，在该区域行使王权。随着普法尔茨区域人民与其他区域交流的增加，他们对"故乡"这一词语的运用以及对故乡的热烈情感，也影响了整个 19 世纪德国的领土，而故乡意识、故乡理论则被认为是德国 19 世纪民族意识的重要来源。①

通过以上对德国 19 世纪民族意识研究的梳理，可以看到，尽管西方学者试图创造符合德国 19 世纪民族特征的理论，并试图通过多个层面对这一问题进行阐释，但是，他们始终没有跳出当代民族理论的框架，即他们所采用的方法和理论根基，无一例外的是历史学的研究方法。实际上，在德国 19 世纪民族精神研究中，历史学研究方法的天然缺陷就在于，它将德国民族的形成定位于 1871 年。"在 1871 年以前，'德国'并不存在……在这之前，并没有清晰的德国政治、社会和文化特性。德国历史，不是作为一个统一确定的整体出现的……只是许多不同历史时间片段的结合。"② 而 1871 年之前的德国，要么是没有民族性可研究的（如当代民族主义理论），要么就像其他改良后的民族主义理论那样，始终将 1871 年之后的德国民族视为其民族精神、文化的最终落脚点，而在此之前的德国文化精神都是以此为目的发展的。③ 例如阿龙·科非诺在使用集体记忆理论时，认为，1871 年以前德国没有民族性可言，也没有民族的历史可言，德

---

① Celia Applegate, *A Nation of Provincials: The German Idea of Heimat*, Berkeley, Los Angeles, Oxford: University of California Press, 1990, pp. 3 – 10.

② James Sheehan, *German History: 1770 – 1886*, Oxford: Oxford University Press, 1989, p. 1. 这本关于德国历史的著作，或是在此引用的这本著作中的这段话，成为所有研究德国民族意识、精神著作的信条。此外，这种研究模式也深刻地体现了对德国民族研究的历史学基础。

③ 这种思想的直接体现就是，在这些对德国民族精神研究的著作中，尽管不遗余力地强调对 1871 年以前德国民族意识的研究，但是对其研究的模式还是基于现代民族主义理论进行，对 1871 年以前德国民族精神进行政治、经济、社会阶层的划分，事先预定了德国 1871 年以前的文化最终都将走向 1871 年的民族精神中。

国民族中的集体记忆起始于 1871 年。[1]

西莉亚·阿普盖特把德国故乡理论看作民族理论的前期形态，认为在 1871 年普法尔茨并入德意志帝国后，其故乡、家园意识就变为了民族意识，故乡连接了对民族渴望的情感与地方性意识的鸿沟，在 1871 年之后，其故乡意识也被民族意识取代。[2] 由此可以看到，基于历史学的研究方式或是以民族主义理论为前置目的，忽略了对德国 1871 年以前，尤其 18 世纪末至 19 世纪中叶民族精神的考察。汉斯·皮特·赫尔曼似乎是看到了学术研究对此的忽略，他在德国 19 世纪民族精神的探讨中，第一次将研究方向转入对该阶段德国民族情感的研究中。他认为，18 世纪德国民族主义既不是一个"概念"，它没有确定的具体的内容；也不是一场"运动"，没有具体思潮的中心和思想动力。它是一种难以定义的，就像实验戏剧中的词语、观念、情感和画面一样，具有广泛的意义。所以，该阶段没有民族主义理论可以对其进行阐释，并且即便是民族的观念，在该时期也是一个非常模糊的概念。在德国 18 世纪的语境中，其具有不确定的话语方式，以至于"民族观念"这一用语可以包含这一时期所有的思想。[3]

赫尔曼认为，必须重新寻找一种新的方式来介入德国 18 世纪民族精神的研究，他基于对德国民族的概念的重新解读（即将"民族"定义为词语、观念、情感和图像等具有宽泛广延，又含有具体内容），认为以爱国情感为基础的爱国主义，可以诠释该时期德国民族精神的产生，其爱国情感或爱国主义理论仍然以故乡、家园意识为核心，但是与故乡理论不同的是，赫尔曼重视的是家园、故乡等词语所反映出

① Alon Confino, *Germany as a Culture of Remembrance*, Chapel Hill: The University of North Carolina Press, 2006, pp. 33 - 40.

② Celia Applegate, *A Nation of Provincials: The German Idea of Heimat*, Berkeley, Los Angeles, Oxford: University of California Press, 1990, p. 13.

③ Jost Hermand and James Steakley ed. , *Heimat, Nation, Fatherland: The German Sense of Belonging*, New York, Washington, D. C. , Bern, Frankfurt am Main, Berlin, Vienna, Paris: Peter Lang, 1996, p. 5.

的德国民族内在情感。"家园是什么？他是一种内在的情感，一种当人们说'故乡'的时候表达出的，人们都共同拥有的情感。"①

正是因为赫尔曼对情感在民族精神形成中的重视，他对德国18世纪民族精神的分析更多地基于文学、艺术的背景中。"爱国主义是一种希望的集合，即希望在不远的将来会有'故乡'的存在……它在人们的想象、文学作品中成为现实。"② 在某种程度上，赫尔曼将美学与德国18世纪民族精神联系在一起。但是，赫尔曼作为民族主义理论家和历史学家，始终没有放弃历史学的研究方法。他认为，尽管民族的情感是被历史所建构的，诸如"故乡""德国""德国人的"这些非物质的、通过艺术和文学塑造起来的整体认同感及其所象征的民族观念，都是以历史的发展和历史背景为基础，以历史为标准。③最终，赫尔曼还是没有触及审美历史主义理论的本质，没有看到该时期的历史观念并非德国民族精神形成的坐标，历史意识只是形成德国19世纪民族精神的手段，其历史意识背后的基础是美学。④

通过以上分析，我们看到以历史学方法为基础的民族主义理论及其衍生理论，无法真实地阐释德国19世纪民族精神的产生与德国18世纪精神的联系，因为他们没有看到该阶段历史的思维是由美学建构

---

① Jost Hermand and James Steakley ed. , *Heimat*, *Nation*, *Fatherland*: *The German Sense of Belonging*, New York, Washington, D. C. , Bern, Frankfurt am Main, Berlin, Vienna, Paris: Peter Lang, 1996, p. 5.

② Ibid. , p. 6.

③ Ibid. , p. 9.

④ 还有一些西方学者，特别是历史主义学者们看到了历史是德国19世纪民族观念的手段。例如在《想象的民族》中，库比特认为，以兰克为代表的历史主义（如本书分析，兰克的历史主义代表了美学与历史紧密结合在一起的理论），使德国19世纪的民族化进程变为现实。"兰克不仅仅发现了德国历史中的民族性因素，更是通过历史主义将德国的民族化进程化为现实。"但是，历史主义与审美历史主义具有本质上的区别（见本书第一章与第三章分析），并且，库比特最终仍然还是基于历史学研究方法，试图将历史主义与民族主义理论结合在一起，认为历史主义方法是民族主义理论方法的一种，"历史主义在发展成为历史方法论的同时，也变成了德国民族主义理论的方法"（Geoffrey Cubitt, *Imaging Nations*, Manchester, NewYork: Manchester University Press, 1998, p. 93）。这就又一次陷入了当代民族主义理论的框架之中，最终导致对德国18世纪至19世纪民族精神的忽略和曲解。

的，或者说没有看到，对德国民族起建构性作用的历史观念是以美学为基础的。实际上，如果以历史学科领域中的历史思维观察德国自身民族精神，其结果必然是只能看到德国精神与历史中的西方古典世界存在的巨大裂痕。"我认为，布丰、康德或孟德斯鸠，他们发现了古典世界的陌生性，但是这种古典时代与当下时代的沟壑，从未在1800年至1900年间这么巨大过。"①

19世纪的德国史学家科泽雷克在《作为现代性开端的十八世纪》一文中，就看到不能依靠传统的历史思维，要通过对历史思维的不断批判和反思，才能构建德国自己的时代特征。"对历史观念的发现是我们现时代的主要特征，从18世纪开始，其与先前时代的不同之处就在于，我们对历史思维的反思和对历史中自我的不断批判，历史性的反思与批判的意识构成了我们现时代的主要精神。"② 实际上，科泽雷克看到了18世纪至19世纪历史思维的危机，但这种危机也只存在于历史学科领域。相反，如果看到历史思维背后的美学对其的建构过程，那么此种危机将不复存在，因为审美历史主义的本质就是，通过美学对历史思维的建构，通过想象力的作用，在时空之中为德国民族进行定位，这个思潮过程即德国民族精神产生的过程，这就是德国古典审美历史主义的效用。③

具体比较德国古典审美历史主义与当代民族主义理论，有以下两点不同。首先，德国古典审美历史主义不是研究德国民族形成和民族精神的方法，它不是方法论，而是基于德国民族进程中的一个过程，所

---

① Clarence J. Glacken, *Traces on the Rhodian Shore*: *Nature and Culture in Western Thought from Ancient Times to the End of the Eighteenth Century*, Berkeley: University of California Press, 1976, vii.

② Reinhart Koselleck, *The Practice of Conceptual History*, Translated by Todd Samuel Presner and others, Stanford: Stanford University Press, 2002, pp. 20 – 29.

③ 在此要分清"目的"与"效用"两个词语的不同。"目的"是指朝向某一个目标而发展，即如果德国古典审美历史主义的目的是建构德国民族的话，那么就容易将当代民族主义理论中的"民族"作为其目的来对待。实际上，德国古典审美历史主义所建构的德国民族精神，并非有意而为之，更不是基于当代的"民族"概念来建构德国民族的，它是德国古典审美历史主义发展过程的结果，民族精神的产生是其效用的表现。

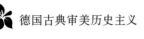

以，对德国古典审美历史主义的梳理即是对德国民族精神形成的考察。其次，德国古典审美历史主义的对象是德国 1871 年之前（即当代民族主义理论所认为的还没有"德国民族"概念产生的阶段）的民族精神。需要注意的是，这种精神虽然不以构造当代"民族"概念为目的，但是德国古典审美历史主义所塑造的民族精神的目的在于，在历史中对政治、文化尤其是民族精神进行定位，简言之，在时空中为德国民族确定自身的位置（审美历史主义对德国民族建构的效用，以谢林在 1841 年被任命为柏林大学哲学教授，接替黑格尔的讲席为象征①）。

---

① 正如本书第二章所分析，谢林的前期与后期哲学的转变过程，及其所建立的美学与历史的关系，是审美历史主义理论最完善的形式。其审美历史主义将宗教、美学、历史统一起来的方式，表现出的对历史经验中的个体存在的关注，以及其强烈的在历史中为德国民族定位的意识，获得了腓特烈·威廉四世的重视，将其任命为柏林大学哲学教授并在柏林公开讲学，产生了巨大影响［虽然谢林只是柏林大学的教授，实际上他并非柏林大学的职员，也不受柏林大学的管理，他的职位是在公共宗教事务部，并且直接对国家议会负责，而这是制定政府政策的最主要部门（John Edward Toews, *Becoming Historical: Cultural Reformation and Public Memory in Early Nineteenth-Century Berlin*, Cambridge: Cambridge University Press, 2004, p. 3）］。并且谢林在 1840 年间，接替洪堡、尼布尔及施莱尔马赫在历史学中的领袖地位，号召通过其天启哲学所建构的新的历史方法，将德国民族纳入统一了宗教、个体社会生活、政治的历史进程中，成为新的文化领袖。但是，谢林的哲学及其影响力在 1850 以后迅速下降，西方诸多学者认为，这是由于黑格尔哲学的影响力所致。爱德华·泰维兹（John Edward Toews）在其书中亦采纳此种观点，认为黑格尔派对谢林的打击，包括对其作品著作权的诉讼，都让谢林感到无助。泰维兹还发现一个更深层次的原因，即实际上腓特烈·威廉四世并不真正理解谢林哲学的实质是要以历史的方式阐释宗教，而不是将历史置入宗教之中，腓特烈·威廉四世只看到谢林哲学对宗教，尤其是对新教的维护，便试图让谢林通过其哲学建构一个"基督—德意志"的民族文化，这违反了谢林哲学的本质，并最终导致了谢林哲学在短时间内失去影响力（John Edward Toews, *Becoming Historical: Cultural Reformation and Public Memory in Early Nineteenth-Century Berlin*, Cambridge: Cambridge University Press, 2004, pp. 9 – 26）。爱德华·泰维兹看到了谢林哲学中历史思维的重要性，以及其试图以历史思维建构德国民族文化的内在目的，但是他没有进一步看到谢林哲学中历史思维的起源，也没有看到其所代表的审美历史主义在德国民族精神中的显现。按照爱德华·泰维兹对谢林哲学在 1850 年后衰落的描述和分析，我们可以看到，这个过程给审美历史主义两点启示。第一，谢林哲学的衰落，代表了现代思想对德国古典美学理解的转向，即否认美学对政治、社会的能动性，这种理解实际上也是审美历史主义本身决定的，特别是谢林以美学为基础的历史思维，在综合了宗教思维之后，使美学显得更加非理性化，即便谢林将美学深埋在宗教、历史之下也会遭到批判。虽然谢林曾多次否认自己哲学所具有的非理性因素，甚至否认其哲学思想会导致非理性主义，认为其哲学是"关于理性的科学"（F. W. J. Schelling, *Philosophie der Offenbarung* 1841 –1842, Edited by Manfred Frank, Frankfurt: Suhrkamp, 1977, pp. 159 – 160）。第二，谢林哲学的衰落，也代表了审美历史主义作为建构民族精神的方式，与现代民族概念之间的矛盾，这种矛盾使得普鲁士对德意志民族建构的过程，能够被现代民族主义理论阐释。谢林哲学的衰落也代表了审美历史主义效用的历史性，德国审美历史主义是德国古典美学发展的结果，它的效用不能以当代美学理论进行诠释，相反，德国审美历史主义与当代美学理论间的矛盾，恰恰促成了我们当前美学理论的框架。

可以认为，"定位"是德国古典审美历史主义最主要的效用表现，也是其精髓所在。它具体表现为：在空间中，通过审美历史主义对自然的建构，构造属于德国民族的地理位置；在时间中，表现为通过审美历史主义对中世纪和东方精神的想象，构造属于德国民族精神的历史。

　　在此必须注意的是，德国古典审美历史主义在空间与时间中对民族的定位不是分裂的，时间与空间相辅相成并且融合在一起。

　　一方面，空间中的定位不仅仅是为了塑造一个地理意义上的民族，而且是为了塑造一个可以产生德国民族文化的地理位置。所以，德国古典审美历史主义对在空间上的定位或建构，是以时间性（表现为历史想象）为基础的，它展现了人如何通过对自然的审美，进而生发出历史文化的精神性，其发展过程表现为人—自然—文化的模式。

　　另一方面，时间中的定位不仅仅是在过去的历史中构造属于德国民族的精神，而且是在空间地理位置上为这些精神定位，将这些存在于时间中的精神置于德国民族所处的空间之中，使得时间中的精神与人存在的空间紧密结合在一起。① 时间与空间的交融和相互构建，是由德国古典审美历史主义的特征所决定的，因为其理论基础——德国古典美学的本质，就是通过人在时空中的感性认识，达到对事物的理解，也正是因为感性、情感因素的参与，使得被科学分离开来的时空得以融合在一起。最终，德国古典审美历史主义通过地理空间与历史时间的定位，为德国民族构造出一个可以栖居的

---

　　① 本章第二节与第三节虽然分开论述德国古典审美历史主义在空间与时间中的不同效用，但是这种论述方式不表示将空间与时间分裂开来。相反，在德国古典审美历史主义对空间建构中，需要纳入对历史、时间因素在其建构过程中的研究；而在对时间建构中，也必须纳入空间、地理因素对历史精神的影响。

世界。①

第二节 德国古典审美历史主义对
民族的空间定位

德国古典审美历史主义对德国民族的空间定位，具体表现为这样一个过程。② 以德国古典美学为基础，以审美的方式介入自然之中，与审美历史主义理论发展的路径相一致，在对自然的审美过程中生发出历史的意识，并通过自觉的历史思维，在自然中建构德国民族文化的空间基础。在此过程中，随着美学理论的发展及以美学为基础的历史思维的介入，德国民族最终通过审美，为其自身在自然中确定了赖以发展的空间，建构了具有德国民族特性的人、自然与文化相互作用的发展模式。

德国审美历史主义以自然为对象建构民族文化的空间基础，具有其必然性和自身特点。

德国在 1871 年前没有统一的民族地域，这种情形使得其民族精

① 定位（Orientation）与栖居（Inhabitation）是一个连续的过程，栖居以定位为基础。德国古典审美历史主义对德国 19 世纪民族在时空中的定位，其内在的目的是要创造一个适于德国民族栖居的世界。但是，德国古典审美历史主义并没有创造出德国民族的栖居之地，它基于德国 18 世纪末至 19 世纪初的历史时期中，其目的是为民族进行定位，为民族精神在时间之中（该过程包含了空间的定位）寻找自身的位置，而德国民族及其精神栖居地的建构，并未在该阶段得以完成，因为至少在地理位置上，德国 1871 年之后才拥有了确定的国度，这是民族种群栖居所必需的环境，并非德国古典历史主义的效用。随着德国民族在历史中的发展，许多思想家又将德国古典时期作为德国民族精神的栖居地。如果置身于德国古典时期中，我们发现在该阶段，德国正通过古典审美历史主义为自己进行定位，为民族精神的栖居地建构做着丰富的准备，却从来没有想过自己的时代在历史之中将成为民族的精神栖居地。这个独特的现象从另一方面反映出，德国古典审美历史主义所创造的历史思维并非一般历史科学上的历史思维，它通过审美对历史、对民族精神的建构，从这个过程的一开始，就注定其成为这个民族的特点。最终，德国民族精神在被审美地创造过程中，被纳入历史之中，而其后人将这一时期作为民族精神栖居地的时候，再一次以审美历史主义的方式建构、继承着民族的精神。

② 如前所述，审美历史主义不是一种方法论，其对德国民族精神的定位，是随着其思想的发展过程而展开的。

神无法对应到特定的空间中。对于该时期的德国来说，无论是古希腊精神还是启蒙主义的思想，都无法精确地定位到"德国"这样一个地理位置。所以，以自然为对象建构其民族的空间性具有必须性。18世纪末至19世纪初德国对自然的这种独特诉求，使得其对自然的态度有别于该时期英法思想对自然的态度，而这种差异性，也被西方学术界长期以来所忽略。

诚然，18世纪以英法启蒙主义思想为核心的自然观，对该时期德国思想产生了巨大影响，尤其是自然神论思想的兴起。这种思想起源于18世纪中后期，它反对以17世纪至18世纪前期对自然的绝对的科学性研究，具体表现为对自然的地理学研究模式。"18世纪初对自然的地理学研究方式，已不能满足人们对自然生命最基本的好奇，这些新发现的自然生命需要更加鲜活的描述，而不是通过地理学中的颜色、气味等对其进行阐释。"①

英法两国思想家在该阶段对自然的研究，与德国启蒙思想中对神学的重视紧密结合在一起，并且在该时期的自然观中，突出人在自然中的主观能动性。例如，孟德斯鸠、福科纳、布丰等人都深刻讨论了人对自然环境发展的影响，甚至发展出了人口在环境中增长与减少的理论。

这种普遍流行在该时期的人对自然的创造理论，也对德国产生了巨大影响。但是，上述这些尤其是以英法为代表的关于人与自然关系的理论，与德国的自然观具有本质上的区别，这种区别主要体现在三个方面。

第一，与英法启蒙思想自然观不同，德国的自然观虽然也强调人在自然中的能动性，但是这种能动性不是唯科学主义的主观能动

---

① Clarence J. Glacken, *Traces on the Rhodian Shore: Nature and Culture in Western Thought from Ancient Times to the End of the Eighteenth Century*, Berkeley: University of California Press, 1976, p. 509.

性，而是审美的主观能动性，这种对自然审美的主观能动性的典型体现，就是康德的目的论思想。[①] 而且，这种审美的主观能动性要求人们对自然保持自由、自足发展的尊重，这也是德国该阶段自然观的主要特征。与英法自然观中强调人对自然无限改造的可能性不同，德国的自然观更强调自然自身的发展与人的共同发展相一致，具体表现为对自然灾害的乐观态度。例如赫尔德认为，自然灾害是自然自身发展的必然，并且，只有自然的发展才能给人的发展提供可能性。"自然永不停止运动的规律，它们以爆发的方式宣称自己的存在。火与水，空气与风，通过它们自身的运动和破坏过程，使我们的地球变得富足和适应居住……在一个变化的事物中，如果有进步，就会有破坏。"[②]

可以看到，德国的自然观保持对自然的尊重以及对自然灾害的乐观态度，不仅因为其思想中强烈的宗教情感（认为自然是上帝的创造物），也因为自然是德国唯一的建构民族空间地理的对象。与英国、法国已经具有了确定的民族地理位置和确定的自然环境不同，德国还在自然之中为自己的民族精神寻找一个空间位置。它不能像英法那

---

① 康德的"自然合目的论"的实质，就是以审美的方式介入自然之中，其核心是以审美的反思判断力，将目的带入对自然的认识中。这种认识的自然是通过主体建构的自然，"只是把目的的概念带进物的本性中起作用，却不是从客体和对它们的经验知识取来这种概念，因而更多的是用它来按照与我们心中诸表象联结的主观根据的类比而使自然成为可理解的，而不是从客观根据中来认识自然"（康德：《判断力批判》，邓晓芒译，人民出版社2002年版，第207页）。在康德看来，以审美的方式介入自然，才能真正认识到自然的所有形式。他批判了自然与人的外在的合目的性关系，认为，自然不是机械地为人的目的所产生的系统，自然是以自己的自由、自足发展为目的的，"如果一物自己是自己的原因和结果（即使是在双重意义上），它就是作为自然目的而实存的"（康德：《判断力批判》，第219—220页）。而这种以自身目的的自由发展的自然之物，必须处于整体与个体的关联之中，"对一个作为自然目的之物首先要求的是，各部分（按其存有和形式）只有通过其与整体的关系才是可能"（康德：《判断力批判》，第222页）。这种关联在康德看来，就是有机的自然世界，并且，也只有审美的反思判断力才能认识到自然的这一形式，因为审美的判断力不以占有和利害关系去面对对象。只有通过这样的思维方式，才能认识到自然中的相互独立、自由发展又相互具有目的的关系，简言之，只有审美才能面对自然。

② Johann Gottfried von Herder, *Outlines of a Philosophy of the History of Man*, Translated by T. Churchill, London: L. Hansard, 1800, p. 9.

样，无限放大人对自然的能动作用，德国必须对自然保持尊重和乐观的态度。

第二，德国该时期对自然的审美介入方式，强调通过审美在自然中对空间与时间的融合。正如赫尔德在 1784 年《关于仪式、有用性及对地理学的学习方法》（*Von der Annehmlichkeit*，*Nützlichkeit und Notwendigkeit der Geographie*）讲座中所论述的那样。他认为，对地理学的学习，应该是对基于地理学之上的文化和精神研究的前提。正是因为这个目的，必须要在空间地理的研究中纳入时间的要素，而且，时间对空间的整合比空间本身的阐释更为重要。"空间能够阐释时间，时间亦能阐释空间，将地理的因素结合起来阐释那新的、具有操作能力的力量，这种力量将为我们解释土地、地域、自然和人是如何被它所改变的——所有的一切都紧密结合起来，并形成一幅新的画面。"①

实际上，赫尔德所论述的这种介入自然的方式就是审美历史主义的方式，它所产生出的基于自然的精神文化史，与英法自然理论中的自然历史截然不同。以法国布丰的自然史为代表，他是以历史科学的方法、以科学研究的方式对自然进行目的论的考察。② 在其自然历史中，虽然他竭力想描述人在自然发展过程中的作用以及基于自然所产生的文化，但是，这种研究方式基于英法启蒙主义中的理性主义和科学主义精神，并以启蒙主义思维为中心去构造自然的历史。德国审美历史主义则是以审美的方式进入自然，其历史的思维不是前置地作为研究自然的标准，而是随着对自然的审美进程而自觉地出现的，其目的也不是为了"科学客观"地描述自然的进程，而是为了找到德国

---

① Johann Gottfried Herder, *Werke in zehn Bänden*（*Volume* 9），Weimar：Volksverlag Weimar，1963，p. 487.

② Clarence J. Glacken, *Traces on the Rhodian Shore*：*Nature and Culture in Western Thought from Ancient Times to the End of the Eighteenth Century*，Berkeley：University of California Press，1976，pp. 663 – 668.

民族文化精神与地理空间的契合点，即通过时间与空间、历史与地理的融合，为德国民族精神定位。

第三，德国该时期的自然观中，包含强烈的建构文化的诉求，即将文化作为自然的目的，并且这种诉求是建立在人对自然的审美基础上的，认为只有通过人对自然的审美才可建立起文化。例如康德认为，人通过审美的反思判断力对自然的建构的方式，其本身就是一个终极的目的，它是人既自由又必然地存在于自然之中的方式。"我们在这个世界中只有惟一的一种存在者，它们的原因性是目的论的，亦即指向目的的……这种类型的存在者就是人……他的存有本身中就具有最高目的，他能够尽其所能地使全部自然界都从属于这个最高目的。"[①] 也正是这个终极目的，使得人在自然之中创造了文化。"一个有理性的存在者一般地（因而以其自有）对随便什么目的的这种适应性的产生过程，就是文化。所以只有文化才可以是我们有理由考虑到人类而归之于自然的最后目的。"[②]

可以看到，以康德为代表的"自然目的论"思想，其本身的内在目的，就是在自然之中建构文化。相较于该时期欧洲其他国家的自然观，由于它们已经建构了其民族文化精神，他们不再将文化作为自然的核心目的来看待。

而以法国为代表的自然观，虽然他们亦强调自然与文化的关系，但是其目的是试图通过自然与文化的关联，将启蒙主义思想（或是以法国自身文化为代表的文化思想）传播到欧洲其他国家，这实际上是德国该时期思想所批判的对象，也正是由于这个原因，使得德国更加强烈地将自身民族文化作为自然的目的。

综上所述可以看到，18世纪末至19世纪初德国的自然观与同时期欧洲的自然观具有本质区别，不能用以英法为代表的自然观去建

---

① ［德］康德：《判断力批判》，邓晓芒译，人民出版社2002年版，第291页。

② 同上书，第287页。

构德国对自然的理解。① 德国对人与自然关系的探讨，是在空间中为民族精神定位，人与自然关系在德国古典思想中展开的过程，就是德国古典审美历史主义精神在德国民族文化建构过程中的具体表现。

为了理解 18 世纪末至 19 世纪初德国自然观的本质，避免落入该时期西方自然观的理论框架，必须遵循德国介入自然的独特路径，即按照其以审美的方式进入自然的路径去考察该问题，按照其自然理论自身发展的规律，总结出审美历史主义在其自然观中的发展过程。所以，我们应该从文学、诗歌的作品中考察德国该时期的自然观，因为文学与艺术中的自然，是审美地介入自然的具体表现形式。② 发现想

---

① 西方学术界对 18 世纪末至 19 世纪初德国的自然观研究，往往将其纳入英法启蒙思想的自然理论中考察，例如克拉伦斯·格拉肯（Clarence J. Glacken）在其具有学术权威性的著作《罗德西亚岸边的痕迹：西方古典时期至 18 世纪末关于自然与文化的思想》中，将 18 世纪西方自然思想定义为自然神学的自然主义，其对德国自然理论的论述只涉及康德与赫尔德的"自然目的论"思想，亦没有看到康德目的论自然观中的核心——以审美的方式介入自然（Clarence J. Glacken, *Traces on the Rhodian Shore: Nature and Culture in Western Thought from Ancient Times to the End of the Eighteenth Century*, Berkeley: University of California Press, 1976）。再如克利福德·霍纳迪在著作《十八世纪晚期德国文学中的自然》中，按照 18 世纪英法自然思想的研究模式，建构德国该时期的自然观。在其著作中，霍纳迪认为，18 世纪德国对自然的介入方式是通过人们对花园、远足和旅行的喜爱而产生的，这种论断显然受到了英法自然思想研究模式的影响，将德国该阶段人与自然的关系描述成一种世俗化的、惬意的和谐状态，认为"人们对自然介入的主要方式是情感性的"（Clifford Lee Hornaday, *Nature in the German Novel of the Late Eighteenth Century*, New York: Columbia University Press, 1940, p. 140）。这种论断显然没有看到德国该时期自然观中所具有的强烈的民族文化性和政治性，也理所当然地忽略了该阶段德国自然观中强烈的历史思维。

② 德国以审美方式介入自然的方式，是以风景诗、风景绘画等文学作品为具体表现。因为如康德在《判断力批判》中为德国进入自然的方式所作的论断那样，只有以艺术中的、以审美的合目的性，才能使我们正确地认识自然。尽管德国浪漫主义思想与康德所代表的启蒙思想有巨大的差异，但是以审美的方式介入自然的思想却贯穿整个思想史中。德国浪漫主义对自然的崇拜，对诗歌具有的阐释力的崇拜，反而稳固并加强了以审美介入自然的思想。所以，从德国该阶段的文学作品特别是诗歌中考察其自然观，符合德国介入自然的路径。当然，在此还有一个与此研究路径联系紧密的问题，即艺术与自然的关系问题。如果我们以文学艺术为基础考察德国该时期的自然观，就会有人提出这样的问题：艺术与自然不具有同等性，例如黑格尔认为艺术高于自然，而康德的思想中又暗含着自然高于艺术的思想（康德认为，纯粹审美的艺术或艺术品具有客体限制性和对自由的限制，它只是模仿自然，像自然那样启发人的自由性，并且对人类实践理性的启示，即崇高在自然中的体现也多于其在艺术中表现），那么，艺术与自然的不对等性是否会影响我们这种研究方式的有效性？即是否会影响以艺术作品的方式考察德国该阶段自然观的有效性？答案是否定的，因为德国该阶段对艺术与自然关系的讨论，代表了该时期德国自然观中的一种态度，它是德国自然观的内容，而我们当前的研究是以艺术作品作为研究手段，并且不限于对此问题持有强烈立场的某一个人的思想。所以，以艺术作品作为研究德国自然观的方式，并不与该问题冲突，一个是内容，一个是形式手段。相反，要理解德国自然观中艺术与自然的关系，还必须从艺术作品入手去考察，因为以审美的方式介入自然，是德国该时期自然观所特有的、必然的方式。

象与历史思维在自然中逐渐相互发现、阐释，并最终形成自然—人—文化模式的过程。德国古典审美历史主义在其自然观中的发展过程，主要分为三个阶段。

第一个阶段为德国对自然审美介入的开端。在该阶段中，德国启蒙主义思想通过审美的方式将其宗教情感置于自然之中，其审美手段的具体形式是德国风景画与风景诗歌，即在风景画与风景诗歌中表达自然的和谐对人引起的愉悦，进而将这种和谐转化为上帝在自然展现的象征，并通过其引起的愉悦情感，转化成对上帝的崇拜。在该过程中，自然概念向风景概念的转变至关重要。风景代表了审美主体性的出现，它是人审美的对象，这种概念的转化同时也与德国古典美学理论的成熟密不可分。"成熟的美学观念才能重新唤起那陈旧的风景的观念，从它那里唤起新的表达方式，最终将风景作为人的感觉、需要和欲求的一面镜子。风景作为一种媒介，不仅作为绘画的对象，更为重要的是，它唤醒了艺术自律的自我意识。"①

总体上看，第一阶段的第一个特点是虽然德国凭借其美学理论的发展，通过审美的方式介入自然，但是，该阶段中美学与自然的联系并不深入，具体表现为在对自然的审美过程中想象力的缺失。这种缺失代表了对自然审美过程中人的主体性能动性的缺失，其原因在于德国宗教思想对自然的神化，使得人们无法确定其审美方式是否可以完整地阐释自然，也不知道如何将人的建构性的想象力通过审美纳入对上帝的阐释过程中。

第一阶段的第二个特点是其对上帝在自然中显现历史的重视，即试图通过对自然的历史描述，展现上帝造物在自然展开的过程。虽然这种历史性带有宗教目的，但是它是基于审美过程之中的，由被审美建构的自然之物构造的历史，这种历史思维又是符合当下阶段，为当下某种目的服务的，这个特点符合审美历史主义的想象力历史性特征

---

① Werner Busch, *Landschaftsmalerei*, Berlin: Reimer, 1997, p. 14.

的定义，已经体现出审美对历史思维的召唤。德国该阶段自然观的特点，具体以哈勒的诗歌《阿尔卑斯》为代表。①

在哈勒的这首诗歌中，他首先通过审美的方式将风景与上帝造物紧密联系在一起。哈勒要求人们将眼睛从艺术之中（这里的艺术实际是指与西方传统的、与自然没有联系的艺术形式，其艺术风格为巴洛克与洛可可风格）转入自然之中，发现自然，发现上帝的造物。"当你将那高贵的感官从艺术之中转移到更广阔的、与真理相连接的自然之中时，你的眼光将无法停留在一处，你的眼光将被这奇幻的力量牵引着，并让你不能停止地进入到他的世界里。"②

哈勒诗中的"灌木""牧羊人"都带有明显的宗教迹象，象征上帝在自然中显现。

正是在自然对上帝的象征基础上，哈勒以风景的变化叙述了上帝显现的历史进程，而在对上帝显现过程的描述中，哈勒又自然地将这种方式运用到对人类历史的建构中。例如他认为，荣耀、辉煌的罗马时代以朴素的自然为代表，该时期最终走向没落的标志，是以奢侈的自然为象征。哈勒进而以阿尔卑斯的朴素代表上帝的神圣，希望朴素的阿尔卑斯不要像罗马那样堕落。"当罗马以战争的胜利来庆祝自己辉煌的时候，他们的神居住在树林的神庙里；但当他们的富裕和奢侈毫无节制的时候，他们的敌人最终战胜了它。啊，这素朴的阿尔卑斯山，你要小心这奢华的命运，你的快乐将永远来源你持久的素朴之中。"③

---

① 哈勒的诗歌是德国风景诗歌起源的代表。"布洛克斯（Barthold Heinrich Brockes）的《在上帝中显示的快乐》与哈勒（Albrecht von Haller）的《瑞士组诗》最早构成了德国风景诗歌的模式。"（Max Friedländer, *Landscape*, *Portrait*, *Still-Life*: *Their Origin and Development*, Translated by R. F. C. Hull. New York: Suhrkamp, 1997, p. 108）他的诗歌能够让我们准确地把握德国古典审美历史主义在该阶段中，以审美方式介入自然的特征，也可以让我们清晰地看到，审美历史主义是如何基于哈勒的理论发展的轨迹。

② Albrecht von Haller, *The Poems of Baron Haller*, Translated by Mrs. Howorth, London: Bell, 1794, p. 25.

③ Ibid. , p. 19.

　　还需要注意的是，哈勒的诗歌也代表了德国该阶段自然观中想象力的缺失，具体表现为在诗歌中，哈勒总是以人的视觉感官描绘自然风景，即便在描绘奇幻的自然色彩的时候，他也朴实地写道："多变的花丛想要夺艳而绽开，一束天空蓝的光照向她旁边的金子，并使这些金子在花的面前自愧不如，那一座座山，在雨中若隐若现，在彩虹的照耀下成为一条绿毯。"① 哈勒在对自然审美过程中想象力的缺失，成为其后继者批判的对象，正如莱辛在《拉奥孔》中对哈勒诗歌的评价那样。莱辛认为，"这些诗行，虽然给人深刻的印象，甚至能与哈沙姆的写生画相媲美，让人不怀疑自己的感受地仿佛置身于其描写中，他所描写的那些花，就像捧在手上一样真实，但他们却不是花自己的语言，在我听到的诗歌中的每一个词语，我都不能看见这些事物的本身。"②

　　在莱辛看来，正是因为哈勒诗歌中想象力的缺失，使得其无法真正进入自然本身之中，无法看到自然所代表的真理。齐默尔曼对哈勒诗歌的评价也认为，其思想的价值在于，哈勒通过审美将自然置于人的历史活动之中，完成了人与自然审美性接触的第一步。但是，也正是由于其想象力的缺失，最终将人束缚在自然之中。"通过阅读哈曼对自然的历史的描述，这些描述是自然给予哈曼的愉悦而产生的——可以清晰地看到哈曼是多么在其诗中尊崇自然，当然，还有他那无法超越自然束缚的，几乎从来没有过的想象力。"③ 实际上齐默尔曼所认为的这种自然对人的束缚，就是人的非审美性的历史思维在人与自然关系中对主体的束缚，而唯有基于审美历史主义的历史思维，才能最终完成人与自然的和谐相处。可以看到，正是德国古典思想对哈勒

---

　　① Albrecht von Haller, *The Poems of Baron Haller*, Translated by Mrs. Howorth, London: Bell, 1794, p. 30.

　　② ［德］莱辛：《拉奥孔》，朱光潜译，人民文学出版社 1979 年版，第 87—88 页。

　　③ Johann Georg Zimmermann, *Das Leben Des Herrn Von Haller*, Whitefish: Kessinger Publishing, LLC, 2009, p. 73.

的这一批判，成为德国古典审美历史主义在对自然建构的过程中，进入其第二个阶段的契机。

第二个阶段为德国对自然审美的全面展开，其自然观理论承接了以哈勒为代表的、以审美的方式处理人与自然的路径，并且随着该阶段德国古典美学理论的日益成熟，人对自然的审美关系也日益和谐。该阶段的特征是在人与自然的审美过程中，审美历史主义的想象力理论被运用到自然中。一方面，想象力在自然审美过程中的强调，重置了人与自然的审美关系，人在自然面前不再像哈勒诗歌中那样是被动的，这种关系的重置使得人通过想象力建构自然成为可能。

另一方面，美学理论的成熟，使得本体论意义上的想象力对自然的建构更加有效，主体对自然审美的想象力不再是仅仅基于个体体验的情感能力，想象力成为一种主体的审美结构，其在自然中的审美运用即是建构象征符号系统的过程，这种方式使得人对自然的审美具有了普遍性。最终，审美历史主义想象力在自然中的运用，也改变了自然本身在德国该阶段的含义。"自然"成为审美的象征符号系统，人存在于自然之中即是审美的活动，人所创造的艺术形式亦成为自然的一部分，艺术即是自然，自然亦是艺术，美与艺术建构了我们的自然系统，所以，只有通过美和艺术才能理解我们的自然，因为人就是审美地存在于自然之中的。可以看到，这种自然与艺术相融合的整体论思想，就是德国浪漫主义思想的核心。

歌德、席勒和前期浪漫主义思想家们的诗歌、理论，构成了德国该阶段自然观的核心内容和特征。以歌德为代表的思想家们，要求人在对自然审美中发挥主体性。他强调，人在自然中应根据主体内在的感觉和想象来亲近自然。因为在歌德看来，如果仅仅是以视觉为代表的外在感官来感知自然，反而拉开了人与自然的距离，而人内心对自然的审美体验，才是人与自然和谐相处的唯一途径。正如歌德在给赫尔德的一封信中说道："当我走在这些地方的时候，我只是通过观看，却抓不到任何的东西。抓住引人入胜的表象，你曾证明这只是观看雕塑的方式，我发现，艺术家们只有当他们的双手不再受到束缚的时候才能成为艺术家。你经常对我说：在你内心观察。现在我明白了——我闭上眼睛并搜寻一切。"①

歌德所强调的在"内心观察""闭上眼睛"，都反映出其对视觉感官的排斥。而通过内心的观察，则表明了他对人的主体性的强调，正是这种强调，才使得人的想象力得以释放。而且歌德将艺术中对人的主体性的强调运用到人与自然的关系中，认为，正是人在自然中的主体性的显现，构造了人与自然的和谐关系。他在诗歌《湖上》，喻指了人是如何凭借主体性与自然共处的过程。

在诗歌的第一段中，歌德描述了西方长期以来人对自然的依赖性。他将人与自然的关系比喻成孩子与母亲："新鲜的营养，新的血液，我吸自自由世界；自然是多么温柔亲切，她把我拥抱在怀！湖波在欸乃橹声之中，摇荡着轻舟前进，高耸到云天里的山峰，迎接我们的航行。"② 而在第二段中，歌德描述人在自然之中熟睡，并做着美丽的梦，但是，孩子又急切地要脱离这自然的梦境，回到现实之中："眼睛，我的眼睛，你为何低垂？金色的梦，你们又复回？去吧，美梦！任你如黄金；这里也有爱和生命。"③ 歌德在此暗示了自然对人主导的关系，使得人沉睡在自然之中。但是人又不愿意始终迷失在自然的梦境中，因为随着人的成熟，他们已然看到这种自然与现实的分裂。

为了重新设定人与自然的关系，弥补人与自然之间出现的裂痕，歌德在第三段中以不同于哈勒对自然描述的方式，凭借主体对自然的阐释，将自然环境置于人类的港口之中。"软雾""油油的稻禾"在

---

① Johann Wolfgang von Goethe, *Sämtliche Werke* (*Volume* 28), Vollständige Ausg. in 44 Bänden, Leipzig: Hesse, 1900, p. 256.
② 冯至、钱春绮、绿园、关惠文译：《歌德文集》第八卷，人民文学出版社 1995 年版，第 90 页。
③ 同上。

人们生活的港口中交融在一起。"就在这湖波上面，闪耀着万点明星，四周高耸的远山，完全被软雾吞尽；绿荫深处的港口，吹着鼓翼的晨风，成熟的禾黍油油，掩映在湖水之中。"[1] 实际上，歌德在这里比喻了成熟的人与自然的新关系，它不是孩子与母亲的关系，而是通过人的主体想象，将自然置于人类的生活之中的和谐关系。歌德希望在通过主体建构的新关系中，自然不再控制、迷惑着人；人也通过主体的审美，将自然与自己的现实完美地结合在一起。主体性在人对自然审美中的建构，也是审美历史主义想象力理论被建构的过程。

随着审美历史主义在人与自然关系中的发展，人们发现，仅仅建立于个体之上的主体感知和想象，无法获得普遍有效性，而对自然审美的普遍有效性至关重要，因为它不仅是审美历史主义想象力创造性和历史性的保证，也是德国民族精神在自然之中定位的大前提（只有对自然的共通审美性，才能使民族精神具有普遍性）。所以，以席勒为代表的思想家在美学理论的基础上，为人在自然审美过程中的主体性建构了客观基础。

席勒认为，对自然的审美如果只是依靠主观感知和想象，那么我们对自然的情感无法得到传达。对自然的审美应该像艺术那样，首先得具有客观的普遍效力："如果［画家］给我们呈现一种形状或秩序，那么就是画家决定了（而不是我们自己决定的）一种毫无客观性的原则，而只有通过这种客观性，欣赏者才能将自己的想象与艺术家所要表达的理念统一起来。"[2] 其次，席勒对审美客观性建立的具体方式即是通过主体在审美中所具有的形式结构来保障其普遍性，具体到对自然的审美活动中，席勒要求我们采用象征方式，将自然转化为审美对象，而象征方式即是主体将其审美的结构（认识结构、情感

① 冯至、钱春绮、绿园、关惠文译：《歌德文集》第八卷，人民文学出版社1995年版，第91页。

② Friedrich Schiller, *Werke und Briefe in Zwölf Bänden* (*Volume* 8), Frankfurt am Main: Deutscher Klassiker Verlag, 1988–2004, p. 1022.

结构）运用到自然之中的过程，由此将自然转化为一个象征主体性的系统。在这个系统中，自然不仅仅是基于个体的特殊的情感，而是基于主体审美的结构方式，从而达到客观性。

在席勒看来，这种主体对自然的审美形式结构的投射，不是因为主体的愉悦和对审美趣味的满足。如果是满足主体的愉悦的话，就还是以具体的个体情感为基础的审美，没有普遍性可言，因为这个活动本身就是自然的，是人与自然之间自然而然的关系。"在我们的生活中的有些时刻，我们把一种爱和亲切的敬意献给植物、矿物、动物、风景的自然，就像献给儿童、农民风俗和史前世界的人性自然那样，并不是因为它使我们的感官感到舒适，也不是因为它使我们的理解力或审美趣味得到满足（与二者恰恰相反的情况可能经常发生），而仅仅因为它是自然。"①

席勒进而认为，通过主体审美结构对自然的审美象征具有两种方式。一种是通过自然对我们感官的表征，即自然象征了人的审美感官形式（视觉的、情感的）与风景的和谐一致；另一种是通过自然对主体的理念和概念的象征，表达出像灵魂、道德这些主体性的理念。"有两种方式将非生命的自然转化为人类自然的象征系统：它不是对我们感官的表征就是对理念的表征。"② 席勒对人在自然中审美客观性的建构，既保证了主体对自然审美的过程，又确立了审美的普遍有效性，其实质是将自然变为了主体审美的象征系统。这种转变的重要之处在于，如果自然是主体的象征系统，那么，其与艺术就具有高度的重合性。

可以认为，席勒打通了自然与艺术内在关联的道路，为其后德国浪漫主义以艺术诠释、建构自然的思想奠定了理论基础。例如，威

① 张玉能译：《秀美与尊严：席勒艺术和美学文集》，文化艺术出版社 1996 年版，第262 页。

② Friedrich Schiller, *Werke und Briefe in Zwölf Bänden* (*Volume 8*), Frankfurt am Main: Deutscher Klassiker Verlag, 1988 – 2004, p. 1023.

廉·施勒格尔就将自然风景与音乐联系在一起，认为风景画中的自然是对主体审美结构的象征。"风景画就像音乐一样，那恰到好处的和谐结构，给我们愉悦的情感，或者是那连续的情感表达使我们的思绪随之流动。"① 威廉·施勒格尔在此基础上，自然而然地表达了审美历史主义想象力的特征，即他认为这种象征主体的自然系统，是由我们的想象力建构的，"这样的风景只存在于欣赏者的想象中"②。

弗瑙亦将自然与音乐相联系，他在《论风景画》（*Über die Landschaftsmalerei*）中认为，自然是主体审美的客体精神象征。"风景与一幅戏剧性的画具有相同的内容，但是它仅仅表示的是自然的场景，在其中，客体是主体精神的表达。由此，人的情感更易于在审美的愉悦中得到传达。所以，风景是音乐的仿照。风景中那些色彩的和谐结构对人心灵的作用，就像音乐中那些和谐的旋律一样。"③ 综合分析德国古典审美历史主义在该阶段的自然观，可以看到，主体通过想象力对自然的建构，使自然成为人的共同象征体，人与自然成熟的关系也使人们开始思考基于自然之上文化精神的建构问题，从而进入德国自然观的第三个阶段。

第三个阶段的德国自然观，是其审美历史主义在自然中为民族精神最终定位的阶段。基于前两个阶段的理论基础，德国古典精神开始思考如何在自然中审美地建构自身精神，该阶段的重要特征是对自然审美的历史思维的出现，它为其民族精神在自然空间定位的同时，融入了时间的要素。需要注意的是，这里的自然历史思维是经过了对自然审美建构过程之后的产物，他不是纯粹的与人无关的或与人相分离的自然历史进程，而是被人所建构的自然历史，并且这种历史思维是人类文化的基础，由此，人、自然与文化在空间与时间中第一次得以

---

① August Wilhelm Schlegel, *Vorlesungen Über Schöne Literatur und Kunst*, Heilbronn: Henninger, 1884, p. 204.

② Ibid. , p. 203.

③ Carl Ludwig Fernow, *Römische Studien*（Volume 2）, Zürich: Gessner, 1806, pp. 21－22.

融合在一起，这个过程即是审美的过程，它是审美历史主义在自然中最完善的表达。

在该阶段中，荷尔德林的诗歌《阿尔希沛拉古斯》诠释了人与自然相处的历史进程（这种历史是建构于审美基础上的），并且在此历史进程中寻求德国民族的精神所在，最终形成德国自身的文化系统。全诗分为三个部分。在第一部分中，荷尔德林将阿尔希沛拉古斯描述成一个神圣的自然空间，"老人""父亲"[①] 代了阿尔希沛拉古斯在自然秩序中的古老神圣地位，并且荷尔德林认为，以阿尔希沛拉古斯为代表的自然是自足的自然系统，"被阵雨浸透的热带雨林，咆哮的密安得河，从远方山林而来的老尼罗河"[②]，都显示出自然自足的系统性。[③] 但是荷尔德林认为，这种自足的自然没有人的参与，一方面使得自然"尽管如此，你仍颇感寂寥"[④]；另一方面，人类也在对这种神圣的自足的自然进行崇拜、寻找和失去"那些具有心灵的人，那些曾经崇拜你，寻找你，失去你的人"[⑤]。这里的"寻找"与"失去"，代表了人类对自然的崇拜过程中的迷失。

总体上看，荷尔德林在诗歌的第一部分论述了自然存在的最初形式。在这里，自然一方面是自足的绝对存在；另一方面，自然又需要人的主体介入，需要人与自然的分裂，并最终使得自然成为人的客体性存在。由此，在诗歌的第二部分，荷尔德林论述了人如何将自然客

---

① ［德］弗·荷尔德林：《荷尔德林诗选》，顾正祥译，北京大学出版社1994年版，第123页。

② 同上书，第125页。

③ 贝斯勒认为，荷尔德林对阿尔希沛拉古斯自然地理的描述，基于钱德勒作品中（Richard Chandler）的古希腊地图和对其自然环境的描述［Friedrich Hölderlin, *Sämtliche Werke: Stuttgarter Ausgabe* (Volume 3), Edited by Friedrich Beissner. Stuttgart: Kohlhammer, 1946–1985, p.434］。这反映了荷尔德林在此处对自然的自足性描述，基于以"客观科学"为目的的地理学知识，这种知识构造了自足的自然系统，却排斥了人的主体性和在自然中生存的可能性。

④ ［德］弗·荷尔德林：《荷尔德林诗选》，顾正祥译，北京大学出版社1994年版，第125页。

⑤ 同上书，第126页。

体化的进程。尤为重要的是，荷尔德林在该部分以历史的方式阐释了人对自然客体化的进程，并在最后通过以对希腊为代表的、人对自然的客体化模式的崇拜，表达了唯有主体审美的模式才是人与自然的最完美关系。

　　具体分析诗歌的第二部分，荷尔德林将人与自然相互关系分为三个阶段。第一个阶段是人与神、自然和谐统一的阶段，即古希腊神话的阶段。第二个阶段是这种神话性的和谐被波斯人的入侵和持续战争打破的混乱时期。第三个阶段是战后雅典人对自然的重建，以及在此过程中产生的与自然新的和谐关系，即古典文化产生的阶段。

　　在第一阶段，人与神居住在不同的领域，"神站在辉煌的城堡之巅，注视着平民的呼声"①，即人与神的自然绝对地对立。但是人类的主体活动，尤其是商人的远行将远方的地域拉近，即商人的活动逐渐涉及绝对的自足的自然，不断地将人之外的自然拉入主体活动之中。在此，荷尔德林还将商人比喻为诗人，其暗含了诗人具有与商人一样的能力，即将远方的国度与地域拉近到自身，将自然纳入主体的能力。荷尔德林认为，诗人及其艺术在自然的原初神圣阶段，就具有的对自然的建构性能力。②

　　总体上看，荷尔德林认为，这个处于神话中的人与自然的阶段，标志了历史的开端。虽然在该阶段中，人与绝对自然处于相对的和谐

---

　　①　［德］弗·荷尔德林：《荷尔德林诗选》，顾正祥译，北京大学出版社1994年版，第126页。

　　②　此处的中文翻译极为不准确，既没有表达出商人所具有的将远方拉近到自身的意思（中译为求远与务实的统一），也没有表达出诗人具有与商人一样的能力之意义。此处的中文翻译为"诸神爱他跟爱诗人一样/因为他使大地的赐予均衡/他使求远与务实相统一"。而通过对德文与英译的比较，此处的翻译应为"像诗人那样，神也爱着他的奉献/提取出大地的礼物，将遥远的国度与我们亲近"。此处德文为：Liebten so, wie den Dichter, auch ihn, dieweil er die guten/Gaaben der Erd 'ausglich und Fernes Nahem vereinte. 英译为：Like their poets, the gods could love for his service in sharing/Out the good gifts of Earth and linking far countries to near noes.（Friedrich Hölderlin, *Poems and Fragments*, Translated by Michael Hamburger, Ann Arbor: The University of Michigan Press, 1967, p. 217.）

状态，但它暗含了人与自然的对立，其表现为主体对绝对存在的自然介入的欲望。并且荷尔德林认为，这个阶段是神话之中的阶段，人与自然的历史关系，只是一个永恒时间概念上的历史阶段。

第二阶段以波斯人的入侵为代表。荷尔德林认为，波斯人的入侵打破了人与自然在永恒时间概念中的历史，[①] 它象征着人类历史的展开，以人与自然和谐关系的破裂为基础。在战乱之后，人们试图重新回到人与自然和谐的状态。"有少女，也有母亲，摇晃着怀中得救的幼子，都站在萨拉米海滨，巴望着战争的结束。"[②] 而为了达到这一目的，人们开始在土地上耕作，开始在自然之中通过主体能动性建立和谐的秩序，这个过程即是第三阶段——雅典人的文明时代。并且在该阶段中，荷尔德林一副文明开端的景象，"经过双手栽培的花朵""雅典人饲养的良马""星体般的城市建筑群""大理石的矿石"（代表矿业），这些都象征着一个发达的文明社会。

总体上看，荷尔德林在诗歌的第二部分表达了这样的理念：人与自然的关系具有一个类似黑格尔的辩证运动的过程，它从人与自然暗含差别的原始统一，经过人对自然的客体化过程，最终达到人与自然的新的统一，即文化。这个过程的关键就是审美历史思维的建构——基于自然与人审美关系中的历史，荷尔德林没有像历史学家那样，在诗歌中讨论具体的历史事实，它以人对自然审美的过程建构了整个历史，并在此历史中，论证了人类文化的起源过程。

诗歌的第三部分是荷尔德林对自身所处时代的拷问，即如何建构德国的民族精神的问题，荷尔德林基于对诗歌前两个部分的思考比较，试图在时间中将德国人与自然的关系纳入历史中，即将审美历史

---

① 此处的中文翻译直接漏译出"时间"的概念。德文原句为"Für die eigene Stadt, und öfters über des kühnen"，英译为"Back to his native town and even at times well beyond"（Friedrich Hölderlin, *Poems and Fragments*, Translated by Michael Hamburger, Ann Arbor: The University of Michigan Press, 1967, p. 217）。

② ［德］弗·荷尔德林：《荷尔德林诗选》，顾正祥译，北京大学出版社1994年版，第128页。

主义的空间定位转化为在时间中的定位。但是，荷尔德林并没有在德国民族精神到底"在何处"的问题上，完成时间与空间相互转化，所以，他对自己所处的德国时代充满了忧伤，"我的同时代人却在黑夜中摸索"①。同时，因为他通过对自然审美所建构的历史思维，看到了德国精神在自然的定位中所包含的时间因素，即看到了德国民族精神与希腊精神的时间联系。所以，他又对自己的时代充满了希望，认为希腊是春天，当下的德国是秋天，德国与希腊具有不可分割的联系。②

可以看到，荷尔德林对德国民族精神的定位，启示了从空间定位到时间定位的转化，并且这种转化是必然和必需的。如果德国民族精神仅仅依靠在自然中的空间定位，其必然陷入对古希腊精神的绝对崇拜之中，因为古希腊代表了人与自然最高的审美关系。但是，古希腊精神不仅仅是德国所独有的，虽然通过审美历史主义在空间中的效用，证明德国民族精神在自然的基础上与古希腊可以相连，但古希腊精神所代表的人与自然的审美性，是基于自然之中所有民族甚至全人类共有的精神，德国无法仅仅通过古希腊精神建构自己的民族性（荷尔德林最终在古希腊精神中的迷失是最好的隐喻③），即德国无法仅

---

① ［德］弗·荷尔德林：《荷尔德林诗选》，顾正祥译，北京大学出版社 1994 年版，第 135 页。

② 同上书，第 136—138 页。

③ 荷尔德林在对德国民族精神与古希腊精神想联系的论证过程中，实际上看到了古希腊精神与处于现实价值判断中个体间的矛盾。在《我们审视古典所应取的视角》中，他认为，"古典似乎完全立于我们的原始冲动的对面。原始冲动旨在给无形者构形，使原始质朴的自然完美无缺"（戴晖译：《荷尔德林文集》，商务印书馆 2003 年版，第 174 页）。但是，荷尔德林又无法逃出古希腊精神的束缚，原因在于他只是在自然的空间中对德国精神进行定位，没有以审美历史的思维为基础从时间之中，或者说没有从空间与时间的融合中去寻找德国精神。所以，荷尔德林以"死亡"与"牺牲"面对这种古希腊精神与德国民族精神的矛盾，他认为死亡是最高的和谐，死亡与瓦解才能产生出新生（戴晖译：《荷尔德林文集》，商务印书馆 2003 年版，第 450—452 页）。这种极端的方式，最终导致荷尔德林的生理精神在古希腊世界之中崩溃。但是我们应该看到，荷尔德林在古希腊精神中的迷失，代表着他对德国民族精神所"在"的追寻，他的最终迷失只是一种在"何处"的迷失。而在"何处"的迷失，新生出了德国民族对"在"的思考。"在"即是精神的定位，是德国古典审美历史主义的核心效用。

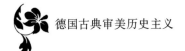
依靠以自然为代表的空间为其在世界之中定位，它必定还需要在时间之中为自身进行定位。

正是通过在时间中的定位，德国最终找到了民族精神的源泉。这个定位的过程，也是被审美历史主义主导的过程，它具体表现为德国以审美的历史思维对东方的想象，以及对与德国民族精神相通的东方精神的建构。

第三节　德国古典审美历史主义对民族的时间定位

德国审美历史主义通过对民族的空间定位，论证了其民族文化能够在人与自然的审美关系中产生的可能性，并且，在此过程中生发出的历史时间意识，使德国陷入了困境。这种困境的体现是，如果按照具有普遍性的历史观察人与自然审美的关系，那么，以古希腊为代表的人与自然的和谐关系是具有人类普遍性的，它基于整个人与自然审美发展，即文化的过程之中。

由此，德国虽然通过对民族的空间定位找到了其与人类文化发展的历史联系性，但是，德国该时期却没有找到具有自身民族精神特性的文化源头。为了解决这一困境，德国在该阶段基于对自然空间审美建构的基础上，对时间亦进行审美建构，即摆脱以英法绝对理性主义为基础的历史意识，以审美的方式重新塑造属于德国自身的精神发展史。而这个过程即是德国古典审美历史主义发展的过程，也是审美历史主义的核心效用。

具体分析这一过程可以看到，德国在该阶段主要通过对东方的审美想象，建构符合德国民族精神发展的历史时间，并在此审美的时间中，重新建构了以神话为代表的德国中世纪精神，最终完成了德国民族精神在时间中的定位过程。

18世纪末至19世纪初，德国对东方进行了广泛而深入的研究。

"德国在 1850 年间成为了东方学的领军"①。德国在该阶段对东方如此着迷的原因，主要是试图通过对东方精神的发掘，建构一种全新的文化历史观，即基于审美的时间观。德国在对东方的审美建构中，还表达了其与英法文化不同的政治理念，最终形成了其自身民族文化精神。具体分析 18 世纪末至 19 世纪初德国古典思想对东方精神审美建构的过程，其主要内容及特征表现在三个方面。

第一，德国对东方精神的重视，代表其对以英法为首的西方文化的排斥。而在对这种文化排斥的背后，首先的任务是否定以英法绝对理性主义为基础的时间观，将东方从西方的普遍历史中脱离出来，形成"东方—德国精神"的历史模式。

在西方启蒙主义时期以前，东方与西方的划分主要是地理位置上的划分，并且东方也并没有被赋予文化的意义。但是在西方启蒙主义思想的影响下，人们开始基于欧洲的文化观念，重新制定划分东方与西方的标准。从大致的地理位置上看，西方主要代表了欧洲各国，其政治体制表现为尊重个体的自由发展；东方则主要代表了亚洲各国，其政治体制表现为对人性的奴役和独裁的暴政。正是基于这样的划分，18 世纪初期，人们对东方（尤其是东方的政治体制）普遍持有批判的态度，这种情绪为西方在东方的殖民找到了合法的依据，即西方对东方的殖民是普遍人性得以展开的历史进程。在西方看来，对东方的殖民和战争，是将其纳入整个人性历史进程的必然。

但是在西方对东方的批判与殖民的大背景中，德国却处于一个尴尬的地位，因为虽然德国在地理位置上处于西方，但是它没有统一的国家形式，其零碎的、带有强烈宗教情结的文化精神，也与以英法为代表的西方文化精神格格不入。在这样的背景中，德国发现自己成了西方文化视野下的东方。"东方不是指地理上的位置，而是指国家存

---

① Suzanne L. Marchand, *German Orientalism in the Age of Empire*, Washington, D. C., Cambridge：Cambridge University Press, 2009, p. 57.

在的形态。它指那些处于混乱、没有统一和没有发展的国度，由此它不仅仅是指在国家地理形态上没有统一的国度。从这个意义上看，德国也属于东方。"① 但是德国并没有因为自身与东方的高度相似而感到自卑（因为德国在经历了对民族的空间定位后，发现其民族精神的建构并不能脱离西方传统精神的绝对统治，而东方的出现为其在时间之中打开了这样一个缺口，它让德国看到其与西方传统文化所具有的不同精神特征），相反，德国基于这种相似性，找到了建构其民族精神的可能。并且这种民族精神与英法为代表的西方文化截然不同，而德国古典思想所要做的第一步，就是要将东方从西方的普遍历史之中拯救出来。②

第二，为了重新建构与东方相联系的历史观，德国古典思想依然以审美的方式介入东方，其具体方式是通过对东方文学、诗歌、语言去建构东方的精神，并且将这些东方艺术精神与德国自身的艺术相联系，即否定了从具有普遍性的历史思维介入东方的方式，以文学、艺术的方式，依靠想象力，重新建构了新的时间观，这即是审美历史主义。

18 世纪末至 19 世纪初德国对东方的审美建构具有必然性。一方面，德国在该阶段与西方其他国家不同，由于其在政治上不具有统一

---

① Vejas Gabriel Liulevicius, *The German Myth of the East*, Oxford, New York: Oxford University Press, 2009, p. 3.

② 有些学者认为，西方在 18 世纪对东方的殖民，不是因为西方的普遍人性和普遍性的历史理论造成的，恰恰相反，是因为普遍人性观念以及对人类文化进程的统一性观念的瓦解，才导致了西方对东方的殖民。例如，后殖民理论家迪皮什·沙克拉巴蒂（Dipesh Chakrabarty）坚持认为，是历史主义理论导致了西方的殖民运动，因为历史主义否定了人类统一的历史进程，"历史主义使得欧洲在 18 世纪对世界殖民和主导成为可能"（Dipesh Chakrabarty, *Provincializing Europe: Postcolonial Thought and Historical Difference*, Princeton: Princeton University Press, 2000, p. 7）。实际上，这种论断是基于当代殖民理论基础对西方 18 世纪殖民过程的臆测。历史主义起源于 19 世纪的德国，它并没有刺激德国 19 世纪的殖民思想。相反，历史主义要求从不同的个体发展看待不同的历史阶段，认为，每个民族甚至每个个体，都拥有自身的历史。这种思想的目的，是要求人们尊重并理解相互间不同的历史阶段，与殖民的意识完全相反。

性，经济上未完成资本主义工业改革，它并没有对东方进行殖民活动。正是这种现实状况，使得德国可以远离对东方的现实欲望，转入到东方的诗歌、语言中去了解东方的精神，东方对于该阶段的德国来说，不是地理空间意义上的，它是一种时间意义上的远方。"尽管德国在该阶段没有对东方进行殖民，但正是这种情形塑造了德国东方学的研究特征，它使德国学者可以在东方的诗歌、古宗教、语言中去发现东方，去科学地揭示东方。"①

可以认为，德国凭借对东方的审美想象建构其精神文化的过程，代表了德国该阶段的文化特性。"文化"一词在德语中有两种表达，一个词语是 Kultur，另一个词语是 Zivilisation。这两个词语在 18 世纪的德国具有明显不同的意义，在该阶段的思想著作中，均以 Kultur 来表示文化，而很少见到 Zivilisation 一词。其原因在于 Zivilisation 所指的文化，是一种对外输出的文化；Kultur 则是指基于自身内部系统，独立生成的文化。② 从这两个词语的比较和使用可以看到，德国在该阶段对东方的审美想象符合其民族文化建构的特征，它不是通过对外的文化输出与殖民来建构自身民族精神，而是从东方汲取文化要素，在自身内部建构自足的文化精神。

另一方面，德国在该阶段对东方的审美想象，基于其美学理论的成熟，特别是德国浪漫主义思想将对东方的审美想象从文学扩展到政治、经济和文化的领域。随着美学理论与基于其上的历史思维的发展，德国在 18 世纪末普遍认为，一个民族的精神文化是孕育在诗歌、艺术等诗性材料之中的。赫尔德的理论通过诗、艺术重置了历史观念，为这种论断打下了理论基础。例如他在《人类民族的第一份文

---

① Suzanne L. Marchand, *German Orientalism in the Age of Empire*, Washington, D. C., Cambridge：Cambridge University Press, 2009, p. 57.

② 对 Kultur 与 Zivillisation 这两个词语在德国文化史中的发展进程，可参考 Elias Norbert, The Civilizing Process：*The History of Manners and State Formation and Civilization*, Translated by Edmund Jephcott, Oxford：Blackwell, 1994, pp. 3 - 28。

档》中认为，语言、诗性的文学艺术即是一个民族文化的内核。"卡尔特、古希腊的颂歌，西班牙的神话，古代法国和古代德国文化，都曾经是一个统一的声音，发源于早期诗性的文档之中。"① "每个民族的歌谣是其民族的情感、欲望和思考事物方式最好的见证。"② 以文学、艺术的方式去认识一个民族的文化精神，已成为德国该时期重要的思想特征。"18 世纪的德国思想家们往往通过文学作品对世界进行认识，他们居住在宁静安全的小镇上，研究着动荡的世界，将自己的想象力投射到世界之中，去认识整个世界。"③

继赫尔德之后的德国浪漫主义思想在赋予了诗歌、语言本体论意义的基础上，④ 在更加坚定了以诗性的方式介入对世界认识的同时，他们认为，诗、艺术不仅可以认识民族的文化，也是建构一个民族文化的核心手段。"通过那神奇的词语与诗行将意义释放！对我来说，四个词语就可以代表上帝——几段诗行就能描绘成千上万的事。通过这种方式去掌控宇宙，是如此的容易！……一个简单的词语就让军队行进；词语的自由，词语的民族。"⑤ 由此可以看到，德国古典思想基于美学理论，开创了一条以美学认识、建构文化的新方法，正是凭借着这种方法，德国开始认识、建构东方的民族文化，并将东方精神纳入德国民族文化的建构中。

可以看到，德国不因 18 世纪东方的破落而蔑视东方的精神，相

---

① Johann Gottfried Herder, *Werke in zehn Bänden* (*Volume* 5), Frankfurt am Main: Deutscher Klassiker Verlag, 1985 – 2000, p. 16.

② Johann Gottfried Herder, *Werke in zehn Bänden* (*Volume* 6), Frankfurt am Main: Deutscher Klassiker Verlag, 1985 – 2000, p. 226.

③ John H. Zammito, *Kant*, *Herder and the Birth of Anthropology*, Chicago: University of Chicago Press, 2002, p. 57.

④ 浪漫主义思想认为，人的思想领域与物理世界之间没有界限，即人的外部世界是由其自由的思想与心灵创造的，所以，可以通过主体的想象力认识远方世界，并改造外部的世界。可以看到，这即是审美历史主义想象力理论的创造性特征。

⑤ Novalis, *Schriften*: *Die Werke Friedrich von Hardenbergs* (*Volume* 2), Edited by Paul Kluckhohn and Richard Samuel, Stuttgart: Kohlhammer, 1960, p. 413.

反，德国在该阶段普遍认为，西方对东方的误解，其实质是不知道应从诗性的材料中理解另一个民族的精神文化。神圣的、远古的、东方的诗性文档，代表了一种最纯正的东方思想文化。① 但是随着时间的流逝，西方已经不能正确地翻译、理解东方的诗性材料，所以这也引发了德国浪漫主义对诗性的语言的研究热潮，进而将语言、诗歌作为建构民族精神的核心手段。"东方语言是所有的根基，都像充满活力的种子……这些语言具有可变的活力和持存的效力，我们可以肯定地说它们都是源自一个有机的、形式的组织。"②

最终，在德国对东方的审美想象和研究中，德国找到了自身民族精神与东方的关联，认为欧洲继承了古代东方的精神。例如赫尔德认为，亚洲的语言的是最古老的语言，亚洲发明了书写和字母，最早饲养动物和种植植物，并建立了最早的贸易，这些孕育了最早艺术和科学。③ 由亚洲起源的文化通过克什米尔到达希腊，然后又从希腊达到当代的欧洲，赫尔德将这个过程比喻为"柔和的西风吹拂着庄稼，缓缓地从亚洲的高原吹过来，养育了所有的生命"④。弗里德里希·施勒格尔亦认为，"我们必须从东方寻找浪漫主义的最高形式"⑤。他还认为，"亚洲和德国都从来自一个大家族；亚洲与欧洲构成一个统一体"⑥。

综上所述，在18世纪末至19世纪初的德国，通过对东方精神的诗性建构，人们普遍认同人类文明起源于东方亚洲，亚洲文明传入希腊，希腊文明又传入欧洲。并且，德国地理学家、历史学家和

① Johann Gottfried Herder, *Werke in zehn Bänden* (*Volume* 5), Frankfurt am Main: Deutscher Klassiker Verlag, 1985 – 2000, pp. 22 – 25.

② Friedrich Schlegel, *Kritische Ausgabe* (*Volume* 8), Munich: Schöningh, 1958, pp. 157 – 159.

③ Johann Gottfried Herder, *Werke in zehn Bänden* (*Volume* 5), Frankfurt am Main: Deutscher Klassiker Verlag, 1985 – 2000, pp. 422 – 423.

④ Ibid. , p. 226.

⑤ Friedrich Schlegel, *Kritische Ausgabe* (*Volume* 2), Munich: Schöningh, 1958, p. 320.

⑥ Friedrich Schlegel, *Kritische Ausgabe* (*Volume* 8), Munich: Schöningh, 1958, p. 315.

语言学家都将自己作为雅利安文化的直接继承者，他们认为，雅利安文化是来源于高加索地区或印度北方山脉地区的文化，而这种文化与来源于中东的犹太文化完全不同。由此德国认为，其文化与东方具有更加直接的关联，它们与从中东传入欧洲的文化具有很大的差异。①

第三，德国依靠审美的方式，在重新建构了东方精神在历史中的意义并将之与德国自身精神相联系后，德国依靠自身与东方文明（最古老的人类文明）的审美联系，开始批判欧洲对东方的殖民文化，并在此批判中，彰显出德国所具有的与欧洲截然不同的政治、文化模式。

德国在该阶段认为，欧洲对东方的殖民所采取的战争形式，破坏了东方民族自身的发展，尤其是破坏了东方对自身民族文化的传承。尊重个体的自足、自由发展，是德国古典思想的特征之一。赫尔德将此运用到历史思维之中，成为德国批判欧洲对东方殖民的重要理论。赫尔德认为，历史中的罗马帝国以战争的方式给世界带来了无限的痛苦和巨大的伤亡，而现代欧洲是这种非正义的历史的延续。② 他认为，西方所崇拜的古希腊文化，其崇高性不仅仅在于它发源于富饶的地域，更重要的是其"民族的种子"（Nationalpflanze）能够不受到外来文化的侵袭。随着古希腊一代又一代人的成长，其民族性自然地根植于每一代的文化中，并得到充分的发展。历史上没有任何人可以像古希腊那样，在一代又一代的完整、连续的文化中生活。③

赫尔德在对比其所处时代欧洲各国对东方的战争时，他还批判

---

① Leon Pliakov, *The Aryan Myth: A History of Racist and Nationalist Ideas in Europe*, Translated by E. Howard, London: Sussex University Press, 1974, pp. 183 – 199.

② Johann Gottfried Herder, *Werke in zehn Bänden* (*Volume* 6), Frankfurt am Main: Deutscher Klassiker Verlag, 1985 – 2000, p. 462.

③ Ibid., p. 509.

道："他们从那领域中掠夺的一切，除了给当地的人们造成了不可替代的罪恶以外，就什么都没有了。"[1] "欧洲的帝国应该待在自己的家里，让其他民族和平地发展。"[2] 而这样的一种欧洲对东方的殖民方式，在德国看来，其根本原因是当代欧洲不能理解蕴藏在远古东方艺术、诗歌之中的文化内涵，不懂得发掘、尊重东方的精神，认为其与东方精神的割裂，必然导致东方与欧洲各自文明的衰落。

基于这样的论断，德国在该阶段提出了自己的文化发展模式，即通过诗歌、艺术，审美地从东方文明中汲取力量。德国 18 世纪至 19 世纪的文化发展策略，与他们对法国大革命的反思紧密联系。这种反思以诺瓦利斯在《基督世界或欧洲》中的政治态度为代表。诺瓦利斯以德国宗教在欧洲启蒙主义思想中发展的过程为例，批判法国大革命的弊端，认为以法国大革命为代表的欧洲思想对东方的战争，就像其暴力地瓦解了德国中世纪的宗教信仰那样，给世界带来了苦难。

在这篇文章中，诺瓦利斯认为，以基督教为代表的中世纪是和平的、统一的时代。"那时欧洲是一个基督教的国度，那时有一个基督世界安居于这块按人性塑造的大陆上；一种伟大的共同的兴趣将这个辽阔的宗教王国的那些最边远的省份连接在一起。"[3] 但是以路德为代表的宗教改革赋予了人们对圣经的自我阐释权利，使得基督教义的统一精神瓦解，并且随着启蒙运动对理性的无限放大，人们开始对上帝产生怀疑甚至憎恨。需要注意的是，诺瓦利斯对这一转变的描述，并非要求人们回到中世纪时代，他和其同时代人一样，深受历史进步论调的影响，认为"不断进步、日益发展的改良

① Johann Gottfried Herder, *Werke in zehn Bänden* (*Volume* 6), Frankfurt am Main: Deutscher Klassiker Verlag, 1985 – 2000, pp. 457 – 458.

② Ibid. , p. 599.

③ 林克等译：《夜颂中的革命和宗教：诺瓦利斯选集》卷一，华夏出版社 2007 年版，第 202 页。

乃是历史的质料"①。于是在诺瓦利斯看来，法国的大革命承担了这种历史的进程，但是法国大革命所带来的历史进程是非正义的，它形成不了真正的文化革命。"法国有幸成为这种由纯粹的知识拼凑而成的新信仰的发祥地和所在地。在这个新的教会中，诗虽已声名狼藉，其中还是有几个诗人，他们为效果着想仍然采用旧的装饰和旧的光源，但也同时陷入了以旧火来点燃新的世界体系这一危险之中。"②

由此，诺瓦利斯紧接又反思，法国大革命是否应该继续存在于历史之中，就像路德的改革之于德国中世纪那样。"革命应该始终是法国式的，一如宗教改革曾经是路德式的？"③ 他的回答是否定的，因为在诺瓦利斯看来，德国正在创造一种与法国截然相反的新的文化革命。"在德国则相反，人们已经能够有充分的把握去揭示一个新世界的踪影。德国在其余欧洲国家之前走上了一条缓慢却稳妥的路。当这些国家因战争、投机和党派斗争而无暇他顾时，德国人却竭尽全力，把自己培养成为一个更高的文化阶段的同盟者。"④ 这里的"更高的文化阶段的同盟者"，是德国该阶段文化策略的目标所在，实质即是通过审美建构一种诗性的文化，通过精神与诗的力量，将欧洲重新带入和平与统一之中，而这种精神的源泉就在东方。德国在该阶段认为，只有汲取了东方精神的德国文化，才是欧洲文化的最完善形式，正如威廉·施勒格尔在《浪漫主义文学》中所认为的那样，"如果东方是人类文明的发源地，那么我们应该把德国看作是欧洲的东方"⑤。它将引领欧洲以及当下战乱的东方，重回神圣的和

---

① 林克等译：《夜颂中的革命和宗教：诺瓦利斯选集》卷一，华夏出版社 2007 年版，第 205 页。

② 同上书，第 210 页。

③ 同上书，第 212 页。

④ 同上书，第 213 页。

⑤ August Wilhelm Schlegel, *Kritische Schriften und Briefe* (Volume 4), Stuttgart: Kohlhammer, 1965, p. 37.

平与统一。①

在此还需要注意的是德国对待其所处时代下东方的态度问题。因为基于历史进步主义的影响，德国亦看到了东方的腐朽与没落。但是德国不愿意走欧洲殖民主义的道路，它们希望通过自身对远古东方精神的学习，以文化的方式去"文明化"当下的东方。赫尔德是这种理论的奠基人，他认为，德国从古东方的精神中"理性而自由地发展了人性"，这种人性就可以"填充和控制地球"②。并且，赫尔德以印度为例，认为其是"东方的暴政，是人性发展的负担"③，"或早或晚，婆罗门的暴政将让人们成熟到能够接受被征服"④。可以看出，赫尔德以理性文明的历史进程为基础，认为文明的民族有责任去"征

———————

① 以赫尔德、诺瓦利斯和施勒格尔为代表的思想家们，其为德国在 18 世纪末至 19 世纪初制定的文化发展道路，不仅影响了德国一代人的思想，也引起了后世对其的激烈讨论。以诺瓦利斯为例，德国学者亚当·缪勒在其 1806 年《德国科学与文学讲座》中认为，诺瓦利斯为自己的时代提供了一条征服世界的道路，"诺瓦利斯，将德国诗歌、自然科学和单边的诚信的贸易体系融为一体，以诗性的精神征服世界"［Adam Müller, Kritische, *Ästhetische und Philosophische Schriften* (*Volume* 1), Neuwied：Luchterhand, 1967, p. 55］。缪勒亦坚持诺瓦利斯的文化策略，他认为，欧洲各国对东方的侵略是一种暴力的、非正确的途径，认为，"欧洲应该成为世界文明的中心 (Mittelpunkt)，而不是其首领 (Gipfel)［Adam Müller, Kritische, *Ästhetische und Philosophische Schriften* (*Volume* 1), Neuwied：Luchterhand, 1967, p. 27］。德国以审美的方式建构自身文化，引导自身政治的改革以及其对世界的改造，受到了西方学术界的广泛关注和讨论。从海涅到卢卡契的西方左翼批评家，认为以诺瓦利斯为代表的德国浪漫主义文化思想是一种保守的、反对革命的、对古代世界充满渴望的、反对改革和启蒙运动的文化策略 (William Arctander O'Brien, *Novalis：Signs of Revolution*, Durham and London：Duke University Press, 1995, p. 161)。而在 1950 年之后，学者们重新解读诺瓦利斯及其代表的浪漫主义文化策略。以赫尔曼·库兹克为代表的西方学者们认为，德国浪漫主义文化策略所透露出来的政治理念不是保守的，而是积极的 (不是激进的)，它表达了对其法国大革命之后和后基督教世界文化的展望，为我们当下时代文化发展具有重要的实践意义。正如赫尔曼·库兹克所说："德国浪漫主义与保守的文化政治理念：对于我们当下的学者们来说，对这样的话题讨论最终将会让他们感到失望。"参见 Hermann Kurzke, *Romantik und Konservatismus：Das "politische" Werk Friedrich von Hardenbergs (Novalis) im Horizont seiner Wirkungsgeschichte*, Munich：Fink, 1983, p. 256。

② Johann Gottfried Herder, *Werke in zehn Bänden* (*Volume* 6), Frankfurt am Main：Deutscher Klassiker Verlag, 1985 – 2000, p. 154.

③ Ibid., p. 464.

④ Ibid., p. 457.

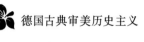

服""文明化"东方的暴政；而东方的人们，也必然基于人性发展的历史，接受被文明化的过程。

综上分析可以看到，德国在18世纪末至19世纪初对东方精神的建构，一方面是为了从东方的诗歌、艺术中寻找与德国相联系的文化精神，另一方面是在对东方精神的建构中，以审美的方式重置了东方文化在西方历史思维中的地位，在赋予了东方文化崇高地位的同时，也论证了德国民族文化处于欧洲文明最高处的合法性。而这种论证的方式以及其对西方历史思维重置的方式，即是审美历史主义。更为重要的，德国基于对东方文化建构的方式，继续寻找、建构最具有自身民族特性的精神阶段——德国中世纪的文化精神。

中世纪精神在德国的复苏以东方精神的建构为基础。在1800年前以歌德为代表的魏玛古典文化时期或狂飙突进时期，中世纪文化并未受到重视。虽然阿尔尼姆（Achim von Arnim）、布伦塔诺（Clemens Brentano）、葛瑞斯（Joseph Görres）和格林兄弟（Brothers Grimm）致力于对德国民间故事、传奇和童话的收集编写，但是在这个阶段，他们并没有引起人们的关注。例如，当歌德在1779年到苏黎世游览时，瑞士出版商博德默尔送给歌德一部尼伯龙根的誊抄本，但是并没有引起歌德的兴趣。三年后，歌德又将这部誊抄本的尼伯龙根送给了海因里希·缪勒，并且歌德自己基本没有阅读这部书。[①]

德国该时期对中世纪文化忽视的主要原因就在于，此时德国还没受到法国大革命后带来的文化冲击，他们始终认为，自己与法国一样，都处于相同的文化精神的发展历史轨道中，还没有通过对东方的审美想象建构起一套新的文化发展历史观，即中世纪文化还没有被纳入审美历史主义的视野中。随着审美历史主义对东方精神建构的不断发展，法国大革命之后，中世纪文化在德国获得普遍的关注和认同。

---

① Helmut Brackert, *Goethe und die Tradition*, Frankfurt am Main: Athenäum, 1972, pp. 84 – 101.

"以路德维希·蒂克在 1790 年对中世纪文学的编撰为起点，德国在 19 世纪的前二十年对中世纪文学产生了极大的兴趣，人们尽可能的搜寻中世纪诗歌、神话和民间故事，将中世纪文学作为写作的模板与原型。"①

综合分析德国在该时期对中世纪文化的汲取与建构，其主要有两个特征。一是将中世纪文化作为欧洲共同的统一精神，"无论现代欧洲各民族有诸多的不同，它们都共同享有一个母亲和根基，那就是中世纪"②。此种论断的目的与重要的意义在于，中世纪及其所代表的基督教文化在启蒙主义中遭到了毁灭性的打击，中世纪被视为野蛮的、愚昧的时代。德国在该阶段却认为，中世纪以基督精神统一了整个欧洲，并且这种统一的精神不是独断、霸权的精神（德国认为，相比之下的法国大革命思想即是一种以战争推行普世价值的霸权主义），它包含了诸多宗教、文化和艺术的精神。例如威廉·施勒格尔在评价《帕西法尔》③ 时，即认为其体现了"极度奇异的，但是伟大又强烈的包容性"④。

可以看到，中世纪精神凸显的统一性与差异性、个体性与整体性的和谐关系，正是德国古典精神的核心价值之一。并且它表达了德国在该阶段的文化抱负，即希望在统一的西方精神中，获得德国民族精神的独立发展。对于德国来说，古希腊精神即是具有统一性的西方精神的代表，而中世纪文化、东方文化则构成了德国民族精神的重要部

①　Ulrich Hunger, *Wissenschaftsgeschichte der Germanistik im 19. Jahrhundert*, Stuttgart：Metzler, 1994, p. 236.

②　August Wilhelm Schlegel, *Geschichte der romantischen Literatur. In Kritische Schriften und Briefe*（*Volume* 4）, Stuttgart：Kohlhammer, 1965, p. 20.

③　《帕西法尔》在德国18世纪末至19世纪初被认为是中世纪文学、精神的代表作品。从1790年至1845年，《帕西法尔》成为德国中世纪精神的原型，其作品被不断地阐释，其所代表的的中世纪精神，也在阐释中丰富起来。参见 Ulrich Hunger, *Wissenschaftsgeschichte der Germanistik im 19. Jahrhundert*, Stuttgart：Metzler, 1994, pp. 240 – 249。

④　Wilhelm Schlegel, *Kritische Schriften und Briefe*（*Volume* 4）, Stuttgart：Kohlhammer, 1965, p. 125.

分。可以认为，德国在该阶段将《帕西法尔》阐释成一部成长小说，即代表了其基于中世纪精神的文化抱负，它代表了德国精神从中世纪获取源泉，排斥以英法为首的文化霸权。以帕西法尔为代表的德国中世纪英雄，"充满了正直、力量和高尚的道德，与厚颜无耻的、恶心的英国空空其谈的人物，以及阴暗、愚蠢和不道德的法国浪漫主义者形成鲜明对比"①。帕西法尔的经历一方面象征了统一的德国民族精神的发展，"帕西法尔象征了德国文化的自我成长过程中，对西方文化的抵抗和对东方文化的汲取"②。《帕西法尔》也象征了德国文化中的每一个个体自身的发展历程，"帕西法尔的成长代表了从人的内心出发，自由的、自我的发展过程。"③ 简言之，以《帕西法尔》为代表的中世纪文化，成为德国建构其民族精神的源泉。

该时期德国对中世纪文化的汲取和建构的另一个特征，是其与东方精神的融合。如上所述，德国认为，自己的民族文化是远古东方精神的继承者，但这并不妨碍其将中世纪作为民族精神的源泉，相反，德国将中世纪与东方精神有机地融合在一起。因为从 18 世纪末至 19 世纪初德国的民族情感上看，他们认为，东方与中世纪都在动荡的时代中以诗歌、艺术保持传承了神圣的文化，并且基于德国在对东方研究过程中所建立的文化史观，远古东方文化与中世纪文化及德国民族具有文化连续性。

更为重要的是，在德国看来，东方文明与中世纪精神在自己所处的时代都受到同样的遭遇，东方在西方的殖民下，其所继承的璀璨的远古精神被西方所忽略、贬低，中世纪精神也同样被认为是野蛮的、黑暗的和压抑人性的。在德国看来，这些态度都是在以英法为代表的

---

① Georg Gottfried Gervinus, *Geschichte der poetischen National-Literatur der Deutschen* (Volume 1), Leipzig: Engelmann, 1846, pp. 382 – 383.

② Ibid. , p. 163.

③ August Friderich Vilmar, *Vorlesungen über die Geschichte der deutschen National-Literatur*, Marburg: Elwert, 1845, p. 164.

西方文明环境下形成的。所以德国在审美建构东方文明的同时，也将中世纪精神与之融合，这种思想被该阶段的德国思想家普遍接受。例如，诺瓦利斯在重新阐释中世纪文明同时，亦要求德国精神也应回溯到以印度为代表的古东方文明；① 而中世纪精神的代表《帕西法尔》，也被认为其包含了东方文明的精髓。"《帕西法尔》揭示出了东方、波斯和印度所拥有的高雅精神。"② 甚至认为，《帕西法尔》的作者沃尔拉姆·冯·艾申巴赫（其亦被认为是中世纪精神的记录者）的所有作品，"不仅代表了该时期最具艺术性的作品，并且其作品充满了对东方丰富的想象"③。

可以看到，德国对中世纪及东方精神的重建与关联，其目的是建立德国民族自身的有别于英法的文化，而这种关联的关键之处就在于，通过审美的方式介入东方与中世纪，并基于德国古典美学强大的理论支撑，建构出新的符合自身文化发展的历史关联与时间秩序。正如威廉·施勒格尔所说："中世纪精神接合了德国北方民族强壮与诚实的特性，他形成于中世纪东方——基督教的关联之中……它与我们的历史相平行。"④ 这里的"它与我们的历史相平行"，即是指中世纪精神并不处于以英法为代表的西方历史中，中世纪精神、东方精神以及德国民族精神处于与之不同的、自身的历史进程中，即由审美历史主义所建构的时间秩序中。

如上所述，德国对东方精神的建构是通过审美的方式介入其诗歌、文学中，其目的是建构一套新的时间秩序。在此秩序之中的中世纪文化，则被认为是更具德国民族性的精神。因为中世纪文化里直接包含了德国民族的在场，其代表即是德国中世纪的神话，具体到德国

① 林克等译：《夜颂中的革命和宗教：诺瓦利斯选集》卷一，华夏出版社 2007 年版，第 213—215 页。

② Ludwig Tieck, *Kritische Schriften* (*Voume. 1*), Berlin: de Gruyter, 1974, p. 194.

③ Friedrich Schlegel, *Kritische Ausgabe* (*Volume 8*), Munich: Schöningh, 1958, p. 201.

④ August Wilhelm Schlegel, *Kritische Ausgabe der Vorlesungen* (*Volume 1*), Edited by Ernst Behler and Frank Jolles, Paderborn: Schöningh, 1989, p. 434.

该阶段对自身民族在时间中的定位这一课题。可以看到，中世纪神话作为德国民族精神的核心，其本身即是审美的对象，中世纪神话与民族精神的联系，代表了德国以审美的方式建构民族文化。更为重要的是，德国在该阶段对神话的研究，表现出强烈的历史意识，即将神话与德国文化发展的历史紧密联系起来，这种思想亦是审美历史主义对德国民族精神在时间中定位的典型表现。

18 世纪末至 19 世纪初德国对中世纪神话的定义，即认为其内容不是荒诞、幼稚的，基于浪漫主义对诗歌、文学等艺术理论的改造，他们认为，神话中蕴含了德国民族的精神，而人们对神话的误解，正是因为自己的历史思维不能阐释中世纪时期的文化，只有通过对神话中蕴含的精神进行阐释，才能重新认识中世纪，才能建构出新的历史思维。威廉·施勒格尔是这种思想的代表，他认为，神话中所论述的事迹都是真实的历史事迹，哪怕是一个英雄在战场中杀死了数以千计的人，也是真实的在历史中已经发生的事实，我们现在不相信这些神话的原因在于，我们用当下的历史思维去理解这些神话，这只能造成我们对神话的不理解。①

可以看到，德国在该阶段对中世纪神话的阐释，表现出以审美的方式建构新的历史观，而神话即是这种观念的载体。基于对神话理论的这一建构，德国直接将神话置于其建立的民族文化发展史中，神话由此从建构历史思维的手段，变成了历史的内容。葛瑞斯与格林兄弟对这种转变做出了重要贡献。例如，葛瑞斯将中世纪神话与东方精神联系在一起，将其认为是"东方—德国精神"的中介，即把神话所代表的中世纪精神置于了新的文化史中。他认为，德国神话的根基在古印度，然后通过波斯、埃及、希腊的传递，最终达到欧洲北方。正如他在论述神话起源时说："所有年轻的时代的神话，当它出生之时，

---

① August Wilhelm Schlegel, *Kritische Ausgabe der Vorlesungen* (*Volume* 1), Edited by Ernst Behler and Frank Jolles, Paderborn: Schöningh, 1989, pp. 443 – 446.

都发现自己包围在已有的智慧土壤中，它们以东方为起源，从中部和西部流传而来。"①

　　格林对德国中世纪神话的论述，长期以来被认为其与葛瑞斯的理论背道而驰，因为西方学者们认为，格林更加注重德国中世纪神话的民族性和其文化的封闭性。诚然，如格林在《对神话、史诗与历史的思考》（Gedanken über Mythos, Epos und Geschichte）中认为，德国中世纪的神话基于德国自身的语言、习俗中，神话不是贯穿整个历史的。② 并且格林认为，德国神话所代表的中世纪精神来源于古希腊的宗教，试图将中世纪神话与古希腊精神联系在一起，而不是如葛瑞斯那样，将其来源定位在东方。"我们需要理解的是，现存的神话和传奇故事中的诸多组成部分，与古希腊宗教中的许多元素十分相似。"③ 但是，如果我们从审美历史主义的视野下考察格林与葛瑞斯的理论，可以看到，他们的目的都是通过审美对神话的介入，建构德国自身民族的文化。他们对神话的起源所持的不同态度，实质上无论是东方还是古希腊，都是基于审美历史主义所建构的同一时间秩序中的，即从德国在该阶段对中世纪神话建构的整体上看，它们对神话建构的方式、目的都是同一的。

　　最后还注意到的是，德国古典审美历史主义通过对民族的时间定位，论证了中世纪精神作为其民族文化在历史中的合法性地位，紧接着，德国试图将以基督教为代表的中世纪精神置于其所处时代中民众的生活里，这个过程被称为西方宗教世俗化运动，即认为在新教的冲

---

　　①　这里的东方、中部与西部，不仅仅指地理位置上的，其德语分别为 Morgen, Mittag, Abendlande，其本义分别为早上，中午与晚上。但是，葛瑞斯在这里将其表示文化传入的方位，东方代表早上，中部是中午，而西部是晚上，葛瑞斯以时间表示方位的做法，体现了审美历史主义对时空的融合，也体现了其试图建立一种新的文化发展的历史思维。参见 Joseph Görres, Gesammelte Schriften（Volume 3），Edited by Wilhelm Schellbert. Cologne：Gilde, 1926, p. 277。

　　②　Wilhelm Grimm, Kleinere Schriften（Volume 1），Edited by Gustav Hinrichs, Berlin：Dümmler, 1881, p. 82.

　　③　Ibid. , p. 56.

击下，基督教试图介入人们的日常生活，加强人们与基督教的联系。德国在此运动中具有鲜明的特点，即它是通过审美的方式将基督仪式置于人们的生活中，并且其目的也不仅仅是在宗教范围内维护基督教的权威，而是试图将基督教的仪式转化为德国民族的记忆，建立起民族的历史，这亦是审美历史主义效用的体现。

德国在该时期将中世纪精神作为其民族精神的内核，但是在现实情况中，中世纪精神的代表——基督教精神在新教和启蒙主义思想的批判中逐渐势微，以弗里德里希·路德维希·雅恩（Friedrich Ludwig Jahn）、雅克比·弗里德里希·弗里斯（Jakob Friedrich Fries）和德·韦特（Wilhelm Martin Leberecht de Wette）为代表的 18 世纪末至 19 世纪初的德国思想宗教学家们，基于对中世纪精神建构的审美历史主义方法，重新阐释基督教在欧洲历史中的地位，将基督教精神纳入德国民族文化发展的时间中，其具体方法是将基督教的仪式与民众的生活审美地联系起来，形成民族共同的历史。

这一思想运动的倡导者是施莱尔马赫，他为这一运动制定了理论框架和具体的实施方法。施莱尔马赫首先要求基督教仪式从教堂中独立出来，认为，"真正的忏悔只有在教堂之外才有其可能性"①。其次他基于新教的理论，要求将基督教仪式作为大众生活中的道德象征和道德指向②，由此将基督教精神深入地与民众联系起来。更为重要的是，施莱尔马赫要求这些宗教仪式应具有审美的愉悦性和社会性，具体表现形式是按照基督教仪式，建立新年、忏悔日和丰收日（五旬节）的公共假期，以便让整个社会参与其中。③

可以认为，施莱尔马赫对设立宗教节日的倡导，为德国该时期的

---

① Friedrich Schleiermacher, *On Religion*, Translated by Richard Crouter, Cambridge: Cambridge University Press, 1998, pp. 170 – 180.

② Friedrich Schleiermacher, *Kleine Schriften und Predigten*, 1800 – 1820 (*Volume 1*), Edited by Hayo Gerdes and Emanuel Hirsch, Berlin: de Gruyter, 1969, pp. 208 – 220.

③ Friedrich Schleiermacher, *Kleine Schriften und Predigten*, 1800 – 1820 (*Volume 2*), Edited by Hayo Gerdes and Emanuel Hirsch, Berlin: de Gruyter, 1969, pp. 71 – 95.

民族精神的形成提供了一种新的方式。"施莱尔马赫对宗教仪式的改革，其特点是将宗教与市民阶层的生活融合起来。1805 年至 1815 年间，这些融合了宗教意义的民众生活，对该时期的民族主义思想产生了巨大影响。"① 简言之，施莱尔马赫提供了一条德国民族文化发展的路径，即将中世纪精神置于人们日常生活之中，由此唤醒德国的民族精神及其在人们生活中的历史传承性。

继施莱尔马赫之后的德国宗教思想家们，坚持了其将基督教精神通过仪式与民众节日相结合的方式，并且，他们都无一例外地以审美的方式来引导基督教仪式与大众的结合。例如雅恩认为，宗教仪式与人们普通生活的连接，其具体方式是设立"国家的节日"，而这些节日能够给人提供一种在平常生活中难以获得的审美愉悦性。"这些节日提升我们的普通的日常生活，使我们逃离日常生活的乏味，将我们的精神从身体中释放出来……人能够像真正的存在者那样站立在这一刻，他们拥有愉悦的权利，而不是像一个偷偷摸摸地站在街角的醉鬼那样寻找快乐。"② 恩斯特·莫里茨·阿恩特（Ernst Moritz Arndt）也在肯定"通过仪式建立德国历史中伟大时刻的记忆"的同时，③ 以更加细致的审美的方式建构基督精神与日常生活的联系，即以审美的方式建构一套基于民众生活与基督教精神间的象征符号系统。例如，他要求建立当年在条顿堡森林中对古罗马战争胜利的纪念日（哈曼的胜利）、莱比锡战争胜利纪念日以及在国家统一战争中亡者的纪念日等，并要求人们在不同节日穿着不同的服装。"在哈曼的胜利纪念日中，市民需要在帽子上戴橡树叶；在亡者纪念日中，人们需要穿戴十字架。"④

---

① George S. Williamson, *The Longing for Myth in Germany*, Chicago, London: The University of Chicago Press, 2004, p. 93.

② Friedrich Ludwig Jahn, *Deutsches Volkstum*, Berlin: Aufbau, 1991, pp. 102 – 103.

③ Ernst Moritz Arndt, *Ausgewählte Werke in sechzehn Bänden* (*Volume* 13), Edited by Heinrich Meisner and Robert Geerds, Leipzig: Max Hesses Verlag, 1908, p. 261.

④ Ibid. , p. 64.

德国在该阶段以审美建构民众与其基督教精神的方式，直接促成了美学家、宗教学家德·韦特的宗教美学思想，在其理论中，他以审美的方式贯穿了宗教仪式、国家节日、民族精神与民众的日常生活。德·韦特虽然信仰新教，但是他认为，应该吸收天主教中的音乐、建筑、浮雕等艺术形式，因为他们具有强烈的符号象征性，可以更好地以这些形式联系宗教精神与民众。"我相信新教教堂是基于审美的活动之中，只有这样他才能解除那些教条对他的限制。"① 但是他又批判天主教中过于感官的审美符号系统，认为他们不利于精神上的审美愉悦，并要求超越天主教审美符号系统，最终达到精神的愉悦。②

基于这种美学态度，德·韦特进而认为，对宗教的理解不能只是理论上的，应该是审美的。例如他认为，新教的教义、理论的作用是批判其反对者的思想，但是其最终形式不是理论的，而是诗性的、审美的。"新教理论在其消解了反对者的批判后，将重新回到神圣的领域。其后一个神话，将从自由的诗中孕育而出，并成为宗教生活的中心。"③ 最后，德·韦特要求将这些含有审美符号的宗教精神，转入到民众的生活之中。例如，圣诞节应该是儿童的节日，它的意义在于让人们看到未来的希望；复活节作为为胜利而牺牲的节日，应该作为殉道者和在国家、民族的战争中亡者的纪念日；五旬节作为大多数儿童第一次接受其社会身份的节日，应该在这一节日里培养儿童对共同体、民族和国家的责任感；洗礼也应该在公众场合举行，要求在其过程中使用唱诗班和蜡烛，并在洗礼结束后进行布道，其目的在于对洗礼进行审美化。④

总体上看，德·韦特给宗教精神与民众生活、民族意识的关联制

---

① Wilhelm Martin Leberecht de Wette, *Ueber Religion und Theologie: Erläuterungen zu seinem Lehrbuche der Dogmatik*, Berlin: Realschulbuchhandlung, 1815, p. 223.

② Ibid., pp. 240 – 247.

③ Ibid., p. 116.

④ Ibid., p. 247.

定了这样一条原则——唯有通过经过审美化的宗教精神，才具有与人们日常生活相联系并建构民族精神的能力，也唯有通过审美的方式，才能打通宗教精神、民众生活与民族文化间的联系。

综上分析我们看到，18 世纪末至 19 世纪初的德国通过审美的方式建构了东方精神，通过对东方精神的建构，获得了一种新的文化发展的历史思维。由此又审美地建构了中世纪精神，并将其纳入已审美地建构的历史思维中，为德国民族精神的发展铺平了道路。而在此道路上，德国民族又选择了审美作为其行进的方式。具体表现为德国通过审美的方式，将中世纪精神与其所处的时代相连接，这个过程即是德国古典审美历史主义发展的过程，也是其核心效用的体现。可以看到，德国古典思想基于其美学理论，审美地在空间与时间中建构其民族精神，审美地使其精神延续在历史之中（这种历史也是被审美地建构的），但它绝不是德国民族审美的乌托邦，因为它以具有创造性与历史性特征的想象力为核心，这就是德国古典审美历史主义的效用。在此过程中，审美必然地、自然地成为德国古典思想中最为核心的部分。

附录一

德国古典美学研究路径新探
——以德国古典美学与德国历史主义理论关联性研究为例

德国古典美学对中国当代美学理论建设具有重要的影响，具体反映在对美学与文艺学、艺术学区别的反思过程中，要求借鉴德国古典美学的哲学特征，确立美学的学科独立性。但是，随着国内对德国古典美学哲学特征的不断反思，有学者认为其无法适应诸如生态、环境与人之间的审美关系，要求完全摈弃德国古典美学。实际上，对德国古典美学的否定，反映了国内目前对美学学科特征研究的不足，在美学面对不同问题和不同理论形态时，随意对美学理论进行修正，而这也最终导致了美学理论标准的丧失以及美学对现实阐释的失效。因此，要加强美学理论的现实效力，必须回到其学科起源地——德国古典美学之中，从更广阔的精神文化入手，考察德国古典美学与其他思想、理论间的关联，厘清在此过程中，德国古典美学赋予美学学科的独立性和理论准则。而与之同时代的德国历史主义与德国古典美学间的理论互动，为我们提供了考察德国古典美学的新视角。在此视角下，可以挖掘德国古典美学跨学科的理论特征，发现其在跨学科过程中以认识论为美学学科准则。通过对德国古典美学研究新路径的探析，可在德国古典美学逻辑上建构美学跨学科研究的理论准则，使当下美学能够面对日新月异的审美对象和时代的挑战。

一

　　德国古典美学对中国美学影响至深，从王国维到当下的实践论美学，都从德国古典美学出发建构其美学体系，并影响中国美学的发展。这种影响是中国美学在对德国古典美学积极和消极的误解、误评和误构的进程中展开的，因此在对待德国古典美学的理论态度上形成了许多截然不同的声音，并且各自均能在德国古典美学中找到理论支撑点。① 但是从美学的学科性这一层面考察，可以看到，国内学者对德国古典美学的认识具有统一性，即认为德国古典美学具有的哲学特征是美学学科有别于文艺学、艺术学的根基所在。对美学学科的这一理论反思和共识，主要形成于 20 世纪 90 年代初期的"文艺美学热"②。如朱立元认为，"两个多世纪来，美学研究的对象、范围、重点不断拓展变化，但有一点始终未变，它仍然是一种对于世界和人生的根本性哲学探讨……'非哲学的美学'本身就是一个自相矛盾、难以成立的概念。美学的哲学本性，任何时候都不可丧失"③。与之相似的声音亦认为，中国美学理论仍然属于"前美学"时期，究其原因就在于美学哲学性特征的缺失。"20 世纪的中国美学仍处于'前美学'阶段。造成这种状况的原因至少有两方面：一、在哲学上失去了自己的层次格局。二、在研究对象上与文艺理论大体相当。"④

　　① 尤战生：《误解、误评与误构——论现代中国美学对西方美学的误读》，《山东社会科学》2008 年第 1 期。

　　② 有学者认为，中国文艺学与美学的划分形成于 20 世纪 20 年代中后期，划分原因是对中国传统"诗文评"理论的摒弃和"纯文学"运动的兴起。但是在该时期，无论是从学科建制还是人们对文艺学和美学学科自律性的认识程度上看，都没有形成对文艺学和美学学科的反思。对美学的哲学属性的强调和反思主要形成于 20 世纪 80—90 年代。参见谷鹏飞《文艺学与美学的现代分离：问题、过程、反思》，《文学评论》2012 年第 5 期。

　　③ 朱立元：《略谈美学的深化与泛化》，《文艺报》1990 年 11 月 24 日第 3 版。

　　④ 张首映：《处于"前美学"阶段的中国现代美学》，《批评家》1988 年第 5 期。

对美学哲学特征的强调，影响了中国 20 世纪末至 21 世纪美学理论的创造和发展，从实践美学与后实践美学的论争、认知美学与实践论美学的辩论，到新感性、生命美学等理论的兴起，无一例外地将论争的焦点和自身理论的建构根植于不同的哲学命题中。但是近年来，伴随着西方分析美学、存在主义美学、环境生态美学的兴起，国内对德国古典美学进行了猛烈批判，要求走出德国古典美学。"我国新世纪以来经济社会的急剧转型，决定了德国古典美学已经不能适应中国现实需要，而在其影响下产生的实践论美学也暴露出诸多弊端，它们都必将退出历史的舞台。"①

对德国古典美学的批判并未涉及对美学学科哲学性的否定，相反，其路径是试图以新美学哲学性质替代德国古典美学的哲学内涵。也正是这一理论思路，使得对德国古典美学的批判成为不可能。例如国内学者认为，在环境、生态的审美视域中，应该摒弃德国古典美学的认识论、知识论哲学特征，以存在主义的哲学特征支撑当代美学的发展。但是，正如叶秀山所论断，正是德国古典哲学"知识论"转向深化对"存在"问题的思考，才得以让现代西方哲学从知识论又回归到存在论。"在德国古典哲学中，'存在'不再满足于成为空洞无内容的抽象概念，而是要成为具有'规定性'的哲学范畴。"并且，叶秀山认为，德国古典哲学对存在的探究，来源于审美感性的认识论特征。"存在的规定性不是来自存在本身，而是来自存在以外的因素，感性和知性。"② 简言之，只要秉持美学学科的哲学性质，想要在理论越过德国古典美学不具有可行性。

对德国古典美学的批判反映了国内当前对德国古典美学研究的薄弱，梳理其批判的主要矛盾，对德国古典美学研究路径具有重要启

① 曾繁仁：《对德国古典美学与中国当代美学建设的反思》，《文艺理论研究》2012年第 1 期。
② 叶秀山：《德国古典哲学的基本观念及其发展路线》，《世界哲学》2013 年第 1 期。

示。否定德国古典美学的主要原因在于认为，德国古典美学无法对现代或后现代形成理论联系："德国古典哲学、美学是适应西方现代化进程而建立的思想体系，而且具有强烈的精英主义倾向。那么，在当代这样一个大众文化占据主导地位，后现代观念和生活方式盛行的社会，德国古典哲学、美学是否仍然具有阐释效力呢?"①

实际上，在我国当代美学研究中，马克思主义美学回应了德国古典美学与现代性理论失联的误判，因为马克思主义美学是德国古典美学的现代化，它将德国古典美学与现代性问题联结起来。② 而在这一路径中，马克思主义美学最核心的手段就是将美学与历史关联起来，因为审美现代性以及文化研究必须要介入历史的视域，③ 这也正是马克思主义美学的理论根基。"马克思的文学艺术见解是由一种总的历史哲学连接起来的"④。

但是，国内对马克思主义美学中的历史性问题研究却始终局限在文论领域，对其背后的哲学反思不够，⑤ 这一研究模式显然无法真正探究马克思主义"历史的"与"美学的"标准的内容和价值。不过对这一问题的研究给我们重要的启示，即作为德国古典美学现代化理论的马克思主义美学，其继承的"美学与历史"的理论背景，必然

---

① 曾繁仁：《重审德国古典哲学与美学》，《文艺理论研究》2010 年第 6 期。
② 张德厚：《试论马克思主义美学的现代化》，《吉林大学社会科学学报》2001 年第 6 期。
③ 张政文：《谢林美学思想的现代性转向与反思》，《哲学研究》2008 年第 7 期。
④ ［英］柏拉威尔：《马克思和世界文学》，梅绍武、傅惟慈、董乐山译，生活·读书·新知三联书店 1980 年版。
⑤ 国内对马克思"美学与历史的"标准讨论著述，无一例外将其限制在文论领域。例如，丁国旗提出，在马克思主义文论中采用"审美意识形态"理论对"美学的"与"历史的"统一，实际上只是一种临时和解，不能达到两方面的真正统一。他认为，应将"美学的"与"历史的"的问题看作价值形而上的问题，涉及该问题的哲学反思。但是，其观点依然停留在文论中，没有继续反思"美学的"与"历史的"真正内在逻辑关联，进而认为这种形而上的价值是一种"不去追问，只去追求"的理想（参见丁国旗《论"美学的和历史的"标准的不平衡性》，《理论学刊》2013 年第 12 期）。可以认为，这种判断恰恰反映出了文艺学与美学之间的断裂。

与德国古典美学具有连贯性。而通过马克思主义美学现代化的路径重新审视德国古典美学，即是一条新路径。例如，张政文在马克思主义美学的视野下，断定德国古典美学带来了两种价值。其中第一种是审美的历史化。"把审美活动理解为生活的历史，意味着审美既是个人的又是历史的，审美本身也就构成了历史的逻辑。"①

综上所述，只要坚持美学学科的哲学性特征，就无法否定德国古典美学。以马克思主义美学为中介，可以将德国古典美学与现代性相融合，从而使德国古典美学对现实具有阐释力。而在这一研究路径中，美学与历史的关联问题成为研究德国古典美学的一种新视角，更为重要的是，这一视角是基于西方美学史理论生成过程之中的。

二

对美学与历史的哲学反思是德国古典美学得以与现代性关联的重要路径，但是，对这一问题的研究被美学界忽视，究其原因主要是对该问题的研究没有找到合适的理论土壤，即美学研究还未发现美学与历史问题关联的意义以及有力的理论支撑。② 相反，在西方历史哲学领域中，对美学与历史的哲学反思是其理论组成不可或缺的部分。为了使对德国古典美学历史与美学问题的研究具有可行性和独立性，在此有必要简述西方历史哲学对于此问题的研究概况，并且阐释其不能

---

① 张政文：《审美现代性批判视域中的马克思主义美学思想解析》，《马克思主义与现实》2007 年第 5 期。

② 美学界对美学与历史问题的忽略，是指美学界对这一问题的哲学反思，并非指文论领域中的美学与历史间关联性研究。文学理论中的历史主义批评，对美学与历史的关系有过深入探讨。其理论最初是指以历史发展的眼光评价艺术作品和审美标准（Erich Auerbach, *Scenes from the Drama of European Literature*, Minneapolis: University of Minnesota Press, 1984, pp. 183 – 185）。随着历史主义批评的发展，其理论亦要求将文本历史化，使文学作品揭示人历史性存在的意义（Roland Greene, *The Princeton Encyclopedia of Poetry and Poetics*, Princeton: Princeton University Press, 2012, p. 937）。但是，历史主义批评始终未触及美学自身发展的逻辑结构，简言之，没有看到美学思维与历史思维间的联动关系。

代替美学领域对美学与历史问题研究的原因。

西方历史哲学对美学与历史关联性研究，是在历史哲学语言学、叙事学转向的背景中展开的。在这一背景中，西方历史哲学开始探究艺术、美学与历史认知和历史叙述之间的关联，集大成者是海登·怀特和安克特史密特。海登·怀特认为，历史的叙述本身才是人类存在的特征，而历史叙述的过程，就是文学的过程。"历史编纂包含了一种不可回避的诗学——修辞学的成分。"怀特进而将历史分为浪漫式的、悲剧式的、喜剧式的和讽刺式的四种类型。需要注意的是，怀特并非认为世界本身就是浪漫、悲剧和喜剧及讽刺的，他认为，只有面对历史的考察和阐释时，才具有这四种类型，因为历史作为构成物，受到阐释技巧的影响，而这些阐释技巧与历史共同反映了人类的存在。由此，怀特认为，"选择某种有关历史的看法而非选择另一种，最终的根据是美学的或道德的"[①]。

海登·怀特的历史哲学对文学理论研究具有巨大的影响。例如大卫·戴维斯在2012年美国美学年会发言（Fictional Utterance, Fictional Narratives, and Fictional Works）中认为，文学作品叙述中所包含的非现实性叙述的合理性在于，它们包含了当下人们存在所希望和想要相信的实在性特征，而这些特征是基于一种历史性的叙述和对历史的重新建构，由此文学作品中的非现实叙述了获得现实的阐释。可以看出，大卫·戴维斯认为，文学叙述需要纳入历史因素才可使其获得现实性的认可，此种观点可看作是海登·怀特理论在文论中的运用。

海登·怀特对历史与美学的探讨，并未在历史学界得到普遍认同，其原因在于"历史哲学将文学理论植入历史学研究中，将历史变为文学的一部分和文学评论的背景，当然历史哲学的这种研究路径也

---

① ［美］海登·怀特：《元史学：十九世纪欧洲的历史想象》，陈新译，译林出版社2009年版，第2、4页。

破坏了历史学的科学基础"①。作为对海登·怀特理论的矫正，安克特史密特（又译作"安克斯密特"）认为，怀特的理论"完全排除了对史学文本与过去间关系的认识论探讨的可能性。这样，我们不能指望怀特的史学理论告诉我们为什么某一文本比其他文本更忠实于过去实在这样的认识论问题"。

简言之，安克特史密特认为，怀特的理论落入了文学的领域，缺乏深入的哲学分析。由此，安克特史密特试图在美学与历史思维之间建构一套内在的关联模式，他的历史表现理论借用美学意义上的"表现"学说，认为，表现是让一物替代某一物出场，表现更接近事物的本体，并将事物与事物之间联系起来。历史叙述应采取这种美学意义上的表现方式。并且，安克特史密特认为，历史所面对的过去的经验和过去本身是同时产生的，即历史的主体是历史客体的保证，要从这种特殊的关系中去发现、描述历史，就必须借助审美的认识方式，进行主、客体交融的认识模式。最终，安克特史密特论断："美学将为我们提供把史学从相对主义和非理性主义的双重威胁中解救出来的手段。"②

安克特史密特对怀特理论的矫正，表明了在文论视野中对美学与历史内在逻辑探究的局限性，但是安氏在历史哲学层面上对美学的反思实际上并非美学的，例如他认为，美学超越主客二分的属性先于认识论存在，消除了历史认知主、客体的沟壑，将美学作为历史学的基础。"美学最终决定着解释学，从而，美学再次优先于解释学或历史理论。"③ 其将美学天然地独立于认识论或剥夺其认知属性，这本身就是对美学史的忽视。正如扎米特对其历史表现论所批判那样，认为

① Roland Greene, *The Princeton Encyclopedia of Poetry and Poetics*, Princeton: Princeton University Press, 2012, pp. 937 – 938.

② ［荷］安克斯密特：《历史表现》，周建漳译，北京大学出版社 2011 年版，第 32、88—90、96 页。

③ ［荷］安克特史密特：《崇高的历史经验》，杨军译，东方出版中心 2011 年版，第 348 页。

表现在安克特史密特所界定的美学维度之外亦有认知的功能性。① 简言之，安克特史密特的美学成为历史哲学自身的理论假设。

综上所述，历史哲学对美学与历史关系的讨论从文论领域扩展到哲学层面的反思。但是，其并未遵循美学理论自身发展的历史与逻辑，这种研究模式根本不能替代美学领域中对历史问题的探讨，相反，它为我们提供了一种警示，即美学与历史哲学跨学科研究中，一定要厘清各自理论的发展路径和找到各自理论的边界特征。德国古典美学与德国历史主义的关联，则为我们提供了两个学科交融的理论事实。

三

西方历史哲学在对美学与历史理论关联研究时，无一例外地将这一关联的源头置于德国历史主义中。从历史学发展史看，德国历史主义为历史学的学科专业化奠定了理论基础，从历史哲学发展史看，德国历史主义处于批判的历史哲学（批判的历史哲学以对过去认识的可能性为研究核心）的源头，为 20 世纪历史哲学的转向提供了理论源泉。因此，历史学与历史哲学的研究，都不可回避德国历史主义理论。德国历史主义理论亦和德国古典美学交织在一起。例如，历史主义一词最早记载在弗里德里希·施莱格尔"论语文学"的一本笔记中，而首位真正表述历史主义思想的，通常被认为是赫尔德。② 正是因为德国古典美学、德国历史主义和历史哲学的此种关联，美学与历史的问题始终没有脱离当代历史哲学的研究范围。

但是如上所述，历史哲学关于美学与历史学的研究并未尊重美学

---

① Zammito, Ankersmit and Historical Representation, *History and Theory*, Vol. 44, 2005, pp. 161 – 165.

② ［美］凯利：《多面的历史》，陈恒、宋立宏译，上海三联书店 2003 年版，第 496 页。

自身发展的历史与逻辑，并且其对德国历史主义的研究也呈现出许多不同的声音，对德国历史主义的定义也混乱不堪。[①] 尤其是在历史主义后期，其呈现出的历史相对主义直接危及了历史学科的根基，进而遭到历史学界的普遍抵制，这一过程也带动了历史学领域中对美学理论的否定。

历史哲学对德国历史主义中美学思想的误读，实际上反映了美学学科自身标准的缺失，美学理论在历史哲学领域被随意裁剪，置入超认识论、反本质主义等理论背景中。历史哲学的这一学术路径折射了对德国古典美学研究的不足，也为当前德国古典美学提供了新方向，即从德国古典美学中找寻美学学科性的真正内核所在。这一工作并不能局限在美学学科内部，应该从广阔的时代背景和不同的理论关联出发。而与德国古典美学共处同一背景中，并对德国古典美学进行理论互动的德国历史主义，为我们提供了这样的研究对象，通过两者间的关联性研究，可以厘清德国古典美学的两大美学学科特征。

第一，德国古典美学与德国历史主义相互联动的过程展现了美学的跨学科性特征，这一特征显现在德国历史主义对德国古典美学运用的连贯性上。例如，早期德国历史主义者赫尔德从美学的"情感—感官"模式出发，构建历史主义重要的方法论——同情理论。在这一过程中，赫尔德始终坚持德国古典美学的基础性地位，并始终尊重德国古典美学的发展进程。他认为，情感是人性的核心部分，真正美应该以人类情感为基础，并且以感官为源头才能显现出人类的情感。[②] 他进而将这一美学思想运用到人类语言的研究中，认为，人类语言的起源就是将自己的感官与情感结合在一起的过程。紧接着，赫尔德又确立了诗歌语言的基础性地位，断定诗歌作为一种手段，可以触及每个

---

① 卓立：《历史主义的理论结构与演变》，《新史学》第 10 辑，大象出版社 2013 年版。

② Johann Gottfried von Herder, *Selected Writings on Aesthetics*, Translated and edited by Gregory Moore, Princeton：Princeton University Press, 2006, p. 49.

不同种族文化的精神。"个民族"以其自身的语言表达其思想，其思想由其言说的方式所决定，并最终构建了历史主义理论的核心，即对历史个体的尊重和在特定历史中理解特定的民族精神。

可以看到，赫尔德在历史主义同情理论的建构过程中，既坚持了德国古典美学发展的进程，又坚持了德国古典美学的哲学特征（赫尔德的同情理论与济慈、柯勒律治为代表的英法同情理论截然不同，后者认为，人之外的动物没有同情的能力。赫尔德则认为，人之外的事物也都具有这一能力，这一论断的重要性在于它将同情超越了文学欣赏的领域，使之成为具有建构整体世界的理论）①。从赫尔德的例子可以看到，德国历史主义理论与德国古典美学具有内在的理论关联性，这种关联性的本质在于坚持了德国古典美学的特征和发展逻辑。②

由此，重新审视德国古典美学的跨学科性是当前研究的新方向之一，通过这一研究路径，可以理解康德对鲍姆嘉通将美作为固定科学规则的批判（"即把美的批评性评判纳入到理性原则之下来，并把这种评判的规则上升为科学。然而这种努力是白费力气。"③），以及理解反思判断力没有自身领地的原因，最终真正理解文德尔班将美学作为德国古典哲学精神核心的出发点。"无论在实质上或在形式上，美学原则都占居统治地位。"④ 然而这一研究中更为关键的是，要厘清德国古典美学在同历史主义关联的同时，其保持学科独立性的准则。

----

① Johann Gottfried von Herder, *Philosophical Writings*, Translated and edited by Michael N. Forster, Cambridge: Cambridge University Press, 2002, pp. 38, 88 – 89.
② 在当代历史哲学领域对德国历史主义研究中，其并未尊重德国古典美学的自身特征。例如，同样是在对赫尔德的研究中，当代历史哲学领域认为，赫尔德将美学认作是个体与普遍性相统一的理论，进而论断赫尔德历史主义对历史个体性的强调来源于美学（Frederick C. Beiser, *The German Historicist Tradition*, New York: Oxford University Press, 2011, pp. 106 – 114）。实际上，当代历史哲学领域对美学的这一阐释来源于亚里士多德关于诗与历史之争中的诗学原理，其与德国古典美学相去甚远。而历史哲学领域如此为之的根源在于，它是站在德国历史主义"个体性—统一性—历史性"特征视角上，对美学进行误读。
③ ［德］康德：《纯粹理性批判》，邓晓芒译，人民出版社 2004 年版，第 27 页。
④ ［德］文德尔班：《哲学史教程》，罗达仁译，商务印书馆 1997 年版，第 727—728 页。

第二，同样通过德国历史主义这一研究对象，可以发现德国古典美学在跨学科过程中所秉持的认识论特征，也正是这一特征，使德国古典美学保持了其学科的独立地位。在当代国内美学研究中，德国古典美学的认识论特征往往是被批判的对象，认为其设置的主、客体认识模式阻碍了审美活动的发生。以国内生命美学与实践美学的论争为例，两者在否定主客对立的认识论上始终保持一致。例如生命美学认为，"西方现、当代美学开始尝试从超主客关系出发去提出、把握所有的美学问题。这正是生命美学在西方的诞生"[1]。而当生命美学以此攻击实践论美学时，实践论美学则认为，"实践本体论，它的最大理论品格和逻辑指向是取消了主体与客体的二元对立"[2]。

但是，从德国历史主义视角出发可以看到，正是德国古典美学的认识论特征使其理论得以被建构。德国历史主义"作为一种认识论试图建立符合理性发展的历史科学"[3]，其任务"不是说要将历史变成一门科学，而是要寻找让历史成为一门科学的内在原因是什么。对这个问题的解决就是历史主义的认识论：即关于历史知识是否可能，历史与艺术的关系如何，是否存在客观的历史"[4]。可以看到，德国历史主义以认识论为根基，而对此根基的构建，又是以德国古典美学为基础的。例如，兰克在清理批判传统历史进步观念时，借用艺术作为案例，使人以对艺术的直接感知认识批判这些观念。[5] 而在具体的历史认知结构上，兰克认为，"一种理想的历史将如同诗歌那样，在有限之中表达无限"[6]。

① 潘知常：《生命美学论稿》，郑州大学出版社 2002 年版，第 13 页。
② 闫国忠：《关于审美活动》，《文艺研究》1997 年第 1 期。
③ http：//plato. stanford. edu/entries/rationality-historicist/.
④ Frederick C. Beiser, *The German Historicist Tradition*, New York：Oxford University Press，2011，p. 8.
⑤ ［德］利奥波德·冯·兰克：《历史上的各个时代》，杨培英译，北京大学出版社 2010 年版，第 5—10 页。
⑥ Leopold von Ranke, *Aus Werk und Nachlass* (*Volume IV*), Edited by Walther Peter Fuchs, Munich：Oldenbourg，1965，pp. 233 –234.

德国历史主义对德国古典美学认识论特征的吸收，使我们得以重新审视德国古典美学的认识论属性。在美学认识论主、客体关系问题上，德国历史主义认为，在一切都被历史化的语境中，审美的主体与客体的对立实际上被相互消融掉，因为历史的客体不是一个独立于主体的对象，对历史客体的感知是与主体同时发生的，进而认识的客体最终被建立在主体之上。从历史主义的这一思路出发研究德国古典美学，可以看到，德国古典美学的历程就是不断弥合主客分裂的过程，而这一矛盾，最终也只能在历史意识之中得以和解。

综上所述，德国古典美学与德国历史主义理论关联过程中，显示了德国古典美学跨学科的性质，凸显了德国古典美学跨学科标准是对认识属性的坚持，这都为当下美学学科发展提供了理论动力。并且，这一理论联动还为当下德国古典美学研究提出了新的研究领域和方向。

第一，对德国古典美学中的历史思维进行梳理，可以彰显德国古典美学对历史意识建构的理论特征。德国历史主义之所以能够与德国古典美学形成"理论同谋"，不仅在于美学的跨学科性，更主要原因在于，德国古典美学在对启蒙主义抽象实体概念否定的过程中，通过个体对现实实在经验的把握建构了历史性。

这一论断在德国古典美学思想中，亦具有理论证据。从康德到黑格尔的思想，无一例外地都对历史哲学进行了建构。传统的历史哲学领域认为，他们的历史哲学属于思辨的历史哲学，其特征是假设历史中存在不变的本质，并认为，哲学思想与德国历史主义大相径庭，进而拒绝在这些理论中寻找历史与美学的联系。因此，从德国古典美学自身逻辑出发探究其蕴含的历史意识，将成为德国古典美学研究的新路径，并且通过对美学思维与历史思维的探究，可为当前美学史、艺术史理论提供新视角。

第二，在历史性的基础上梳理德国古典美学与文化的关联，追寻审美文化的理论根基。德国历史主义的理论目的之一是对德国民族精

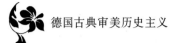

神文化的建构，这一建构的理论核心在于其认识论。正如李凯尔特所论断，历史成为一门文化的科学（cultural science）发生在德国历史主义的进程中，它首先以康德对知性和理性、对自然科学与神学的划界为前提，以黑格尔将人类思想基于历史考察的思维为基础，开启了德国历史主义作为文化科学的认识论道路。① 简言之，在认识论基础上，历史得以成为文化构成的部分。

德国历史主义这一特征对德国古典美学具有重要启示，即德国古典美学作为认识论，它必然也应能够成为文化的内在构成部分。这一思路就能解释在德国古典美学中，以无功利为特征的美学思想，总是功利性地关注人类文化进程发展甚至审美王国政治诉求的原因，因为在德国古典美学的历史性基础上，美学必然是文化构筑的部分。简言之，在德国历史主义研究的启发下，我们需要在更为广阔的时代背景中去研究德国古典美学。

---

① Heinrich Rickert, *Science and History: A Critique of Positivist Epistemology*, Translated by George Reisman. Princeton: D. Van Nostrand Company LTD, 1962, pp. 80 – 103.

附录二

为生命美学补"历史性"
——生命美学视野下的德国古典美学

从 20 世纪 90 年代至今，在生命美学与实践美学的论争中，生命美学以西方非理性主义、存在主义哲学为源头，以超主客二分、超理性主义作为其理论特征，批判实践美学，试图以生命的概念置换实践美学中的实践范畴。在对实践美学的批判与重释中，生命美学的理论特征不断遭到质疑，其自身对这些批判的反思，也陷入了循环论证的泥潭。可以认为，生命美学所固守的超主客二分、超理性主义特征已无法作为其理论的基点，它必须破除对这些理论特征的固执，将生命作为美学理论发展的历史契机，还原生命美学应有的历史性。[①] 基于这种方式，生命美学可以真正地打破知识论和理性主义的理论禁锢，重新审视德国古典美学，发现生命是德国古典美学发展的隐秘动力。

---

① "历史性"这一概念与存在主义紧密关联。历史性不指某一历史事件的存在或发生，而是指一切存在的源始性基础。在《存在与时间》中，海德格尔以"存有"来昭示历史性，从词形上看，存有（Es Gibt）中的"Es"用作形式主语的无人称的固定词组中，或者与缺乏词义的无人称动词搭配。这一词的哲学意义表明，"Es"是一个空洞的存在，在"存有"这一词中，其表明存在之物让出空间，接受其他存在物的占领。基于此的"历史性"即指向存在敞开的方式，即事件是被历史性占领的。由此可认为，生命美学的"历史性"即指生命美学应作为美学理论展开的一种历史契机，它对于所有的美学理论具有敞开性，这种敞开，不是指生命美学对其他美学理论单纯的批判或与其断裂，而是能为这些理论提供一种根植于生命美学内部、随着生命美学发展的可能性。

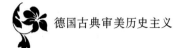

通过生命美学与德国古典美学的内在关联，可以为生命美学的发展提供更广阔的理论支持，这也符合生命美学的理论内在逻辑。

一

　　生命美学在建立之初就旗帜鲜明地提出，要超越主客二分的认识方式。这一理论特征形成的主要原因在于，生命美学以西方现、当代美学为源头，直接继承了其破除主客二元对立的哲学背景。如潘知常所言："西方现、当代美学开始尝试从超主客关系出发去提出、把握所有的美学问题。这正是生命美学在西方的诞生。"基于这一基础，生命美学认为，只有站在超主客对立的立场，才能将审美置于最本源的位置，而同样作为本源的生命也就在此与审美相遇，即"审美活动的生成方式的根本特征正是表现在把主客体的对峙'括出去'，表现在从主客体的对峙超越出去，进入更为原初、更为本真的生命存在，即主客'同一'的生命存在。""只有从超主客关系出发，我们才会注意到，审美活动不是什么认识活动的附庸……只有它，才是最为根本、最为原初的，也才是人类真正的生存方式。"①

　　以超越主客二元的对立为准则，生命美学批判实践美学从主客出发处理审美的问题，认为，"实践原则在实践美学那里实际只是一种'叙事策略'，是仍旧从自然本体论或认识论的角度即知识论的框架出发去考察美学问题"②。并且生命美学更加彻底地认为，只要在审美活动中存有主、客两个层面，无论是分立还是统一，都是与生命美学不相融合的。"只有超主客关系中的美学问题才是真正的美学问题"③。

　　① 潘知常：《生命美学论稿》，郑州大学出版社 2002 年版，第 13、70、338 页。
　　② 潘知常：《实践美学的一个误区："还原预设"》，《学术月刊》2001 年第 2 期。
　　③ 潘知常：《超主客关系与美学问题》，《学术月刊》2001 年第 11 期。

生命美学超主客二元的理论特征受到了诸多质疑和批判。例如，实践美学认为，"实践"概念并非像生命美学所批判的那样，是以主客二分为出发点的"实践本体论，它的最大理论品格和逻辑指向是取消了主体与客体的二元对立"①。进而认为，生命美学的超主客对立是狭隘的。亦有学者认为，生命美学对主客关系否定的绝对化，导致了其对主客关系这一美学基本问题的忽视。"生命美学把'本源'视为'建立在超主客关系的基础上'的说法，只是将'主体'与'客体'关系所做的一种想当然式的绝对化解读……更没有全面认识到主客关系中主客互动这一基本方面。"②

在生命美学视之为与其具有先天理论关联的中国古典美学理论中，也有学者认为，生命美学所坚持的超主客审美方式不能阐释中国古典美学中的审美现象。例如中国古典美学中的"比德"说，其实质只能在主客的审美关系中才能获得意义。但是，"中国古典美学却绝不是像生命美学所说的那样，是在一种超越主客关系的状态下的生命体验的美学"③。生命美学一味地从超主客对立的立场出发，不仅无法与中国古典美学建立内在逻辑，更会因对主客关系的绝对否认，陷入一种非此即彼的理论上的二元主义。"生命美学以西方思想作为理论支点，在曲解'忧生''忧世'关系，否认现代中国美学成就的过程中陷入自设的'二元'对立。"④

生命美学面对这些批判亦做出了回应，一方面，生命美学依然坚持超主客关系作为其理论根基；另一方面，也从其理论内部出发，对审美主客关系的存在予以一定的包容。例如潘知常在将西方当代美学作为生命美学理论支撑的同时，亦反思其对主客体关系的绝对

① 闫国忠：《关于审美活动》，《文艺研究》1997 年第 1 期。
② 黄怀璞：《美学：期待平等多元的对话》，《西北师范大学学报》（社会科学版）2006 年第 6 期。
③ 寇鹏程：《生命美学的三个问题》，《唯实》2003 年第 1 期。
④ 黄怀璞：《审美："忧生"抑或"忧世"》，《西北师范大学学报》（社会科学版）2005 年第 5 期。

否认会导致理论上的虚无主义。"西方当代美学所谓审美活动也无非是通过否定客体来否定自身的有限性,通过瓦解客体来无限扩张自己,不断地挖掘自身、超越自身、不断无形式地表现自己,直到耗空为止。"① 又如生命美学代表人物之一的封孝伦,正是从审美活动的主、客体性质出发,以审美主客关系为逻辑原点建构其生命美学的(其"三重生命"理论建构的实质即是从人、自然、社会的审美主客关联中析出)②。总体上看,生命美学面对质疑与批判并未给予过多回应,尤其近年来在国内生命美学理论书籍和学术文章中,也出现不再强调将超主客对立问题作为生命美学的或是美学理论的一种普遍理论特征。③

对理性主义的批判是生命美学另一主要理论特征,因为生命美学认为,"在理性主义传统,不论其中存在着多少差异,在假定存在一种脱离人类生命活动的纯粹本原、假定人类生命活动只是外在地附属于纯粹本原而并不内在地参与纯粹本原方面,则是十分一致的"④。但是生命美学对理性主义的批判是基于对传统美学理性主义背景的批判,而不是对理性本身的否定。"美学思维毕竟是非常严肃的事情,一旦丧失了严肃性就丧失了建设性。否定性思维一味否定理性,必然使得自己丧失掉了一个重要的营养基。"⑤ 生命美学还要求建立一种全新的理性主义审美模式,即以生命为根源的理性主义。"生命美学对于实践美学的从传统的理性主义出发去阐释实践活动的偏颇的批评,也并不意味着生命美学就是要从非理性主义出发去提

---

① 潘知常:《生命美学论稿》,郑州大学出版社 2002 年版,第 170 页。
② 参见封孝伦《人类生命系统中的美学》,安徽教育出版社 2013 年版。
③ 例如,潘知常在其新作《没有美万万不能》中,更关注的是生命与审美关系所展现出的人文价值,而对生命美学的理论构成问题则很少论述。该书不再关注超主客、超理性、追求自由等早期生命美学所强调的理论特征。参见潘知常《没有美万万不能》,人民出版社 2012 年版。
④ 潘知常:《生命美学论稿》,郑州大学出版社 2002 年版,第 177 页。
⑤ 同上书,第 173—174 页。

倡非理性的生命活动……从传统理性走向现代理性，从理性主义回到理性本身"①。

值得注意的是，生命美学对实践美学理性主义根基的批判，并未得到实践美学过多的回应，究其原因就在于，生命美学并不反对理性，而是反对绝对理性主义对生命的统治，这种理论态度实际上与马克思实践理论具有一致性。但是，生命美学对理性主义的此种态度，却遭到了来自与之同属"后实践美学"阵营的超越美学的批判。在超越美学看来，生命美学局限在非理性主义前期对理性主义超越的限度内，没有彻底超越理性与非理性之间的矛盾，不敢否认人的实体性，最终还是落入主客二分的理论窠臼。② 实际上，超越美学的此种论断亦反证了生命美学对以主客二分和理性主义为代表的传统美学的包容性。

二

生命美学对审美主客关系以及理性主义的态度，反映了其超主客对立、超理性主义理论特征的失效。但是，仅仅从生命美学对此两者超越的不可能性出发，不足以使它与以理性主义、以处理审美主客关系的传统美学发生内在关联，它只是开启了生命美学对传统美学理论敞开的可能性，必须从生命美学内部找到一种理论契机，使其与传统美学形成理论连续性。

生命美学的理论核心即生命，在生命美学理论建构过程中，它对生命概念不断深化，将生命的价值提升到美学史中前所未有的高度。但是，也正是在这一过程中，生命美学一味强调对生命本身理

①　潘知常：《在谈生命美学与实践美学的论争》，《学术月刊》2000 年第 5 期。

②　杜正华、刘超：《审美超越：从生命美学到超越美学》，《江西社会科学》2012 年第 6 期。

论的构建，试图将美学的所有问题纳入生命的范畴中，忽视了美学与生命之间的内在逻辑。生命美学抛开美学独论生命的弊端，在其与实践美学的论争中一览无遗。通过对已有论争的分析，可以认为，生命美学与实践美学之间是一种既对立又统一的关系。对立的缘由在于，实践美学以传统美学主客二分和理性主义为根本；统一的原因则来自生命美学在实践理论基础上对生命的重释。生命美学始终坚持它与实践美学具有同质性。"事实上，马克思的美学也是生命美学，而不是实践美学。"[①] "实践美学与生命美学从某种意义上说，它们属于同一种美学，即都是从人类主体自身角度解释人类审美现象的美学，只不过一个用了实践范畴，一个用了生命范畴。"[②]

可以看到，生命美学试图将实践概念与生命概念统一起来，但是这一改造并未获得理论界的普遍认同。例如有学者认为，在理论层面上，实践范畴高于生命，生命美学要求从实践活动原则转向人类生命活动原则，实际上把实践等同于功利行为，最终将审美与实践对立起来。[③] 另一种批判声音则认为，生命美学中的生命范畴是抽象空洞的，它根本无法与实践范畴画上理论等号。"生命美学认为生命活动是一种以实践活动为基础同时又超越于实践活动的超越性的生命活动。这种观点相信生命活动超越了实践活动……这里，生命活动无疑是抽象的，因为它没有任何规定性。这样它对于实践的超越成为了空幻的活动。"[④]

通过以上对生命美学的批判可以看到，批判的目光无一例外地集中在"生命"这一概念上，生命美学越是着力建构生命的含义，它

---

① 王晓华：《西方生命美学局限研究》，黑龙江人民出版社 2005 年版，第 17 页。

② 薛富兴：《生命美学：二十世纪中国美学的制高点》，《山西师范大学学报》2001年第 4 期。

③ 陶伯华：《生命美学是世纪之交的美学新动向吗》，《学术月刊》2001 年第 7 期。

④ 彭富春：《"后实践美学"质疑》，《哲学动态》2000 年第 7 期。

越是显示出这一概念的抽象性。① 究其根源，就在于生命美学在建构生命的过程中，忽视了生命与美学的关联。简言之，美学不是论证生命价值的手段，相反，生命是美学发展的因素，生命美学中的生命意义，只能在美学的历史之中才能呈现。

实际上，生命美学亦看到了将生命孤立地作为美学对象的弊端，认为"生命美学并非是以生命为研究对象的美学"②。随着生命美学理论困境的出现，学者们越来越发现生命美学在历史向度上的缺失。"生命美学在根本上忽视了美学研究所必须秉持的一般的、宏观的、历史的维度，而只剩下建立在个体意义上的对于美的当下感受的分析。"③ 有人开始尝试将生命美学的理论源头延伸至西方美学的发源地，使生命美学具有更加深厚的美学史基础。"虽然直到19世纪末20世纪初，生命哲学美学才成为显学，但若追究它的思想源头，则可以远溯到德国古典主义哲学时期的康德和席勒……生命哲学美学冲决了古典主义哲学美学的绝对理性主义堡垒，对于哲学和美学的现代发展，具有极其重要的意义。"④

综上所述，生命美学对美学史的观照，不仅出于与实践美学论争的需要，也是其理论发展的必然，这种必然性要求以美学与生命的两者关系为着眼点，基于美学理论考察生命与美学史发展的内在逻辑，也正是在此视野下，我们才能以生命美学的方式观照美学理论的发源

① 目前，国内仍有许多学者纯粹地从生命美学中生命的含义出发，建构"儒家生命美学""禅宗生命美学"等理论。实际上，这些理论仅仅就生命论生命，从儒家或禅宗的思想中找出其对生命论证的材料，再以审美的视野加以组合。这些理论并未体现生命对美学呈现的过程，缺乏深入的理论价值。参见刘欣《现代新儒家生命美学的三境界》，《新疆社会科学》2011年第5期；肖占鹏、刘伟《唐代禅宗生命美学探析》，《天津社会科学》2009年第5期。

② 王晓华：《西方生命美学诞生的逻辑因缘与基本维度》，《深圳大学学报》2004年第1期。

③ 吴时红：《论"后实践美学"》，《美育学刊》2013年第4期。

④ 朱鹏飞：《生命哲学美学的历史流变及其基本特征》，《社会科学战线》2007年第1期。

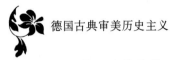

地——德国古典美学。

<h1 style="text-align:center">三</h1>

长期以来，生命美学将德国古典美学视为实践美学的理论源泉，并加以批判。"从实践美学和生命本体论美学所依托的学术资源看，前者所使用的理论范畴和对这些理论范畴的界定，大多来自德国古典美学理性主义的精神传统。与此相对，生命本体论美学除了对审美之境的呈示上与中国古典美学神似外，它对西方美学理论资源的借鉴，则大多和自叔本华以来的非理性主义哲学传统有着密切的关系。"[①]这也制造了生命美学与德国古典美学之间的断裂。

从具体理论上看，生命美学对德国古典美学的排斥，主要还是从主客二分以及理性主义两个方面入手的。例如，王晓华站在生命美学的立场，将德国古典美学称为"精神美学"，认为，"精神美学的困境从根本上讲在于：作为内在性的精神不能与精神之外的诸存在者打交道"。他因此论断德国古典美学体系是通过理性主义的抽象而建构的。"第一次抽象，将身与灵／物与灵部分地分离开来；第二次抽象，得出纯粹的灵的概念。"[②]

通过以上分析可以看到，生命美学对主客二分和理性主义的超越并不具有逻辑连贯性，不能作为其割裂与德国古典美学关联的充足理由。而且，德国古典美学亦非以主客二元对立及绝对理性主义为特征，恰恰相反，德国古典美学是西方美学史上对理性独断论和主客二分的第一次有力批判。

一方面，德国古典美学的大背景就是对理性主义的批判，其可分为一明一暗两条路径。"明线"是从鲍姆嘉通要求重视感性开始，历

---

① 刘成纪：《从实践、生命走向生态》，《陕西师范大学学报》2001 年第 2 期。

② 王晓华：《西方生命美学局限研究》，黑龙江人民出版社 2005 年版，第 14、29 页。

经温克尔曼（理性与感性的协调）、莱辛（情感是人内在的本质）、
席勒（"感性—客观"地阐释美）、黑格尔（理念的感性显现）直至
德国早期浪漫主义学派，感性和情感成为德国古典美学反对理性主义
的最有力的工具，这也是德国古典美学的基础。"暗线"则是指在理
性基础上建构的反思理性的理论路径，以康德美学反"完善性"特
征为代表，① 以谢林艺术哲学的非理性特征为顶峰。② 德国古典美学
将人的理性脱离于工具理性主义，形成新理性。

　　另一方面，德国古典美学致力于弥合由认识论所造成的主、客体
之间的分裂。康德否认独立于人意识之外的存在，但是为了避免陷入
主观唯心主义，他又不得不预设一个物自体的存在，并由此开启了德
国唯心主义二元论的思维模式。为了消除由此带来的认识主体与客体
间的断裂，康德以审美判断力联结纯粹理性与知性，但还是无法避免
物自体所带来的更高层次的认识论分裂。其后的费希特从康德美学出
发，继续弥合二元论带来的弊端。费希特认为，他的哲学是对康德判
断力批判所进行的合理性批判。"我曾经试图以我的哲学对康德的判
断力批判进行一次例证。"③ "我不认为我的知识学与康德的理论存在
矛盾……从康德在其《判断力批判》导言中就可以隐约看到，它与

――――――――――

　　① 康德美学对完善性概念的批判，是对西方传统理性主义的批判。"在传统理性主义
视野下，正是完善性将美、道德、真融合在一起，完善性是传统理性主义的标志……康德
通过对莱布尼茨引入终极客观目的论的批判，以主观合目的性原则将善与美分离，是康德
对理性主义最大的攻击。"（Frederick C. Beiser, *Diotima's Children: German Aesthetic Rational-
ism from Leibniz to Lessing*, New York: Oxford University Press, 2009, pp. 16 – 20）亦可参见杨一
博《康德美学对完善性概念的批判》，《中国社会科学报》2015 年 1 月 12 日。

　　② 谢林后期思想以美学为核心，他将美学与宗教紧密联系在一起，进一步凸显了美学
的非理性特征。但必须注意的是，这里的非理性并非西方现当代哲学中的非理性概念。谢
林美学的非理性要求恢复人与当下时代现实性的关联，谢林自己将其后期美学称为"关于
新的理性的科学"（F. W. J. Schelling, *Philosophie der Offenbarung* 1841 – 1842, Edited by
Manfred Frank, Frankfurt: Suhrkamp, 1977, pp. 159 –160），这与生命美学的主张具有高度一
致性。

　　③ J. G. Fichte, F. W. J. Schelling, *The Philosophical Rupture between Fichte and Schelling:
Selected Texts and Correspondence*, Translated and edited by Michael G. Vater and David W. Wood,
Albany: State University of New York Press, 2012, p. 301.

我的理论并不冲突。"① 可以说，费希特哲学就是康德美学的衍生，他将康德哲学中的美学从认识论提升到本体论的地位，消除了认识论美学带来的主客二分困境。最后，以谢林和黑格尔为代表的绝对唯心主义美学体系，在斯宾诺莎主义和莱布尼茨单子论基础上，以理念论调和二元论面貌出现。他们认为，理念是一种目的，是自然的自身理性，是一种自然的结构。在其中，精神与物质、主观与客观都处于同一地位。该理论以主客统一的自然精神理念反对二元论体系，承认精神的客观性甚至物质性，而这一切理论的源泉，都来自其美学理论（德国浪漫主义就是谢林和黑格尔美学反对主客二分的具体体现）。

梳理以上论述可以看到，生命美学可以从理性主义和主客二分体系下的德国古典美学汲取理论养分；并且，德国古典美学本身就反对绝对理性主义和主客二元对立。更为重要的是，在这一过程中，推动德国古典美学发展的正是"生命"这一范畴。

四

生命是美学理论发展的契机，从生命美学这一视野出发，观照德国古典美学，可以看到，德国古典美学发展的隐秘动力就是生命。在德国古典美学中，生命概念不单纯指人的生物性活动，而是指一种关系，即活生生的人与整个现实实在的关联性。

对现实实在的关注是德国古典哲学发展的大背景。在德国 18 世纪，以往只能在大学进行的科学研究和哲学训练，都进入了民众的现实生活中，这要求德国古典哲学将自己的目光转向一个鲜活的现实社会。从康德对旧形而上学的批判到黑格尔对现实实在现象的哲学建构，所有的哲学思想都以现实为最终目标。正如卡尔·阿梅里克斯所

---

① Fichte, *Early Philosophical Writings*, Translated and edited by Daniel Breazeale, Ithaca and London: Cornell University Press, 1988, p. 420.

论断，德国唯心主义与现实实在的关系是整个德国古典哲学的核心。①可以认为，德国古典美学就是一种以对现实的观照为宏旨的思维，其以美学思维认识和建构现实实在的核心就是生命。

德国古典美学之所以能够连接个别与一般、沟通感性与理性、调和个体欲望与现实需求，其出发点即是人的生命性。例如费希特认为，康德所建立的物自体使人与外在现实断裂开来，他将现实纳入绝对自我的运动过程之中，使得客观现实实在不是独立于人而存在的事物，而是自我生命的活动过程。费希特认为，现实是被生命所包含的，"因为内在生命是自我对自己的蕴含，并且所有现实也是蕴含于其中的"。基于生命与现实的内在关系，费希特认为，现实实在不是纯粹的客观存在，而是基于生命之中的存在。"现实实在，真正的现实实在，不能将它与事物的客观存在相混淆，后一种是建立在对自身生活维持的和依赖于自身的基础上，它是被封闭在自身之内并终将死亡的。前一种现实只存在于生命过程之中，当然，生命也只能存在于这种现实中，这种生命的现实性否定了绝对的概念，并最终与他自身保持一致。"② 通过这段论述可以看到，生命绝非简单的生物性活动，它是一种运动的过程，这个过程将使得人与现实具有内在的统一性，并且通过这种统一，破除了绝对概念的抽象性。

费希特的生命观，是对康德美学的批判而提出的，它深刻影响了其后的美学发展。及至晚期谢林的思想，他也正是看到了黑格尔哲学中对生命和现实性的忽视，重新提出对生命的关注。谢林认为，"黑格尔哲学对同一性、实在性、理性以及思维和存在的辩证论证，只是基于逻辑上的论证，它仅仅表明了事物存在的必然性，却不能阐释这种逻辑思维的现实存在性"。由此谢林认为，要摒弃黑格尔哲学的弊

① Karl Ameriks ed. , *The Cambridge Companion to German Idealism* , Cambridge：Cambridge University Press, 2000, pp. 8 - 9.

② Fichte, *Early Philosophical Writings* , Translated and edited by Daniel Breazeale, Ithaca and London：Cornell University Press, 1988, pp. 92, 90.

端，就必须使哲学与生命联系以来，从而将时代的文化价值赋予哲学之中。① 对于谢林来说，生命就是与逻辑原则相对立的概念，它既存在于单纯的生物物性之中，又存在于精神里，生命就是物质与精神联系的过程，现实实在即是生命的全部现象。② 可以看到，谢林与费希特的生命观具有一致性，谢林在其后的天启哲学和艺术哲学中，试图将宗教、道德、哲学、历史统一在整体现实中，美学则是这一现实形成的基础。

从费希特和谢林的思想可以看到，德国古典美学的目的是弥合精神与物质的分裂，创造包含生命的活生生的现实世界，这一路径亦论证了生命就是德国古典美学的推动者。而在具体的德国古典美学理论中，以费希特和席勒为代表的审美冲动理论，将生命概念直接转化为具体的理论形态，亦彰显了生命与美学的理论逻辑性。

费希特与席勒的审美冲动理论核心就是生命。他们都认为，现实生命与人的审美活动相统一，审美冲动就是生命在现实世界中最为合理的存在方式。费希特首先划分了认识的冲动和实践的冲动，两种冲动的目的是"要达到表象与物之间的一种和谐，只不过在认识冲动中表象以物为准，在实践冲动中物以表象为准"。而审美的冲动是连接认识与实践冲动的，并且只有审美冲动才是人的生命存在的基础。"两种不相容的冲动，即一种让物保持原样的冲动和一种要到处绝对改造物的冲动，按照我们目前对事情的看法，或按照我们那种严格地说唯一正确的看待事情的方式，是结合起来的，并且表现了一个唯一的、不可分割的人。"③ 审美冲动在席勒的体系中亦处于核心地位，他认为，个体通过审美冲动摆脱了以往各种理论形态对人的束缚，只

---

① F. W. J. Schelling, *Philosophie der Offenbarung 1841 – 1842*, Edited by Manfred Frank, Frankfurt: Suhrkamp, 1977, pp. 107 – 110, 92 – 93.

② Frederick C. Beiser, *German Idealism: The Struggle against Subjectivism*, Cambridge, Massachusetts, London: Harvard University Press, 2002, p. 539.

③ 梁志学主编：《费希特著作选集》第三卷，商务印书馆1994年版，第680—682页。

有审美的国家才是人所存在的最完善的关系结构。"在力的可怕王国与法则的神圣王国之间,审美的创造冲动不知不觉建立起第三个王国,即游戏和假象的快乐王国。在这个王国里,审美的创造冲动给人卸去了一切关系的枷锁,使人摆脱了一切称为强制的东西,不论这些强制是物质的,还是道德的。"①

需要注意的是,席勒与费希特在审美冲动理论上有巨大的分歧,席勒在书信中明确认为,他的审美冲动理论与费希特的审美冲动没有任何关联。② 席勒认为,审美冲动应该是一种诗性的想象力活动,"审美创造冲动根源是想象力"③。费希特的审美冲动是一种人的先验能力,是人对自我限制的本能能力。"冲动先于任何事物的实际存在而存在……所有的物质性存在源于自身对自身限制的活动……唯有通过限制性的活动才使其成为一种冲动,没有限制的冲动是行动。"④可以看到,席勒所认为的冲动是倾向于人的感性、情感方面,费希特的冲动则倾向于理性的限制层面。实际上这两种冲动理论的分歧和统一根基就在于生命本身。早在18世纪初期,"冲动"一词来源于心理学领域,它是指人的易怒和敏感的心理倾向,而这种心理活动的来源是人的生命活动不可避免的产物。⑤ 及至德国启蒙主义时期,托马斯修斯就建构了冲动与生命之间的理论关联。他认为,在人的生命过程中存在三种基本冲动,一是希望生活长久和快乐的冲动,二是对死亡和痛苦规避的冲动,三是获取财富与权力的冲动。他将人的三种冲动

① [德]弗里德里希·席勒:《审美教育书简》,冯至、范大灿译,上海人民出版社2003年版,第235页。

② Fichte, *Early Philosophical Writings*, Translated and edited by Daniel Breazeale, Ithaca and London: Cornell University Press, 1988, p. 395.

③ [德]弗里德里希·席勒:《审美教育书简》,冯至、范大灿译,上海人民出版社2003年版,第236页。

④ Fichte, *Early Philosophical Writings*, Translated and edited by Daniel Breazeale, Ithaca and London: Cornell University Press, 1988, pp. 393 – 394.

⑤ Alexander Gode von Aesch, *Natural Science in German Romanticism*, New York: AMS Press, 1966, p. 198.

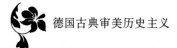

置于法律中考察，最终论断，人与整个社会、世界的关系都是由生命的冲动造成的。①

综上所述，不论是在对现实性追求的大背景下，还是在具体的审美冲动理论之中，德国古典美学的发展都以生命为动力，而这一理论视野正是生命美学的历史性赋予的。在美学史的观照下，将生命作为美学理论发展的契机，使生命美学与德国古典美学紧密联系在一起。生命美学不仅可获得更深厚的理论支撑（例如德国古典美学对宗教和信仰的探讨，亦对当下生命美学的发展具有重要启示），而且这也是符合生命美学建立之初对其自身的定位，即"美学就是生命的最高阐释"②，"'生命美学'就是美学"③。

---

① Christian Thomasius, *Institutes of Divine Jurisprudence*, *with Selections from Foundations of the Law of Nature*, Indianapolis: Liberty Fund Inc, 2011, p. 104.

② 潘知常：《生命美学》，河南人民出版社1991年版，第6页。

③ 潘知常：《生命美学论稿》，郑州大学出版社2002年版，第40页。

附录三

环境美学视域下的德国
浪漫主义自然观

德国浪漫主义将自然置于整个思想的核心地位。在他们看来，对人与自然关系的讨论，关系着其民族精神的生存与发展。可以认为，德国浪漫主义自然观具有高度的理论严肃性。在对人和自然关系的理论探究中，德国浪漫主义自然观将审美感知作为解决这一关系矛盾的重要手段，而这与当前环境美学的理论内核具有一致性。虽然环境美学展现出与传统自然美学相决裂的理论姿态，但是，它对审美感性这一理论准线的坚持，使其与德国浪漫主义自然观具有高度的理论共识，并且正是基于这种共识，保证了环境美学所属的学科性，它也由此获得了源源不断的理论生长点。

一

目前，学术界对德国浪漫主义自然观的研究通常呈现为一种类型化的研究模式，主要表现在两个方面。一方面，在自然观念史的研究中，德国浪漫主义自然观常被置于英法启蒙主义的自然观体系下，将其作为西方启蒙主义自然观念中的一个分支。例如，格拉肯在其地理思想史著作《罗德海岸的痕迹》中，对德国自然观的论述只涉及康德与赫尔德的自然目的论思想，完全忽视了德国浪漫主义的自然观念。[1] 霍纳迪在著作《十八世纪晚期德国文学中的自然》中，认为德国对自然的介入方式是通过对花园、远足和旅行的喜爱而产生的，这种论断显然受到了对英法自然思想研究模式的影响，将德国该时期人与自然的关系描述成一种世俗化的、惬意的和谐状态，在其论著中，也忽略了德国浪漫主义自然观。[2] 对德国浪漫主义自然观的忽略，其实质是基于现代化进程对自然"祛魅"的视野下，将德国浪漫主义自然观认作是反科学的、愚昧的人与自然的关系。

实际上，从德国浪漫主义自然观的诸多理论细节出发，可以看到，德国浪漫主义自然观并非以神秘主义的方式对待自然，其在对自然审美的过程中亦坚持对自然的科学认知。[3] 例如，诺瓦利斯认为，"科学和审美是介入自然的两条相互独立而又依存的路径"[4]。歌德、赫尔德、谢林等浪漫主义者，也都十分重视以科学的方式对待自然。德国浪漫主义自然观反对的科学，是以英法启蒙主义为基础、绝对理性主义而且机械的科学实验方法。谢林就否定这种绝对的科学实验方法，认为它肢解并统治着人对自然的认识："每一个实验都是对自然提出的一个问题，并强求自然要对此问题进行回答。但是每一个实验……都包含着一个先决的判断，即每一次实验都是前一次实验的预判，由此实验本身只是现象的产物……不可达到对自然的内在理解。"[5] 所以，德国浪漫主义自然观并非反对科学主义，它否定的是

---

[1] Clarence J. Glacken, *Traces on the Rhodian Shore*, Berkeley: University of California Press, 1976.

[2] Clifford Lee Hornaday, *Nature in the German Novel of the Late Eighteenth Century*, New York: Columbia University Press, 1940.

[3] 在德国古典美学中，审美认知必然包含着对审美对象的科学认知，这一理论基础是由康德确立的。在康德看来，审美（判断力）是知性与理性之间的中介，审美活动是以知性判断为基础，通过想象力的自由活动，导向对理性的把握。在这里，知性判断是显现自然之必然的能力，即一种科学认知的能力。

[4] Novalis, *Schriften Vol. 3*, Stuttgart: Wissenschaftliche Buchgesellschaft, 1968, p. 146.

[5] F. W. J. Schelling, *Sämmtliche Werke Vol. 3*, Stuttgart: Cotta, 1856, p. 276.

科学实验在人与自然关系中的独断地位。德国浪漫主义自然观要求在科学认知的同时，加入对自然的审美体验，并以审美归正科学对自然的独断论，以审美的方式发现自然与人之间的隐秘联系。可以认为，德国浪漫主义的自然观念，恰恰是具有科学性的。

另一方面，学术研究往往直接从唯心主义的普遍原则出发，将德国唯心主义作为一种逻辑在先的理论，前置在对德国浪漫主义关于人与自然关系的考察中，并总结其自然观念的内容和特征。诚然，德国浪漫主义自然观以主体为出发点，建构对自然客体的审美认知，但是，这种唯心主义的自然观念并非德国浪漫主义理论所独创，实际上，将自然视为与人的精神相关联的对象，根植于整个西方思想史中。

思想史、语言史学家拉夫乔伊在《“自然”的一些含义》中，考察了“自然”一词在西方思想史中的意义及其词义转变。他认为，从古希腊以降，“自然”的主要含义有四个方面：1. 等同于人的“天性”一词；2. 指代人的身体、器官；3. 在神学中等同于上帝，是构成宇宙的实体；4. 与教化（文化）相对的一个概念。① 通过拉夫乔伊的整理，可以看到，自然在西方思想中历来就是“人化”的对象，它指代人的本性甚至是人的肉体，对自然的理解必然从“人”这一主体出发。由此可以认为，德国浪漫主义中人与自然的唯心关系，并非德国唯心主义哲学之必然。那么，德国唯心主义与浪漫主义自然观到底是一种什么样的关系？西方学术界有种观点认为，杜威哲学是一种唯心主义，其鲜明地通过他的自然观念表现出来。亚历山大·托马斯回应这些观点时，认为人们曲解了自然和唯心主义的含义。他认为，杜威的唯心主义自然观是指“最终根据‘自我（self）’，更准确地说是通过进行感知或认知的‘自我—活动’（self-activity）解释实在（reality）这样

① Clarence J. Glacken, *Traces on the Rhodian Shore*, Berkeley：University of California Press, 1976.

的哲学立场。"① 托马斯的论述，亦适用于阐释德国浪漫主义自然观中的唯心主义，即唯心主义是指以感知实践为基础去把握人与自然的关系，换言之，德国浪漫主义自然观是审美实践的自然观。

通过以上分析可以看到，对德国浪漫主义自然观的类型化研究，必然会忽视其理论的诸多细节。为了真正考察德国浪漫主义自然观的重要特征，必须在德国浪漫主义时期背景下，追问其为何将自然作为如此重要的一个理论对象，然后再基于这一缘由，考察其如何建构人与自然的关系，并最终显现出什么样的理论特征。

二

德国浪漫主义对自然关注的核心目的是与其民族意识紧密联系在一起的，强烈的民族意识不仅是浪漫主义也是德国 18 至 19 世纪的思想主题。"在德国 18 至 19 世纪的语境中，民族主义具有不确定的话语方式，以至于'民族观念'这一用语可以包含这一时期所有的思想……对该时期思想的考察不能回避其民族主义情感。"② 德国在1871 年以前，没有统一的政治、社会和地理特征。与英法对自然的大肆开采、掠夺不同，德国民族因为政治、军事以及技术的落后，无法在政治意义上的地理位置中确定其自身的民族性，于是它采用了这样一种策略，即将其民族精神与整个大自然紧密联系起来，进而通过这种联系确证德国民族所属的精神文化空间。"德国浪漫主义并非在对自然的技术开发中，而是在审美和精神化的过程中发现和利用自然。"③

---

① ［美］亚历山大·托马斯：《杜威的艺术、经验与自然理论》，谷红岩译，北京大学出版社 2010 年版，第 10 页。

② Edited by Jost Hermand and James Steakley, *Heimat, Nation, Fatherland: The German Sense of Belonging*, New York: Peter Lang, 1996, p. 5.

③ Edited by Christ of Mauch, *Nature in German History*, New York, Oxford: Berghahn Books, 2004, p. 4.

可以说，对于 18 世纪至 19 世纪德国文化而言，自然的问题就是其民族文化归属的问题，康德在建构对待自然的目的论模式之初就指出："只有文化才可以是我们有理由考虑到人类而归之于自然的最后目的。"① 在《造园学》一书中，德国古典美学家赫什菲尔德要求，花园必须体现民族文化特征，花园是德国民族精神在大自然中的展现。② 面对英法启蒙主义对神学思想的抨击，德国浪漫主义认为，必须坚持自然所属的精神性，才能建构和保持其民族精神的信仰。正如普利克特对德国浪漫主义所做的全新阐释，他认为，德国浪漫主义的自然观是"在自然失去了神圣性之后，重新建立一种新的世界秩序的文化策略"③。

　　德国浪漫主义自然观正是在其强烈的民族意识背景中展开的，它在哲学上的表现，则是将自然作为一个与人的主体紧密连接的他者。在德国浪漫主义之前，以费希特哲学为基础的自然观占据着主导地位，费希特在康德的合目的论自然观基础上，将自然作为"绝对自我"力量的产物。在他与谢林关于自然哲学的大量书信中，费希特始终强调自然的精神性来源于主体，他认为，"智性不能通过与非智性的自然力量的相互联系而得到认识，继而你的自然哲学也就不能保证智性的存在"④。实际上，费希特的自然观抹杀了自然作为主体的他者的可能性，这在具有强烈民族意识的浪漫主义者看来是不可容忍的，因为自然若只是主体的精神投射，那么，其民族精神文化的空间亦只是一个凭主体虚构的审美乌托邦。

---

　　① ［德］康德：《判断力批判》，邓晓芒译，人民出版社 2002 年版，第 287 页。

　　② C. C. L. Hirschfeld, *Theory of Garden Art*, Translated by Linda B. Parshall, 2001, pp. 98—100.

　　③ Stephen Prickett, *The Origins of Narrative: The Romantic Appropriation of the Bible*, Cambridge: Cambridge University Press, 1996, p. 182.

　　④ J. G. Fichte, F. W. J. Schelling, *The Philosophical Rupture between Fichte and Schelling: Selected Texts and Correspondence*, Translated and edited by Michael G. Vater and David W. Wood, Albany: State University of New York Press, 2012, p. 41.

德国浪漫主义哲学要求自然具有自身的精神性，要求在主体与自然的精神联系过程中认识自然，只有这样才能建构属于德国民族精神所特有的自然地理空间。由此，德国浪漫主义哲学将其矛头指向了费希特的自我哲学，并将谢林的自然哲学奉为圭臬。正如谢林对费希特的批评那样，认为"哲学必须从自我设定的主观—客观的关系中抽象出来，这种通过自我设定的主客关系，是基于一种理想和心理上的情绪，只有通过自然哲学中的真实的自我建构的哲学，才是真正的哲学……将先验唯心主义哲学与自然哲学置于相同的地位，切断了我与你的知识学之间的逻辑关联。"①

诺瓦利斯在1798年研读了谢林的《论世界灵魂》后，着手起草《一般性构想》。在文中他明确地提出，将费希特的"非我"概念改造成为与"我"（Ich）相对应的"你"（Du），即与"我"之主体相对称的他者。② 弗里德里希·施勒格尔在著作《哲学的发展》中，亦明确地反对费希特的自然观："自然并非外在于我之外的'非我'；自然并非是对'我'的了无声息的、空洞的、无意义的反映，而是活生生的、与'我'抗衡的力量，一个与自我对应的'你'（Du）。"③

德国浪漫主义对自然的哲学改造具有深远的意义，就连费希特晚年写给谢林的书信中，也承认自然具有相对独立的精神。他认为自己在知识学中给予了自然有限的意识性，这种有限意识介于感觉活动与道德命令之间的外部现实，自然位于人的认识感觉与道德之间。但是，谢林在1800年11月19日的回信中说道："道德意识只是自然的

① J. G. Fichte, F. W. J. Schelling, *The Philosophical Rupture between Fichte and Schelling*: *Selected Texts and Correspondence*, Translated and edited by Michael G. Vater and David W. Wood, Albany: State University of New York Press, 2012, pp. 41—48.

② Novalis, *Schriften Vol. 3*, Stuttgart: Wissenschaftliche Buchgesellschaft, 1968, p. 430.

③ Friedrich Schlegel, *Kritische-Friedrich-Schlegel-Ausgabe Vol. 12*, Stuttgart: Kohlhammer, 1964, p. 337.

意识行为中的一个较高层面，它来源于自然的有机组织活动。"① 由此可以看到，谢林认为，道德意识是自然向主体运动过程中的一个阶段，他将意识与自然并列，甚至认为道德意识是自然的产物，这就完全瓦解了费希特以道德意识为核心的主体哲学。可以说，德国浪漫主义哲学正是在对自然自身精神属性的建构中，找寻德国民族精神的外在客观现实的可能性。

<h1 style="text-align:center">三</h1>

　　德国浪漫主义从其民族精神建构的可能性出发，将自然作为与主体联系的他者（你），保证了其文化精神的外在现实性。但是，主体精神与自然的精神始终分属主客两种不同的范畴。谢林以同一性哲学连接两者，他设定自然与主体的精神具有同质性："主体和客体之间〔根本〕不可能存在什么量的差别以外的差别，因为……两者之间任何质的差别都是不可设想的。"② 谢林的设定始终是逻辑上的，甚至是一种先验的判断。由此，找寻和论证作为他者的自然与主体联系的方式成为德国浪漫主义自然观最为紧要也是最为核心的问题。"自然是可见的精神，精神是不可见的自然。在这里，精神是内在于人的，而自然是外在于我们的，由此，自然为什么外在于我们，我们又如何能够理解自然成为一个必须要解决的问题。"③

　　德国浪漫主义者最终认为，只有审美的方式才能够解决这一问题，即人与自然的联系只能存在于审美的过程之中，这种审美过程的

　　① J. G. Fichte, F. W. J. Schelling, *The Philosophical Rupture between Fichte and Schelling*: *Selected Texts and Correspondence*, Translated and edited by Michael G. Vater and David W. Wood, Albany: State University of New York Press, 2012, pp. 114 – 115.

　　② ［德］谢林：《谢林著作集》第二卷，第 11 页，转引自杨祖陶《德国古典哲学逻辑进程》，武汉大学出版社 1993 年版，第 153 页。

　　③ F. W. J. Schelling, *Ideas for a Philosophy of Nature*, Translated by E. Harris and Peter Heath. Cambridge: Cambridge University Press, 1982, p. 4.

最终呈现形式是诗、音乐、绘画等艺术形式。例如诺瓦利斯认为，"友善的自然在他们手下死了，留下的知识没有生命的、抽搐的残骸。与此相反，诗人则赋予自然——像用酒精含量最高的酒那样——更多的灵性，于是，自然让人聆听到最富神性和最活泼的思想"[1]。谢林晚期在《论自然与造型艺术的关系》中也论断："唯有通过艺术使自然中精神显现可见。"[2]

德国浪漫主义选择审美这一路径连接人与自然，具有必然性。德国古典美学无论是作为对绝对理性主义的补充（鲍姆佳通），抑或是作为对绝对理性主义的反抗（席勒），在面对被英法启蒙思想构筑的自然观念时，德国古典美学都以反对机械主义和科学实验方式的姿态对待自然，要求对自然进行审美认知，并在此过程中达到人与自然的统一。里格比将德国浪漫主义对自然的审美模式定义为"审美再宗教化"（aesthetic re-ligio）。他认为，浪漫主义通过审美的方式，将人的精神性与自然的神圣性联系在一起，对自然进行"复魅"。[3] 虽然里格比从宗教的角度考察德国浪漫主义自然观，但是，他亦肯定了审美在德国浪漫主义的人与自然关系中的决定性作用。

德国浪漫主义在对自然的审美认知过程中，始终坚持审美的认识论特征，认为自然与人是一种感知性的关系，并着力探讨人对自然感知的可能性。例如歌德认为，"一切在自然中新发现的物体，在我们自身中，为我们开启了一种全新的感知器官"[4]。诺瓦利斯在《塞斯的弟子们》中的"自然"一节里，亦明确将自然作为人的唯一的感官的

---

① ［德］诺瓦利斯：《大革命与诗化小说——诺瓦利斯选集》卷二，林克译，华夏出版社 2008 年版，第 8 页。

② Herbert Read, *The True Voice of Feeling: Studies in English Romantic Poetry*, New York: Pantheon, 1953, p. 347.

③ Kate Rigby, *Topographies of the Sacred: the Poetics of Place in European Romanticism*, Charlottesville and London: University of Virginia Press, 2004, p. 114.

④ J. W. von Goethe. Scientific Studies [M]. Translated by Douglas Miller. New Jersey: Princeton University Press, 1988, p. 6.

对象："大概过了很久，很久，人才开始想到用一个具有共性的名字，称谓和面对人的感官的千差万别的对象。"① 除此之外，德国浪漫主义还经常使用"冲动"（Bildungstrieb）这一概念阐释人与自然的关系。席勒将这一概念划分为感性冲动、形式冲动和游戏冲动。国内学者认为，感性冲动类似"人的本质力量的对象化"，形式冲动类似"自然的人化"，而游戏的冲动是人的对象化和自然的人化的统一。② 总而言之，冲动是自然与人之间的关系显现。在此需要注意的是，谢林、席勒在浪漫主义时期，将"冲动"定义为存在于人与自然间的相互作用的力，但是冲动最初蕴含的特指敏感或易怒的含义并未消失，这一定义最初是由阿尔布莱克·冯·哈勒在 18 世纪中期提出的。③ 简言之，作为连接人与自然的"冲动"概念蕴含着情感（易怒）和感知（敏感）的特征，其理论亦是在探讨人对自然审美感知的方式。

在自然与人的审美感知关联过程中，德国浪漫主义还十分重视人的身体对自然的感知。"自然通过我们的身体，让我们发现与它未知而又隐秘的联系。"④ 赫尔德在论及文化与自然的关系时，亦强调人的身体外观和感知与外在自然间的相互影响，认为，我们的身体所承受和展现的一切都与所居住的自然环境紧密关连，这种身体与自然的关联与相互反映就是文化。基于此，赫尔德提出了"水土适应"（Akklimatisiert）概念，这一概念是指人的身体对自然元素（经度、纬度、地貌、温度、降雨量、风带、光线、空气质量和磁场）的适应过程，这一过程在赫尔德看来，就是文化精神形成的方式。⑤

---

① ［德］诺瓦利斯：《大革命与诗化小说——诺瓦利斯选集》卷二，林克译，华夏出版社 2008 年版，第 6 页。

② 蒋孔阳、朱立元主编：《西方美学通史》第四卷，上海文艺出版社 1999 年版，第 397—398 页。

③ Alexander Gode von Aesch, *Natural Science in German Romanticism*, New York: AMS Press, 1966, p. 198.

④ Novalis, *Schriften Vol. 3*, Stuttgart: Wissenschaftliche Buchgesellschaft, 1968, p. 97.

⑤ Johann Gottfried Herder, *Reflections on the Philosophy of the History and Mankind*, Translated by Frank E. Manuel. Chicago: University of Chicago Press, 1960, pp. 4 – 20.

德国后期浪漫主义家卡鲁斯亦提出人的精神并非仅由其内在冲动所决定，外部自然以及其对人的身体感官的刺激也对精神形成具有决定作用。①

需要注意的是，德国浪漫主义所宣扬的身体感知，是完全基于德国古典美学范式之中的。正如康德将肉体欲望的愉悦排除在审美之外那样，德国浪漫主义认为，身体对自然的审美感知绝非物质性，更非肉欲性的，其所建构的身体对自然的感知模式，是身体与灵魂、精神与物质相结合的。而且更为关键的是，这种结合只能在身体与自然的审美关联中才是可能的。谢林将这种自然与人的结合称为"生命"（Leben）。在他看来，生命既非单纯地存在于肉体之内，更非独立地存在于精神之中，生命是物质与精神的融合，通过人与自然的审美关系获得和显现。②

四

德国浪漫主义从自身民族文化建构的诉求出发，以审美为路径，将自然转化为与主体紧密联结的他者。可以认为，在人与自然的关系中，对审美感知的探究是德国古典美学的核心和基石。正是基于这个缘由，鲍桑葵从美学史的角度论断："所谓大自然就是一个美的领域。"③鲍桑葵的论断不无道理，并且从西方美学史的角度来看，同样是以自然为研究对象的西方环境美学，与德国浪漫主义自然观也具有内在的联结。

但是从环境美学的理论形态上看，一种观念认为，环境美学的理

---

① Carl Gustav Carus, *Psyche: Zur Entwicklungsgeschichte der Seele*, Darmstadt: Wissenschaftliche Buchgesellschaft, 1975, p. 431.

② Frederick C. Beiser, *German Idealism: The Struggle against Subjectivism*, Cambridge, Massachusetts, London: Harvard University Press, 2002, p. 539.

③ ［英］B. 鲍桑葵：《美学史》，彭盛译，当代世界出版社 2008 年版，第 4 页。

论外沿大于自然美学，包括德国浪漫主义在内的任何对自然的审美探究，都属于环境美学的范畴。在环境美学的谱系中有很多不同的种类，比如自然美学、景观美学、城市景观美学和城市设计，也许还包括建筑美学，甚至艺术美学本身。① 另一种观念则认为，西方当代环境美学不同于西方传统的自然美学。"20 世纪之前的环境美学是自然美学的历史……用环境来取代自然这一概念不仅仅是术语形式上的一个转换：它代表了我们对自然的理解的一个转型阶段。"②

无论是将自然美学置于环境美学范畴之中，还是完全采取与传统自然美学决裂的态度，都给我们制造了西方环境美学对德国浪漫主义自然观排斥的理论错觉。这种错觉主要来源于西方环境美学对传统自然美学两方面的抨击。一方面，环境美学反对以艺术的方式对待自然，认为传统自然美学以"如画性"的方式将自然作为艺术品对待，这与环境美学的自然观念大相径庭："作为艺术灵感的自然、自然的美学、如画性和崇高的概念以及环境美学都是不同的，尽管它们都被视为同一进化过程中的不同阶段。"③ "而景观模式，过于关注其艺术和风景的特征，却将自然维度予以忽视。"④ 瑟帕玛详细地列举了14条环境美学中的自然与艺术的不同之处（艺术是人工的、虚构的、被界定的、静态的、以审美愉悦为目的的，自然是非人工的、真实的、无框架的、动态的，等等），试图从理论上区分和否定传统美学对自然的艺术化。⑤

另一方面，西方环境美学抨击传统自然美学的人类中心主义，其

---

① ［加拿大］艾伦·卡尔松：《环境美学》，彭长贵译，四川人民出版社 2006 年版，第 9 页。

② ［美］阿诺德·柏林特：《生活在景观中：走向一种环境美学》，陈盼译，湖南科技出版社 2006 年版，第 22—23 页。

③ 同上书，第 23 页。

④ ［加拿大］艾伦·卡尔松：《自然与景观》，陈李波译，湖南科技出版社 2006 年版，第 30 页。

⑤ ［芬兰］约·瑟帕玛：《环境之美》，武小西、张宜译，湖南科技出版社 2006 年版，第 77—103 页。

批判的矛头直接指向以德国古典美学为基础的自然观，"使人类国度与自然国度和谐相处的伟大的康德哲学史建立在主观故意的基础上"①。韦尔斯亦直接论断浪漫主义自然观本质仍是人类中心主义："这种有悖自然常理的诗化世界知识夸大了的独特体验，人类中心论并没有消除，只是变得更微妙而已。"② 在环境美学看来，人类中心主义抹杀了自然，不可能达到对自然的审美。"关于欣赏什么，人类沙文主义美学的回答仅仅是'什么也没有'"③。

西方环境美学对传统自然美学的这两方面抨击，对我国环境美学产生了重要的影响。曾繁仁认为，德国美学中的"人化自然"模式不再适应生态美学的发展，其理论应完全从历史中退场。④ "生态主义所能达到的思想境界是浪漫主义无法比拟的……生态主义依托的不是主体性哲学，是跨学科的主体间性哲学。"⑤

在西方环境美学自身体系中，其对传统自然美学所做的抨击具有明显的不确定性和矛盾性。例如，在对如画性理论的批判中，环境美学认为，对自然不能采取艺术化的方式。但是，瑟帕玛在区分自然与艺术的同时又提出："切断艺术与自然的联结纽带是不恰当的，强调艺术与自然作为审美对象的区别亦是不恰当的。"⑥ 可以看到，环境美学完全没有也不可能割裂自然与艺术的关联。环境美学对于人类中

---

① ［美］阿诺德·柏林特：《生活在景观中：走向一种环境美学》，陈盼译，湖南科技出版社 2006 年版，第 22 页。

② ［德］沃尔夫冈·韦尔斯：《如何超越人类中心主义》，朱林译，《民族艺术研究》2004 年第 5 期。

③ ［加拿大］艾伦·卡尔松：《自然与景观》，陈李波译，湖南科技出版社 2006 年版，第 31 页。

④ 曾繁仁：《对德国古典美学与中国当代美学建设的反思——由"人化自然"的实践美学到"天地境界"的生态美学》，《文艺理论研究》2012 年第 1 期。

⑤ 覃新菊：《浪漫主义与生态主义的合流》，《湖南省美学学会、文艺理论研究会 2010 年年会学术研讨会议论文集》，2010 年。

⑥ ［芬兰］约·瑟帕玛：《环境之美》，武小西、张宜译，湖南科技出版社 2006 年版，第 45 页。

心主义的批评，则更显得信心不足，因为"环境只能是人化的环境"①，"除客体（对象）外，主体亦是十分重要的——环境是对于某个人来说的环境"②。可以说，没有人的主体性，根本无从谈论审美的问题；没有审美的发生，则环境美学将毫无理论意义。

可以看到，环境美学对传统自然美学的批判并不具有理论逻辑性，这种批判更多的是表明其作为一种全新美学观念的理论姿态。通过对西方环境美学核心理论的挖掘，我们认为，其与传统美学中的自然观，尤其是与德国浪漫主义自然观具有内在的联系，这种联系具体表现为两者都从美学的感知性功能出发，建构人与自然的关系。

德国浪漫主义自然观以审美感知为理论核心，已在前文进行了分析和梳理；而西方环境美学，其实质也以探讨人对自然的审美感知为理论原点。"感性……是一个整合的感觉中枢……感性体验不仅是神经或心理现象，而且让身体意识作为环境复合体的一部分作当下、直接的参与。这正是环境美学中审美的发生地……人类环境，说到底，是一个感知系统，即由一系列体验构成的体验链。"③ 无论是要求以自然科学认知与审美认知相结合的卡尔松，还是否定科学认知为前提的瑟帕玛，以及提出"参与美学"的柏林特，他们所建构的环境美学，都试图改造、阐释人对自然的感知体验模式，从而协调人与自然之间的关系。

综上所述，西方环境美学与德国浪漫主义自然观具有理论的连续性，并且，德国浪漫主义自然观对身体在自然感知中的重视，对西方环境美学具有重要的理论启示。环境美学与德国浪漫主义自然观都坚持从美学自身属性出发，将人与自然的关系作为研究的中心，这种理

---

① 陈望衡：《环境美学》，武汉大学出版社 2007 年版，第 13 页。
② ［芬兰］约·瑟帕玛：《环境之美》，武小西、张宜译，湖南科技出版社 2006 年版，第 37 页。
③ ［美］阿诺德·柏林特：《环境美学》，张敏、周雨译，湖南科技出版社 2006 年版，第 16—20 页。

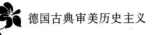

论共识就是两者连续性的根基。正如刘成纪所分析的那样①，他认为，西方环境美学的历史并没有因自然生态的加入而断裂，而是继续保持着连续和自律。这种连续和自律的基础就在于，无论是何种新的美学理论形态，西方美学都不能背离其作为感性学的基本规定。

---

① 刘成纪：《生态美学的理论危机与再造路径》，《陕西师范大学学报》（哲学社会科学版）2011 年第 2 期。

参考文献

中文著作：

1. ［德］康德：《纯粹理性批判》，邓晓芒译，人民出版社 2004 年版。

2. ［德］康德：《实践理性批判》，邓晓芒译，人民出版社 2003 年版。

3. ［德］康德：《判断力批判》，邓晓芒译，人民出版社 2002 年版。

4. ［德］康德：《历史理性批判文集》，何兆武译，商务印书馆 1990 年版。

5. 李秋零主编：《康德著作全集》，中国人民大学出版社 2003—2010 年版。

6. 梁志学主编：《费希特著作选集》第二卷，商务印书馆 1994 年版。

7. 梁志学主编：《费希特著作选集》第三卷，商务印书馆 1994 年版。

8. ［德］谢林：《先验唯心主义体系》，梁志学、石泉译，商务印书馆 1983 年版。

9. ［德］黑格尔：《美学》第一卷，朱光潜译，商务印书馆 1979 年版。

10. ［德］黑格尔：《小逻辑》，贺麟译，商务印书馆 1980 年版。

11. ［德］黑格尔：《逻辑学》下卷，贺麟译，商务印书馆 1976 年版。

12. ［德］黑格尔：《精神现象学》上卷，贺麟、王玖兴译，商务印书馆 1979 年版。

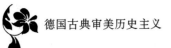

13. ［德］黑格尔：《历史哲学》，王造时译，上海书店出版社 2006 年版。

14. ［德］黑格尔：《哲学史讲演录》第四卷，贺麟、王太庆译，商务印书馆 1981 年版。

15. ［德］莱辛：《论人类的教育：莱辛政治哲学文选》，刘小枫编，朱雁冰译，华夏出版社 2008 年版。

16. ［德］莱辛：《拉奥孔》，朱光潜译，人民文学出版社 1979 年版。

17. 张玉能译：《秀美与尊严：席勒艺术和美学文集》，文化艺术出版社 1996 年版。

18. ［德］弗里德里希·席勒：《审美教育书简》，冯至、范大灿译，上海人民出版社 2003 年版。

19. 刘小枫主编：《大革命与诗化小说：诺瓦利斯选集》卷一，林克译，华夏出版社 2007 年版。

20. 刘小枫主编：《大革命与诗化小说：诺瓦利斯选集》卷二，林克译，华夏出版社 2008 年版。

21. 戴晖译：《荷尔德林文集》，商务印书馆 2003 年版。

22. ［德］温克尔曼：《希腊人的艺术》，邵大箴译，广西师范大学出版社 2001 年版。

23. 冯至、春绮、绿园、关惠文译：《歌德文集》第八卷，人民文学出版社 1995 年版。

24. ［德］亨利希·海涅：《浪漫派》，薛华译，上海人民出版社 2003 年版。

25. 《马克思恩格斯选集》第二卷，人民出版社 1972 年版。

26. 《马克思恩格斯选集》第四卷，人民出版社 1995 年版。

27. ［德］文德尔班：《哲学史教程》，罗达仁译，商务印书馆 1997 年版。

28. ［德］弗里德里希·梅尼克：《历史主义的兴起》，陆月宏译，译林出版社 1997 年版。

29. ［美］梯利：《西方哲学史》，葛力译，商务印书馆 2008 年版。

30. ［美］海登·怀特：《元史学：十九世纪欧洲的历史想象》，陈新译，译林出版社 2009 年版。

31. ［意］卡洛·安东尼：《历史主义》，黄艳红译，上海人民出版社 2010 年版。

32. ［英］安东尼·肯尼：《牛津西方哲学史》，韩东晖译，中国人民大学出版社 2006 年版。

33. ［英］汤因比：《历史的话语：现代西方历史哲学译文集》，张文杰编译，广西师范大学出版社 2002 年版。

34. ［英］沃尔什：《历史哲学导论》，何兆武、张文杰译，北京大学出版社 2008 年版。

35. 杨祖陶：《德国古典哲学逻辑进程》，武汉大学出版社 1993 年版。

36. 叶秀山、王树人主编：《西方哲学史》第 6 卷，凤凰出版社 2005 年版。

37. 张汝伦：《德国哲学十论》，复旦大学出版社 2004 年版。

38. 蒋孔阳、朱立元主编：《西方美学通史》第四卷，上海文艺出版社 1999 年版。

39. 张文杰编译：《现代西方历史哲学译文集》，上海译文出版社 1984 年版。

40. 李秋零：《德国哲人视野中的历史》，中国人民大学出版社 2011 年版。

41. 韩震：《西方历史哲学导论》，山东人民出版社 1992 年版。

外文著作：

1. Immanuel Kant, *Lectures on metaphysics*, Translated and edited by Karl Ameriks and Steve Naragon, Cambridge：Cambridge University Press, 1997.

2. Marco Giovanelli, *Reality and Negation*：*Kant's Principle of Anticipations*

of Perception, London & New York: Springer, 2011.

3. Yirmiahu Yovel, *Kant and the Philosophy of History*, New Jersey: Princeton University Press, 1980.

4. John H. Zammito, *Kant, Herder and the Birth of Anthropology*, Chicago: University of Chicago Press, 2002.

5. J. G. Fichte, *The Science of Knowing*: *J. G. Fichte's* 1804 *Lectures on the Wissenschaftslehre*, Translated by Walter E. Wright, Albany: State University of New York Press, 2005.

6. Fichte, *Early Philosophical Writings*, Translated and edited by Daniel Breazeale, Ithaca and London: Cornell University Press, 1988.

7. J. G. Fichte, F. W. J. Schelling, *The Philosophical Rupture between Fichte and Schelling*: *Selected Texts and Correspondence*, Translated and edited by Michael G. Vater and David W. Wood, Albany: State University of New York Press, 2012.

8. F. W. J. Schelling, *Sämtliche Werke*, Stuttgar: Cotta, 1856.

9. F. W. J. Schelling, *Texte zur Philosophie der Kunst*, Stuttgart: Philipp Reclam, 1992.

10. F. W. J. Schelling, *Philosophie der Offenbarung* 1841 – 1842, Edited by Manfred Frank, Frankfurt: Suhrkamp, 1977.

11. F. W. J. Schelling, *Ages of the World*, second draft of *Die Weltaler*, Translated by Ann Arbor, Detroit: University of Michigan Press, 1997.

12. F. W. J Schelling, *The Philosophy of Art*, Edited and translated by Douglas W. Stott. Minneapolis: University of Minnesota Press, 1989.

13. G. W. F. Hegel, *Faith and Knowledge*, Translated by Walter Cerf and H. S. Harris, Albany: State University of New York Press, 1977.

14. Gustavus Watt Cunningham, *Thought and Reality in Hegel's System*, Ontario: Batoche Books, 2001.

15. Johann Gottfried von Herder, *Philosophical Writings*, Translated and ed-

ited by Michael N. Forster, Cambridge: Cambridge University Press, 2002.

16. Johann Gottfried von Herder, *Selected Writings on Aesthetics*, Translated and edited by Gregory Moore, Princeton: Princeton University Press, 2006.

17. Johann Gottfried von Herder, *Outlines of a Philosophy of the History of Man*, Translated by T. Churchill, London: L. Hansard, 1800.

18. Johann Gottfried Herder, *Werke in zehn Bänden*, Frankfurt am Main: Deutscher Klassiker Verlag, 1985 – 2000.

19. F. M. Barnard, *Herder on Nationality, Humanity, and History*, London, Ithaca: McGill-Queen's University Press, 2003.

20. Sonia Sikka, *Herder on Humanity and Cultural Difference*, Cambridge: Cambridge University Press, 2011.

21. Schiller, *Schillers Briefe über die Ästhetische Erziehung*, Edited by Belten, Jürgen, Frankfurt: Suhrkamp, 1984.

22. Friedrich Schiller, *Werke und Briefe in Zwölf Bänden*, Frankfurt am Main: Deutscher Klassiker Verlag, 1988 – 2004.

23. Martin Heidegger, *Übungen für Anfänger: Schillers Briefe über die ästhetische Erziehung des Menschen. Wintersemester* 1936 /1937, Edited by Ulrich von Bülow. Marbach: Deutsche Schillergesellschaft, 2005.

24. Lessing, *Lessing's Theological Writings*, Translated and edited by Henry Chadwick. London: Adam & Charles Black, 1956.

25. G. E. Lessing, *Werke und Briefe*, Edited by Jürgen Stenzel. Frankfurt: Deutscher Klassiker Verlag, 1989.

26. Friedrich Schlegel, *Kritische Ausgabe*, Munich: Schöningh, 1958.

27. Frederick Von Schlegel, *Philosophy of History*, Translated by James Burton Robertson, London: George Bell & Sons, 1883.

28. August Wilhelm Schlegel, *Kritische Ausgabe der Vorlesungen (Volume*

1 ）, Edited by Ernst Behler and Frank Jolles, Paderborn:
Schöningh, 1989.

29. August Wilhelm Schlegel, *Kritische Schriften und Briefe* (Volume 4),
Stuttgart: Kohlhammer, 1965.

30. August Wilhelm Schlegel, *Vorlesungen Über Schöne Literatur und Kunst*,
Heilbronn: Henninger, 1884.

31. Friedrich Hölderlin, *Poems and Fragments*, Translated by Michael
Hamburger, Ann Arbor: The University of Michigan Press, 1967.

32. Friedrich Hölderlin, *Sämtliche Werke: Stuttgarter Ausgabe*, Edited by
Friedrich Beissner. Stuttgart: Kohlhammer, 1946 – 1985.

33. Novalis, *Fichte Studies*, Edited by Jane Kneller, Cambridge and New
York: Cambridge University Press, 2003.

34. Novalis, *Notes for a Romantic Encyclopaedia*, Translated and edited by
David W. Wood, Albany: State University of New York Press, 2007.

35. Novalis, Schriften, *Die Werke Friedrich von Hardenbergs* (Volume 2),
Edited by Paul Kluckhohn and Richard Samuel, Stuttgart: Kohlham-
mer, 1960.

36. William Arctander O' Brien, *Novalis: Signs of Revolution*, Durham
and London: Duke University Press, 1995.

37. Georg Gottfried Gervinus, *Geschichte der poetischen National-Literatur
der Deutschen* (Volume 1), Leipzig: Engelmann, 1846.

38. Ludwig Tieck, *Kritische Schriften* (Voume. 1), Berlin: de Gruyter,
1974.

39. Wilhelm Grimm, *Kleinere Schriften* (Volume 1), Edited by Gustav Hin-
richs, Berlin: Dümmler, 1881.

40. Wilhelm Martin Leberecht de Wette, *Ueber Religion und Theologie:
Erläuterungen zu seinem Lehrbuche der Dogmatik*, Berlin: Realschul-
buchhandlung, 1815.

41. Friedrich Schleiermacher, *Philosophy of Life and Philosophy of Language in a Course of Lectures*, Translated by REV. A. J. W. Morrison, M. A, London: T. R. Harrison, 1847.

42. Friedrich Schleiermacher, *On Religion*, Translated by Richard Crouter, Cambridge: Cambridge University Press, 1988.

43. Friedrich Schleiermacher, *Brief Outline of Theology as a Field of Study*, Translated by Terrence N. Tice, Lewiston: The Edwin Mellen Press, 1990.

44. Wilhelm von Humboldt, *Wilhelm von Humboldts Gesammelte Schriften* (*Volume IV*), Edited by Prussian Academy of Sciences, Berlin: Behr's Verlag, 1903.

45. Leopold von Ranke, *Sämmtliche Werke*, Edited by Alfred Dove, Leipzig: Duncker & Humblot, 1867 – 1890.

46. Benedictus de Spinoza, *The Chief Works of Benedict De Spinoza*, Translated by R. H. M. Elwes. London: George Bell and Sons, 1898.

47. Christian Wolff, *Preliminary Discourse on Philosophy in General*, Translated by Richard J. Blackwell, New York and Indianapolis: The Bobbs-Merrill company, INC, 1963.

48. Albrecht von Haller, *The Poems of Baron Haller*, Translated by Mrs. Howorth, London: Bell, 1794.

49. Helmut Brackert, *Goethe und die Tradition*, Frankfurt am Main: Athenäum, 1972.

50. Rudolf A. Makkreel, Frithjof Rodi ed., *Wilhelm Dilthey Selected Works* (*Volume IV*): *Hermeneutics and the Study of History*, New Jersey: Princeton University Press, 1996.

51. Forster, *Werke* (*Volume 5*), Berlin: Akademie-Verlag, 1958.

52. Anthony D. Smith, *The Ethnic Origins of Nations*, Oxford: Oxford University Press, 1986.

53. John Breuilly, *Nationalism and the State*, Manchester: Manchester University Press, 1993.

54. Eric Hobsbawm, *Nations and Nationalism since* 1780, Cambridge: Cambridge University Press, 1990.

55. Alon Confino, *Germany as a Culture of Remembrance*, Chapel Hill: The University of North Carolina Press, 2006.

56. Celia Applegate, *A Nation of Provincials: The German Idea of Heimat*, Berkeley, Los Angeles, Oxford: University of California Press, 1990.

57. Michael Billig, *Banal Nationalism*, London: Sage Publications, 1995.

58. Geoffrey Cubitt, *Imaging Nations*, Manchester, NewYork: Manchester University Press, 1998.

59. Nacy R. Reagin, *Sweeping the German Nation: Domesticity and National Identity in Germany* 1870 – 1945, New York: Cambridge University Press, 2007.

60. Maurice Halbwachs, *On Collective Memory*, Edited and translated by Lewis A. Coser, Chicago: University of Chicago Press, 1992.

61. Benedict Anderson, *Imagined Communities: Reflections on the Origin and Spread of Nationalism*, London, New York: Verso, 2006.

62. Jost Hermand and James Steakley. ed. , *Heimat, Nation, Fatherland: The German Sense of Belonging*, New York, Washington, D. C. , Bern, Frankfurt am Main, Berlin, Vienna, Paris: Peter Lang, 1996.

63. Suzanne L. Marchand, *German Orientalism in the Age of Empire*, Washington, D. C. and Cambridge: Cambridge University Press, 2009.

64. John Edward Toews, *Becoming Historical: Cultural Reformation and Public Memory in Early Nineteenth-Century Berlin*, Cambridge: Cambridge University Press, 2004.

65. Vejas Gabriel Liulevicius, *The German Myth of the East*, Oxford, New York: Oxford University Press, 2009.

66. Dipesh Chakrabarty, *Provincializing Europe*: *Postcolonial Thought and Historical Difference*, Princeton: Princeton University Press, 2000.

67. Leon Pliakov, *The Aryan Myth*: *A History of Racist and Nationalist Ideas in Europe*, Translated by E. Howard, London: Sussex University Press, 1974.

68. Georg Lehner, *China in European Encyclopaedias*, 1700 – 1850, Leiden, Boston: Brill, 2011.

69. Charles Taylor, *Sources of the Self*: *The Making of the Modern Identity*, Cambridge: Cambridge University Press, 1989.

70. George E. McCarthy, *Romancing Antiquity*: *German Critique of the Enlightenment from Weber to Habermas*, Lanham: Rowman & Littlefield Publishers, 1997.

71. Paul Hamilton, *Historicism*, London: Routledge, 1996.

72. Reinhart Koselleck, *The Practice of Conceptual History*, Translated by Todd Samuel Presner and others, Stanford: Stanford University Press, 2002.

73. Sheila Greeve, Davaney, *Historicism*, Minneapolis: Fortress Press, 2006.

74. Peter Hanns Reill, *The German Enlightenment and the Rise of Historicism*, Los Angeles: University of California Press, 1975.

75. Thomas AlbertHoward, *Religion and the Rise of Historicism*, Cambridge: Cambridge University Press, 2000.

76. Stephen Bann, *Romanticism and the Rise of History*, New York: Twayne Publishers, 2011.

77. Frederick C. Beiser, *The German Historicist Tradition*, New York: Oxford University Press, 2011.

78. Robert D' Amico, *Historicism and Knowledge*, New York: Routledge, 1989.

79. Carl Page, *Philosophical Historicism and the Betrayal of First Philosophy*, Pennsylvania: The Pennsylvania State University Press, 1995.

80. Heinrich Rickert, *Science and History: A Critique of Positivist Epistemology*, Translated by George Reisman. Princeton: D. Van Nostrand Company LTD, 1962.

81. Arthur O. Lovejoy, *The Great Chain of Being: A Study of the History of an Idea*, Cambridge, Massachusetts: Harvard university Press, 1971.

82. Berys Gaut and Dominic Mclver Lopes ed. , *The Routledge Companion to Aesthetics*, London and New York: Routledge, 2001.

83. Kai Hammermeister, *The German Aesthetic Tradition*, Cambridge: Cambridge University Press, 2002.

84. David Simpson ed. , *German Aesthetic and Literary Criticism: Kant, Fichte, Schelling, Schopenhauer, Hegel*, Cambridge: Cambridge University Press, 1984.

85. Marjorie Hope Nicolson, *Mountain Gloom and Mountain Glory*, Washington: University of Washington Press, 2011.

86. Clarence J. Glacken, *Traces on the Rhodian Shore: Nature and Culture in Western Thought from Ancient Times to the End of the Eighteenth Century*, Berkeley: University of California Press, 1976.

87. Clifford Lee Hornaday, *Nature in the German Novel of the Late Eighteenth Century*, New York: Columbia University Press, 1940.

88. Philip Pettit, *The Possibility of Aesthetic Realism in Aesthetics and Philosophy of Art: the Analytic Tradition*, Edited by Peter Lamarque, Stein Haugom Olsen, Malden & Mass: Blackwell Publication, 2003.

89. Jena-Luc Nancy, *The literary Absolute*, Translated by Phillip Barnard and Cheryl Lester, Albany: Suny Press, 1988.

90. Erich Auerbach, *Scenes from the Drama of European Literature*, Minneapolis: University of Minnesota Press, 1984.

91. Roland Greene, *The Princeton Encyclopedia of Poetry and Poetics*, Princeton: Princeton University Press, 2012.

92. Ernst Behler, *German Romantic Literary Theory*, Cambridge: Cambridge University Press, 1993.

93. Frederick C. Beiser, *The Romantic Imperative*, Cambridge, London: Harvard University Press, 2003.

94. Thomas P. Saine, *The Problem of Being Modern or The German Pursuit of Enlightenment form Leibniz to the French Revolution*, Detroit: Wayne State University Press, 1997.

95. Frederick C. Beiser, *German Idealism: The Struggle against Subjectivism*, Cambridge, Massachusetts, London: Harvard University Press, 2002.

96. Karl Ameriks ed., *The Cambridge Companion to German Idealism*, Cambridge: Cambridge University Press, 2000.

97. Frederick C. Beiser, *Diotima's Children: German Aesthetic Rationalism from Leibniz to Lessing*, New York: Oxford University Press, 2009.

98. James Engell, *The Creative Imagination: Enlightenment to Romanticism*, Cambridge, London: Harvard University Press, 1981.

99. Paul Edwardsed., *The Encyclopedia of Philosophy* (*Volume* 3), New York: The Macmillan Company & The Free Press, 1967.

100. Donald M. Borcherted., *Encyclopedia of Philosophy* (*Volume* 8), Detroit: Macmillan Reference USA. 2006.

101. John Greco and Ernest Sosa. ed., *The Blackwell Guide to Epistemology*, Oxford: Blackwell Publishers, 1999.

102. Maryanne Cline Horowitzed., *New Dictionary of the History of Ideas* (*Volume* 5), Detroit: Charles Scribner's sons, 2005.

后　记

　　本书是基于我的博士论文修改而成，其附录部分加入了近三年来，我对德国古典美学如何在中国当代美学背景中发展的思考。随着我对德国古典美学与历史思维间关系的不断考证与探索，我发现了美学与民族精神形成过程之间的理论逻辑。在本书的写作期间，我的工作由西南政法大学调动至四川美术学院，我的研究环境也使我更加关注艺术实践与当代艺术理论，而回溯我对德国古典美学的研究，我亦欣喜地发现德国古典美学与艺术之间的高度契合，这对当前美学与艺术理论间的融合具有重要启示。

　　在当前国内学术界对德国古典美学的研究中，亦有一种声音认为，应当走出德国古典美学对中国美学的理论束缚，以此将中国美学引向与西方当代美学的合流。诚然，这种观点指出了德国古典美学在中国美学发展过程中所具有的一些消极作用，但是在另一方面也暴露出了我们对德国古典美学的理解还有待进一步深化。因为作为美学学科的理论源点，德国古典美学无论是在西方还是在中国，仍然发挥着重要的理论作用。而深化对德国古典美学的理解，使之与当前中国美学发生新的化合作用，正是我想在本书中所要表达的核心观念。

　　我对以上问题的思考及成书，并非一蹴而就，它贯穿迄今为止我的整个学术研究生涯中，并且得到了许多师长与同道的教诲与帮助。我的硕士生导师代迅先生在美学研究中，以中西比较的方法使我迈开了德国古典美学研究的第一步。我的硕士毕业论文《从艺术否定论到艺术终结论》以黑格尔的"艺术终结"论断为出发点和落脚点，开启了我对德国古典美学的学术研究。我的博士生导师刘成纪先生长期致力于中国古典美学的研究，他将中国古典美学中的诸多源发性理论与西方美学进行比较、对接、批判，为中国美学的发展提供了大量的理论增长点。在我攻读博士学位期间，刘老师一直鼓励、支持我对西方美学的学习与研究，引导我反思德国古典美学与中国美学间错综复杂的关系。可以说，没有两位恩师的指导，是不可能有此书的面世。

在本书思想成型过程中，我还要感谢美国马凯特大学（Marquette University）哲学系的柯蒂斯·卡特（Curtis L. Carter）先生。在我留美访学期间，卡特先生为我提供了大量的写作思路和材料，作为黑格尔美学和西方当代艺术的研究专家，他不仅开阔了我的研究视野，也使我更加了解西方学术研究的模式与机制。中国社会科学院的高建平先生对我的研究也给予了极大的帮助，就本书的内容给了我诸多建议，他对我们青年人的学术关怀，使我在研究中倍感温暖。郑州大学的乔学杰先生也不遗余力地鼓励我将研究成果发表出来，为我提供了与其他学者进行公开交流的平台。我还要感谢我的同门王燚、乔基庆、俞武松、席格、张雨以及好友常培杰，他们的伴随使我体会到了研究的乐趣和满满的友情。此外，我还要由衷地感谢本书的编辑郑彤女士，在本书的出版过程中，她的专业与尽责让人敬佩。

最后，在本书面世之际，我想借此告诉我的夫人王钦，感谢你七年来对我的支持和理解，使我能够自由地陶醉于我的学术世界中。每当我看书的时候，听着你和两岁半的儿子传来的欢声笑语，我确信无疑地认为，这是我人生中最幸福的时刻。

于重庆云满庭寓所

2017 年 6 月 26 日